函数程序设计算法

[美] 约翰·戴维·斯通（John David Stone）著

乔海燕 曾烈康 译

Algorithms for Functional Programming

机械工业出版社
China Machine Press

图书在版编目（CIP）数据

函数程序设计算法 /（美）约翰·戴维·斯通（John David Stone）著；乔海燕，曾烈康译. —北京：机械工业出版社，2020.4
（计算机科学丛书）
书名原文：Algorithms for Functional Programming

ISBN 978-7-111-65325-7

I. 函… II. ①约… ②乔… ③曾… III. 函数–程序设计 IV. TP311.1

中国版本图书馆 CIP 数据核字（2020）第 060895 号

本书版权登记号：图字 01-2019-2831

本书用纯函数程序设计语言 Scheme 的一种变体深入浅出地讲解各类常用的数据结构和算法。第 1 章介绍了本书使用的基于 Scheme 的变体语言，第 2 章和第 3 章分别介绍了函数程序设计中常用的各类编程模式和数据结构，第 4 ～ 7 章分别介绍了排序、组合构造、图算法和子列表搜索算法等，并对算法的思想和实现进行了详细分析和解释。全书每节都总结了本节涉及的过程并编排了有针对性的习题，以便读者更好地理解和掌握相关内容。

本书适用于学习函数程序设计和算法设计及相关课程的本科生和研究生，也可供程序员学习函数程序设计时阅读和参考。

出版发行：机械工业出版社（北京市西城区百万庄大街 22 号 邮政编码：100037）
责任编辑：李美莹　　责任校对：殷　虹
印　　刷：中国电影出版社印刷厂　　版　　次：2020 年 5 月第 1 版第 1 次印刷
开　　本：185mm×260mm 1/16　　印　　张：17.25
书　　号：ISBN 978-7-111-65325-7　　定　　价：99.00 元

客服电话：（010）88361066 88379833 68326294　　投稿热线：（010）88379604
华章网站：www.hzbook.com　　读者信箱：hzjsj@hzbook.com

出版者的话

文艺复兴以来，源远流长的科学精神和逐步形成的学术规范，使西方国家在自然科学的各个领域取得了垄断性的优势；也正是这样的优势，使美国在信息技术发展的六十多年间名家辈出、独领风骚。在商业化的进程中，美国的产业界与教育界越来越紧密地结合，计算机学科中的许多泰山北斗同时身处科研和教学的最前线，由此而产生的经典科学著作，不仅擘划了研究的范畴，还揭示了学术的源变，既遵循学术规范，又自有学者个性，其价值并不会因年月的流逝而减退。

近年，在全球信息化大潮的推动下，我国的计算机产业发展迅猛，对专业人才的需求日益迫切。这对计算机教育界和出版界都既是机遇，也是挑战；而专业教材的建设在教育战略上显得举足轻重。在我国信息技术发展时间较短的现状下，美国等发达国家在其计算机科学发展的几十年间积淀和发展的经典教材仍有许多值得借鉴之处。因此，引进一批国外优秀计算机教材将对我国计算机教育事业的发展起到积极的推动作用，也是与世界接轨、建设真正的世界一流大学的必由之路。

机械工业出版社华章公司较早意识到“出版要为教育服务”。自1998年开始，我们就将工作重点放在了遴选、移译国外优秀教材上。经过多年的不懈努力，我们与Pearson、McGraw-Hill、Elsevier、MIT、John Wiley & Sons、Cengage等世界著名出版公司建立了良好的合作关系，从它们现有的数百种教材中甄选出Andrew S. Tanenbaum、Bjarne Stroustrup、Brian W. Kernighan、Dennis Ritchie、Jim Gray、Afred V. Aho、John E. Hopcroft、Jeffrey D. Ullman、Abraham Silberschatz、William Stallings、Donald E. Knuth、John L. Hennessy、Larry L. Peterson等大师名家的一批经典作品，以“计算机科学丛书”为总称出版，供读者学习、研究及珍藏。大理石纹理的封面，也正体现了这套丛书的品位和格调。

“计算机科学丛书”的出版工作得到了国内外学者的鼎力相助，国内的专家不仅提供了中肯的选题指导，还不辞劳苦地担任了翻译和审校的工作；而原书的作者也相当关注其作品在中国的传播，有的还专门为其书的中译本作序。迄今，“计算机科学丛书”已经出版了近500个品种，这些书籍在读者中树立了良好的口碑，并被许多高校采用为正式教材和参考书籍。其影印版“经典原版书库”作为姊妹篇也被越来越多实施双语教学的学校所采用。

权威的作者、经典的教材、一流的译者、严格的审校、精细的编辑，这些因素使我们的图书有了质量的保证。随着计算机科学与技术专业学科建设的不断完善和教材改革的逐渐深化，教育界对国外计算机教材的需求和应用都将步入一个新的阶段，我们的目标是尽善尽美，而反馈的意见正是我们达到这一终极目标的重要帮助。华章公司欢迎老师和读者对我们的工作提出建议或给予指正，我们的联系方法如下：

华章网站：www.hzbook.com

电子邮件：hzjsj@hzbook.com

联系电话：（010）88379604

联系地址：北京市西城区百万庄南街1号

邮政编码：100037

华章科技图书出版中心

译者序

数据结构与算法的设计是计算机程序设计的核心。由于多方面的原因，目前主流的程序设计范式仍然是命令式的，因此，数据结构和算法的描述与实现都是命令式的。但是，一般命令式程序的执行有副作用，一个命令式程序动辄由成千上万行代码组成，种种原因使得基于命令式程序的软件可读性和可维护性都难以令人满意，无法保证软件的可靠性、安全性和正确性。随着人们对于软件安全性和正确性的日益重视，一种改善思路是采用函数程序设计语言设计程序。函数程序设计语言从更高的数学抽象层面描述程序的计算逻辑，基于函数程序设计语言，构成程序的数据结构和算法逻辑能够更清晰地呈献给读者，程序的理解更容易，程序的正确性推理成为可能。因此，现在越来越多的程序员转向函数程序设计语言，即使是使用命令式语言编写程序，也会借鉴函数程序设计的思想。越来越多的语言开始支持函数程序设计。

本书是少有的仅使用函数程序设计语言描述和实现算法的教材。全书使用函数程序设计语言 Scheme 的一种变体，详尽地描述并实现了各类常用的数据结构和算法。本书第 1 章介绍了全书使用的基于 Scheme 的变体语言，包括该语言的函数、过程、过程调用、λ 表达式、谓词和定义等。第 2 章介绍了函数程序设计中常用的各类编程模式，包括映射（map）、过程节选、过程的各种高阶组合模式。第 3 章介绍了数据结构的建模思想和常用的数据结构，包括和类型、积类型、列表、多元组、源、树、包、集合、表和缓冲区等。接下来的各章（第 4 ～ 7 章）依次介绍了排序算法（包括插入排序、快速排序和归并排序等）、平衡查找树（包括二叉搜索树和红黑树）、各种组合构造（包括各种子列表的选择、排位和去排位、排列和划分等）、图论经典算法（包括深度优先遍历和广度优先遍历、最小生成树、最短路径和网络流算法等）以及子列表搜索经典算法（包括 KMP 算法、Boyer-Moore 算法和 Rabin-Karp 算法）。

本书作者约翰·戴维·斯通在格林内尔学院长期教授算法、计算机安全、人工智能和计算语言学，具有非常丰富的教学经验。全书结构逻辑性强，对算法的思想和实现的解释清晰详细，每节都总结了本节讲解的过程并编排了有针对性的习题，便于读者进一步理解和掌握相关内容。本书对于想进一步学习函数程序设计的本科生和研究生以及其他对函数程序设计感兴趣的程序员而言都是一本很好的教材。

本书在翻译过程中得到了刘锋编辑的大力支持，我们在此表示感谢！

限于译者水平，译文中难免出现疏漏和错误，欢迎大家批评指正！

译　者

2019 年 11 月于中山大学东校区

前言

算法的研究源于人类寻求问题答案的渴望。我们更喜欢找到问题的真相，而且是使用客观的方法得出的答案。这种偏好的原因是很实际的。如果能够了解世界的本真面目，我们的行动就更有可能取得令人满意的结果，因此我们不断探求真理。如果人们能够独立地验证问题的答案，那么就更容易为实现共同目标达成共识与合作，因此在探求真理时，我们使用他人可验证的方法。

有时我们会发现许多问题都有相似的结构，而且都是同一类问题的实例。在这种情况下，可能存在一种能够解决这类问题的共同方法。这种方法就是算法：一种有效的、逐步求解的计算方法。依照这种方法，人们可以获得一般的、形式化的问题的任何实例的答案。

在计算机出现之前，执行一个需要大量步骤或大量数据的算法，需要非凡的耐心、细心和执着。即便如此，所得的结果往往也是有缺陷的。例如，从 1853 年到 1873 年，一位名叫威廉·尚克斯（William Shanks）的计算狂热爱好者把他大部分的业余时间都用在计算 π 的高精度值上，并且计算到小数点后 707 位。直到 1944 年，人们才发现尚克斯犯了一个错误，影响了第 528 位和所有随后的数字，在这之前，尚克斯一直保持着这个计算的记录。在没有机械辅助的情况下，人类有史以来进行的最大规模的计算可能是 1880 年的美国人口普查，它花了七八年的时间才完成，几乎可以肯定的是，其中充满了错误的结果。

电子存储程序计算机的发明和发展在很大程度上消除了这种对计算复杂性的限制。我们现在可以在几分之一秒内算出 π 的 707 位值，而完成 1880 年的美国人口普查计算或许只需要耗时一分钟。如今的大规模计算可能是诸如计算 π 的 5000 亿位数这样的任务，我们希望计算的结果是完全正确的。如今的大规模数据集可能是以太字节（terabyte）为单位计量的。

直到 20 世纪中叶，算法的发明和应用的另一个障碍是缺少用于记录算法的清晰易懂的通用符号。用日常语言描述算法时，人们常常难以确切地表述实现的方法。这样的描述往往会遗漏细节，无法解释对特殊情况的处理，或者需要实现者猜测某些关键的过程。例如，如果你学过长除法（其中除数包含多位数字）的手动演算，你可能还记得计算时必须估计商的下一位数字，如果估计错误，则必须返回修正。

高级编程语言的发明和发展也在很大程度上消除了这一障碍。对于算法的发明者来说，以计算机程序的形式准确、完整、明确地表达算法现在已经司空见惯。

然而，人类读者在第一次看到算法时，可能无法从执行算法的计算机程序源代码中判断出算法的底层结构。对于人类读者来说，其中一个阅读难点是许多高级编程语言都基于同一种计算模型，在这种计算模型中，程序通过反复改变适当初始化的存储设备的状态来实现计算。理解这些变化的相互作用和累积效应往往是很困难的。

解决这一难点的办法是使用不同的计算模型。在纯函数程序设计语言中，人们认为计算是数学函数应用于参数值，并给出结果值。如果一个计算又长又复杂，那么可以用其他简单的函数来定义这个数学函数，而这些简单的函数又可以用其他更简单的函数来定义。但是，在每个级别上，这些函数都是*无状态的*，在给定相同的参数时，它们会返回相同的结果。一旦我们理解了函数能够根据输入参数返回计算结果的规则，就可以将函数视为具有固定和可预测行为的可靠组件。这种模块化的思想使得大型程序的设计和构建更简单，也使得人们能更容易地理解大型程序。

此外，函数程序设计语言使函数间交互的一般模式的识别和抽象变得更容易，因此人们可以在语言本身内描述和操作这些模式。函数本身可以作为参数传递给其他函数，也可以作为函数的结果值返回。使用高阶函数可以更容易地表述和理解常用的算法。

本书旨在向读者展示一系列广泛使用的算法，并用纯函数程序设计语言进行表达，从而帮助读者更好地阅读和理解它们的结构和操作。函数程序设计的其他优点也将在这一过程中展现出来。

我们用 Scheme 程序设计语言的一个纯函数版本来描述算法，附录 B 中描述了（`afp primitives`）库的实现。本书代码已经在《算法语言 Scheme 第 7 版修订报告》的 Chibi-Scheme、Larceny 和 Racket 实现下做了详细测试，并可在作者的网站上下载，网址为 http://unity.homelinux.net/afp/。

本书代码在 GNU 通用公共许可证（第 3 版或更高版本）下供读者自由使用（http://www.gnu.org/copyleft/gpl.html）。

致谢

感谢格林内尔学院给我写这本书提供了时间和资源；感谢我的同事 Henry Walker、Samuel Rebelsky、Ben Gum、Janet Davis、Jerod Weinman、Peter-Michael Osera 和 Charlie Curtsinger 的耐心和支持；感谢 Karen McRitchie 和 Jeff Leep 给予我的帮助；感谢莱斯大学给我提供了工作环境；感谢 Springer-Verlag 的编辑 Wayne Wheeler 和 Ronan Nugent；感谢 Matthias Felleisen 和 Shriram Krishnamurthi 阅读了本书早期的手稿，并帮助我避免了许多错误。感谢大家的支持！

在这本书的各个草稿中纠正了几千个错误之后，我很不安地意识到，书中可能还存在许多错误。因此，我提前向读者表示感谢，感谢你们提醒我，让我可以在我的网站上更正这些错误。我会关注你发至 reseda@grinnell.edu 的电子邮件，并立即回复你。

出版者的话
译者序
前言

第1章　基本符号 …… 1
1.1　简单值 …… 1
1.2　标识符和表达式 …… 3
1.3　函数和过程 …… 4
1.4　算术函数 …… 5
1.4.1　加法 …… 5
1.4.2　减法 …… 5
1.4.3　乘法 …… 6
1.4.4　除法 …… 6
1.4.5　幂运算 …… 7
1.4.6　过程总结 …… 7
1.5　过程调用 …… 9
1.6　λ表达式 …… 10
1.6.1　变元过程 …… 11
1.6.2　构建列表 …… 13
1.6.3　返回多个值 …… 13
1.6.4　没有结果的计算 …… 14
1.7　谓词 …… 15
1.7.1　分类谓词 …… 16
1.7.2　相等谓词 …… 16
1.7.3　相等和类型 …… 16
1.8　条件类型表达式 …… 19
1.8.1　条件表达式 …… 19
1.8.2　合取表达式与析取表达式 …… 19
1.9　定义 …… 21
1.9.1　过程定义 …… 21
1.9.2　递归定义 …… 22
1.10　局部绑定 …… 23
1.10.1　局部过程 …… 24
1.10.2　局部递归 …… 24
1.10.3　收纳表达式 …… 25

第2章　工具箱 …… 27
2.1　列表映射 …… 27
2.2　常量过程 …… 28
2.3　过程节选 …… 29
2.3.1　invoke过程 …… 30
2.3.2　卡瑞化 …… 31
2.4　耦合器 …… 32
2.4.1　过程复合 …… 32
2.4.2　并行应用 …… 33
2.4.3　调度 …… 34
2.5　适配器 …… 35
2.5.1　选择 …… 35
2.5.2　重排 …… 36
2.5.3　预处理和后处理 …… 36
2.6　递归管理器 …… 38
2.6.1　recur过程 …… 39
2.6.2　递归谓词 …… 40
2.6.3　迭代 …… 41
2.7　欧几里得算法 …… 44
2.8　高阶布尔过程 …… 47
2.8.1　布尔值和谓词上的操作 …… 47
2.8.2　^if过程 …… 47
2.9　自然数和递归 …… 49
2.9.1　数学归纳法 …… 49
2.9.2　自然数上的递归 …… 49
2.9.3　计数 …… 53
2.9.4　有界推广 …… 54

第3章　数据结构 …… 56
3.1　建模 …… 56
3.2　空值 …… 57
3.3　和类型 …… 57
3.3.1　枚举 …… 57
3.3.2　可区分并集 …… 58
3.3.3　递归类型方程 …… 59

3.4 有序对 …… 60
3.4.1 命名对 …… 61
3.4.2 积类型 …… 61
3.4.3 再议可区分并集 …… 62
3.4.4 重新实现自然数 …… 62
3.5 盒 …… 64
3.6 列表 …… 66
3.6.1 选择过程 …… 67
3.6.2 同构列表 …… 68
3.6.3 列表的递归过程 …… 69
3.6.4 列表归纳原理 …… 70
3.6.5 列表递归管理 …… 71
3.6.6 展开 …… 73
3.7 列表算法 …… 77
3.7.1 元数扩展 …… 77
3.7.2 筛选和划分 …… 79
3.7.3 子列表 …… 80
3.7.4 位置选择 …… 81
3.7.5 列表元素上的谓词扩展到列表 …… 82
3.7.6 转置、压缩和解压缩 …… 83
3.7.7 聚合多个结果 …… 84
3.8 源 …… 89
3.9 多元组 …… 98
3.9.1 建立模型 …… 99
3.9.2 记录类型 …… 99
3.10 树 …… 101
3.10.1 树归纳原理 …… 103
3.10.2 树递归管理 …… 103
3.11 灌木 …… 109
3.11.1 灌木归纳原理 …… 110
3.11.2 灌木递归管理 …… 110
3.12 包 …… 113
3.12.1 基本包过程 …… 114
3.12.2 包操作 …… 115
3.12.3 包递归管理 …… 116
3.13 等价关系 …… 120
3.14 集合 …… 123
3.14.1 集合递归管理 …… 124
3.14.2 筛选和划分 …… 125
3.14.3 其他集合运算 …… 126
3.14.4 并集、交集和差集 …… 127
3.15 表 …… 132
3.16 缓冲区 …… 138

第4章 排序 …… 142

4.1 序关系 …… 142
4.1.1 隐式定义的等价关系 …… 142
4.1.2 测试一个列表是否有序 …… 143
4.1.3 查找极值 …… 143
4.1.4 复合序关系 …… 145
4.1.5 字典序 …… 145
4.2 排序算法 …… 148
4.2.1 插入排序 …… 149
4.2.2 选择排序 …… 149
4.2.3 快速排序 …… 150
4.2.4 归并排序 …… 150
4.3 二叉搜索树 …… 153
4.3.1 测试二叉搜索树不变量 …… 154
4.3.2 从二叉搜索树中提取一个值 …… 155
4.3.3 二叉搜索树排序 …… 156
4.4 红黑树 …… 158
4.4.1 实现红黑树 …… 159
4.4.2 颜色翻转和旋转 …… 160
4.4.3 插入 …… 161
4.4.4 查找 …… 163
4.4.5 删除 …… 163
4.4.6 用红黑树实现表 …… 168
4.5 堆 …… 175
4.5.1 折叠和展开堆 …… 178
4.5.2 堆排序 …… 178
4.6 序统计量 …… 181

第5章 组合构造 …… 183

5.1 笛卡儿积 …… 183
5.1.1 笛卡儿积排序 …… 185
5.1.2 排位和去排位 …… 186
5.2 列表选择 …… 189
5.2.1 子列表 …… 189
5.2.2 分组 …… 193

5.2.3 子序列和选择 …… 194
5.3 包选择 …… 199
5.4 排列 …… 201
5.5 划分 …… 204
5.5.1 包划分 …… 204
5.5.2 划分自然数 …… 206

第6章 图 …… 208

6.1 图的实现 …… 208
6.1.1 图的构造 …… 209
6.1.2 图与关系 …… 211
6.1.3 图的性质 …… 212
6.1.4 其他图访问方法 …… 213
6.1.5 无向图 …… 215
6.2 深度优先遍历 …… 221
6.2.1 图的遍历 …… 221
6.2.2 深度优先 …… 222
6.2.3 拓扑排序 …… 223
6.2.4 可到达结点 …… 223
6.3 路径 …… 225
6.4 广度优先遍历 …… 227
6.5 生成树 …… 229
6.6 最短路径 …… 233
6.6.1 Bellman-Ford 算法 …… 233
6.6.2 Dijkstra 算法 …… 234
6.6.3 Floyd-Warshall 算法 …… 235
6.7 流网络 …… 239

第7章 子列表搜索 …… 244

7.1 简单低效的算法 …… 244
7.2 Knuth-Morris-Pratt 算法 …… 246
7.3 Boyer-Moore 算法 …… 253
7.4 Rabin-Karp 算法 …… 255

附录A 推荐读物 …… 260

附录B (afp primitives) 库 …… 261

附录C 如何使用 AFP 库 …… 263

第 1 章

Algorithms for Functional Programming

基本符号

为了简明准确地表达算法，我们需要一个正式的符号系统。在这个系统中，每个符号和标识符的含义都应是预先准确定义好的。出于这一考虑，在本书中，我们将使用 Scheme 语言的变体。使用这种变体可以为我们带来诸多好处：可以在计算机上测试和使用我们开发的算法。本章主要介绍构成这种 Scheme 语言变体的具体符号。

1.1 简单值

我们将使用术语值（value）来描述计算时所使用的数据。例如，当我们通过算术确定 17 和 33 的乘积是 561 时，数值 17、33 和 561 都是值。

然而，并非所有值都是数值。在字母表中，判断字母 M 是否排在字母 K 之前也是一种计算，但在这种情况下，我们关注的数据是字母而不是数值。此外，这个计算的结果既不是数值也不是字母，而是一个布尔值——一个关于“是或否”问题的“是或否”答案。在这里，计算不仅仅是关于数值的，而是关于可以精确且明确地操作的任何类型的值。

我们在本书中使用的符号是 Scheme 语言的一种变体。Scheme 语言为以下几种类型的值提供内置的、不可改变的名称——文字（literal）：

- boolean（布尔值）。布尔值只有两个。我们将使用‘#t’作为对“是或否”问题的肯定回答，‘#f’作为对这类问题的否定回答。这两个符号分别读作“true（真）”和“false（假）”。
- number（数值）。我们将使用常见的数值作为整数的名称，有时这些数值前会带一个正号或者负号。一个分式（包含一个可带符号的整数、一条斜线，还有一个无符号非零整数）命名了一个有理数：斜线之前的数值与斜线之后的数值的比值。

例如，‘897’是指数值八百九十七，‘-483’是指负四百八十三，而‘+892/581’是指八百九十二与五百八十一的比值。

就本书而言，分母为 1 的比值与该分式分子的值没有区别。例如，‘-17/1’和‘-17’是相同值的不同名称。因此，整数（integer）类型的值也可以视作数值（number）类型的值。

有时我们将非负整数作为一类数值会带来方便，这类数称为自然数（natural number）。注意，依照我们在本书中采用的惯例，自然数包括 0。

- character（字符）。Unicode 联盟维护了一个列表，其中包含了过去和现在世界上几乎所有文字系统中使用的所有字符。为了描述 Unicode 编码列表中的字符，我们需要编写一个数字符号、一个反斜线号和字符本身。例如，‘#\M’是拉丁文大写字母 M 的名称，‘#\;’是分号的名称，‘#\ζ’是希腊语小写字母 zeta 的名称。

有时，程序员需要处理一些难以写入程序文本的字符。键盘无法输入这种字符，文本编辑器可能无法正确实现这种字符，或者显示器无法正确显示这种字符。有些字符在它们所属的文字系统中扮演着如此抽象的角色，以至于没有一种令人满意的方式可以简单明了地通过图形来呈现它们。为了处理这类情况，Scheme 为一些常用字符提供了附加名称：`#\newline` 表示换行符，操作系统将这种符号放在文本文件的每行末尾；`#\nul` 表示空字符，当硬件处理速度追上文本传输速度时，老式电传打字机用这种符号来填充传输的文本流。

此外，任何字符都可以通过前缀 `#\x` 接十六进制数来命名，这个十六进制数是 Unicode 为其分配的标量值。例如，如果你的键盘上没有希腊小写字母 zeta，那你可以用 '`\x03b6`' 来命名它。

- string（字符串）。我们有时会将一组有限长度的字符作为一个单独的值。为了命名这类值，我们将字符序列排成一队并将它们用引号引起来。例如，'`"sample"`' 表示了一个完全由拉丁字母组成的字符串——字母 s，a，m，p，l，e，按顺序排列。

在某些语言和文字系统中，字符和字符串之间的关系更为复杂，因为在这些系统中，字符可以以非线性方式连接或组合，不一定符合有限序列模型。然而，即使在这些情况下，通过将字符串用引号引起来形成字符串文字的原则也仍然适用。

字符串的这种简单命名约定存在明显的困难：如果要命名的字符串在其组成字符中包含引号，会发生什么情况呢？为了解决这个问题，我们将在字符串文字中内部引号之前插入一个反斜线（通常称为"反斜杠"）。例如，'`"\"Hi!\""`' 是由一个引号、拉丁文大写字母 H、拉丁文小写字母 i、感叹号和另一个引号组成的。

在程序员的行话中，字符串文本中的反斜线是一个*转义字符*（escape character）。它本身不是字符串的一部分，而是作为一种转换信号，跟在它后面的字符应该从它可能具有的解释或角色中"转义"出来——从这个角度来说，它扮演了字符串终止符的角色。

然而，这种约定带来了一种类似的新困难：如果要命名的字符串中包含一个反斜线符号，会发生什么呢？幸运的是，我们可以对这种问题应用相同的解决方案：在字符串文本中插入一个额外的反斜线，就在"真正的"反斜线符号之前。例如，'`"\\a\\"`' 是一个包含了三个字符的名称，它由一个反斜线号、拉丁文小写字母 a 和另一个反斜线号组成。在这种情况下，通过插入转义字符，我们发出信号，表示转义字符后面的字符不会被解释为转义字符！

- symbol（符号）。符号是一个具有名称和标识体的值，但没有其他计算特征。在程序设计中，符号是对现实实体的一种方便、中性的表示，这些实体的显著特征不是可计算的——颜色、国家、运动队等。要命名一个符号，我们在任意标识符前面放置一个撇号。例如，'`'midnight-blue`' 是一个标识符为 '`midnight-blue`' 的符号的名称，它可能表示某公司的制造衬衫计划中使用的午夜蓝色。类似地，'`'NZ`' 是标识符为 '`NZ`' 的符号的名称，它在国际标准化组织（ISO 3166）指定的 alpha-2 编码中指代新西兰（New Zealand）。

撇号读作"quote"。在大多数情况下，Scheme 处理器将表达式 '`(quote sample)`' 与 '`'sample`' 看成是一致的，但直接使用撇号[㊀]符号的情况更常见，而且更方便。

㊀ 这里的撇号不是单引号，而是通常位于键盘左上角数字左边的符号。——译者注

由于我们不会在标识符中使用撇号或其他可能造成误解的字符，在我们的 Scheme 变体中，符号文字中不需要转义字符机制。

◉ 习题

1.1-1 写出表示否定布尔值和拉丁文小写字母 f 的文字。

1.1-2 写出用于命名整数四十二的两种不同文字。

1.1-3 文字‘2/3’和‘24/36’的值是否相同？‘+0/1’和‘-0/1’呢？

1.1-4 ‘0/0’是文字吗？如果是，它的名称是什么值？

1.1-5 写出表示左括号和反斜线号的文字。

1.1-6 写出表示字符串‘absolute value’的文字。

1.1-7 写出表示拉丁文大写字母 A 的文字，将该字母作为唯一字符的字符串的文字，以及标识为‘A’的符号。

1.1-8 ‘""’是一个文字吗？如果是，它的名称是什么值？

1.1-9 写出具有标识符‘foo’的符号的文字。

1.2 标识符和表达式

标识符（identifier）是一个可以与值相关联的名称。这种关联被称为*绑定*（binding），我们将此关联中的标识符称为*被绑定*（bound）了。

在 Scheme 语言中，标识符是包含任意多个字母和*扩展字符*的序列。扩展字符包括感叹号、美元符号、百分号、与号、星号、斜线号（/）、冒号、小于号、等号、大于号、问号、@、环绕重音号（^）、下划线（_）和波浪号（~）。

十进制数字以及加号、减号和句点（.）也可用于标识符，但 Scheme 语言不允许这些符号出现在序列的首字符处，因为如果允许这些符号出现在首字符处，区分标识符和数值会变得更加困难。但是，有三个特殊字符序列不受这一规则的约束：加号“+”，通常与 Scheme 语言的加法过程绑定；减号“-”，通常与 Scheme 语言的减法过程绑定；标识符“...”。

在程序文本中，每个标识符的开头和结尾处都用不允许在标识符中出现的字符来分隔，这些字符通常是括号、空格或换行符。禁止将两个标识符不加分隔地放在一起，Scheme 处理器会将其视为单个标识符或者程序错误。

Scheme 的语法规则提供了多种将标识符和其他符号组合成更大结构的方法。Scheme 的语义规则描述了如何计算这些结构所定义或表达的值。*表达式*（expression）是用于表达某些值的语言元素或结构，确定表达式的值的过程称为*求值*（evaluation）。

文字是一种表达式，但它们的求值规则很简单，因为它们的值是恒定的，例如，数值‘1/3’总是表示 1 比 3 的比值。绑定标识符也是一种表达式，它们的计算规则同样简单：在程序执行过程中，语言处理器跟踪所有有效的绑定，而且还可以查找所有标识符以确定绑定的值。然而，与文字不同的是，标识符可以在不同的时间绑定不同的值。语言处理器也会跟踪这一点。

一个文字或一个绑定标识符总是有且只有一个值，但一般而言，Scheme 表达式的求值可以包含任意数量的结果，这些结果统称为表达式的值。

Scheme 将少量的标识符设置为语法关键字（syntactic keyword），这些关键字是语言处理器的指示信号，用于指导处理器对相应表达式的求值。下面是我们将在本书 Scheme 变体版本中使用的完整的语法关键字列表：

and、define、define-record-type、if、lambda、let、or、quote、rec、receive、sect、source

原则上，Scheme 允许程序更改语法关键字的绑定。程序员在使用这种语言特性时应格外小心，因为它容易产生令人困惑的结果和难以诊断的意外错误。因此，在本书中，我们将避免重新绑定这些关键字。

◉ 习题

1.2-1　'1+' 是标识符吗？ '+1' 呢？

1.2-2　'@@@' 是标识符吗？

1.2-3　前面我们提到了标识符 'midnight-blue'。在 Scheme 中，'-' 是一个有效的标识符，那么 'midnight-blue' 与 'midnight'、'-'、'blue' 这三个标识符序列有什么区别？ Scheme 语言处理器如何处理这种歧义？

1.3　函数和过程

在函数程序设计中，我们将函数视为值。高阶函数可以将本身是函数的值映射到其他值，或者将其他值映射到函数，或者将函数映射到函数。我们的算法将在执行期间动态地构造和处理函数值，就像构造和计算数值或字符串的值一样。

在 Scheme 语言中，函数是一种过程（procedure）类型的值。过程是计算的一种形式，是从特定值启动计算并对这些值进行操作的抽象。换句话说，我们可以将一个过程视为一个潜在的计算，当其所需的值可用时，计算才开始。

所谓调用[㊀]（invoke）一个过程，指的是使抽象计算变得具体，使潜在计算成为现实。因此，在调用过程时，我们必须提供过程所需的初始值——实参（argument）。当取得这些参数时，过程便开始执行计算。当计算结束时，过程会生成一些计算值，即过程返回（return）的结果（result）。

Scheme 语言的过程数据类型足够抽象，因此可以与函数的数学概念相兼容。然而，Scheme 的设计支持多种计算模型，而不仅仅是函数模型。因此，并非所有的 Scheme 过程都是函数，因为其中一些过程是具有内部状态的。这些过程返回的结果可能取决于它们的内部状态以及它们接受的参数。但是，跟踪过程内部状态的要求往往会使理解算法变得更加困难，因此在本书中，我们将专注于函数过程，使用的符号是 Scheme 语言的纯函数化版本。

在大多数情况下，我们希望定义和命名我们自己的过程，但出于简洁和高效的考虑，我们使用的语言处理器可以且应该提供了某些过程的预先实现。例如，我们经常在算法定义中使用加法，但我们不需要从头开始编写自己的加法函数定义，语言处理器（如 Scheme 编译器）的实现者已经实现了基于计算机中央处理单元高效执行加法操作的过程。因此，我们将加法作为一种基本过程（primitive），在定义其他函数时使用的组件，而无须考虑其内部的具体实现。

㊀ 这里"调用"是一个动词，区别于"过程调用"（call）中的名词"调用"。——译者注

1.4 算术函数

我们从一些执行简单算术的基本过程开始。我们将仔细观察每一个过程，并在本节末尾总结我们观察的结果。

1.4.1 加法

加法过程用“+”表示。我们通常认为加法是一个函数，它把两个数（加数和被加数）映射到它们的和上。但是 Scheme 语言的设计者选择了一个扩展版本的加法，它可以接受任意数量的参数（每个参数都必须是一个数值）并返回它们的和。例如，我们可以为“+”提供参数 7、4、2、6 和 3，“+”将把它们加起来，返回值 22。

这种对双参数加法函数的推广将是我们经常使用的一种模式。如果双参数的函数常应用于多个值连续累积求结果，例如像加法一样用于计算一组数值的和，我们将其作为一个可以接受任意数量的参数且返回相同计算结果的过程来实现。

当双参数函数满足结合律时，这种推广尤其具有吸引力和合理性。结合律指的是中间结果产生的顺序并不影响最终结果。形式化定义如下：操作⊕满足结合律，当且仅当对于任意操作数 x, y 和 z, $(x \oplus y) \oplus z = x \oplus (y \oplus z)$ 成立。

加法满足结合律，这就是为什么我们期望一列数值不管以何种顺序相加都能得到相同结果（不管我们是从上到下、从下到上、从中到外，还是以任何其他顺序相加）。给“+”同时提供相加的所有值作为参数意味着我们对“+”实现中的处理顺序并不关心，因为我们知道在任何情况下都会得到同样的答案。

Scheme 语言的“+”过程还可以仅接受一个参数或零个参数。当它仅收到一个参数时，它将返回该参数作为其结果。当它没有收到参数时，它将返回 0。

在无参数输入的情况下，“+”返回 0，这是因为 0 是唯一一个对加法操作没有影响的数值（无论 0 存在与否，加法结果都不变）。0 是加法操作的*单位元*（identity）。从正式定义来看，这意味着它满足对于任何数值 n，方程 $0 + n = n$ 且 $n + 0 = n$ 都成立。由于“+”过程在无参数输入时返回 0，我们将一个较大的数值集合相加时，可以将其拆分成多个较小的数值集合，再将较小集合的和加在一起得到较大集合的和，而不必担心某些较小集合可能为空的情况。

1.4.2 减法

减法过程用“-”表示。同样，我们通常认为减法是双参数函数，Scheme 用于推广加法的模式并不适用于减法，因为减法不满足结合律，而且没有单位元。（不存在数值 v 对于所有 n 都满足 $v - n = n$。）

不过，我们将以不同的方式推广减法：如果“-”接受两个以上的参数，它将从第一个参数（*被减数*，minuend）依次减去剩余的每个参数（*减数*，subtrahend），最终返回最后一次减法的结果。例如，给定参数 29、4、7 和 12，“-”返回 6，即 $((29 - 4) - 7) - 12$，从 29 中依次减去 4、7 和 12。（因此多参数减法也被称为“左结合的”。）

如果“-”只接受一个参数，它将计算并返回该参数的*加法逆*（additive inverse），即与该参数相加产生 0（加法单位元）的数值。例如，如果“-”收到参数 8，则返回 −8。如果收到 −23，则返回 23。如果它收到 0，则返回 0。

“-”过程至少需要一个参数，如果没有参数，则会出错，这反映了减法没有单位元的事实。

1.4.3 乘法

乘法满足结合律，1 是乘法的单位元，所以我们可以像加法那样推广基本的双参数乘法函数：“*”过程可以接受任意数量的参数并返回它们的乘积，如果没有提供任何参数，那么返回 1。

1.4.4 除法

“除法”一词适用于算术中两个相关但不同的操作。其中一个操作是确定两个给定数值之间的比值。例如，我们将 124 除以 16 来确定它们之间的比值——31/4。操作数本身也可以是分式：例如，5/12 与 9/14 的比值是 35/54，我们用 5/12 除以 9/14 来计算这个比值。

另一个操作是确定两个整数的商和余数。这是我们在计算 16 除 124 等于 7 余 12 时所执行的除法。

当一个整数整除另一个整数时，两种除法形式在某种程度上是一致的。例如，42 与除数 14 的比值是 3/1。这个比值是一个整数 3，这也是第二个意义上 42 除以 14 的商：14 被从 42 中减三次，没有余数。

尽管这两种除法有着密切的关系，但是 Scheme 语言为它们提供了不同的过程和不同的名称，“/”过程计算比值，而 div-and-mod 过程计算商和余数[㊀]。

比值的计算不满足结合律，也没有单位元。因此，“/”过程以加法过程的模式进行了推广：给定多个参数时，“/”将第一个参数作为*被除数*（dividend），并依次除以剩下的每个参数（*除数*，divisor），最终返回最后一次除法计算的结果。

在应用“/”过程时，将 0 作为除数是错误的，因为除数是 0 的计算没有意义：没有任何数值可以正确表达某个数与 0 的比值。如果我们在过程中错误地尝试除以 0，Scheme 处理器将停止运行并报告错误。

我们将这种约束称为正确使用过程的*前提条件*（precondition），简称前提。设计和实现算法时，要确保语言处理器试图调用过程时，过程的前提是满足的。有时我们很容易就可以做到这一点，但在某些情况下需要更为详尽的预防措施。

如果只给“/”过程一个参数，它将计算并返回该参数的*乘法逆*（multiplicative inverse），即 1 与这个参数的比值。例如，给定 5，“/”返回 1/5；给定 3/8，返回 8/3。同样，将 0 作为参数提供也是一个错误，因为 1 与 0 没有任何比值，并且没有一个数值能正确地表示这种比值。

不提供任何参数给“/”也是一个错误。

由于 div-and-mod 过程返回两个结果（商和余数），因此我们不能简单地将其推广到一般情形。我们总是输入两个参数，不多也不少（参数多了或少了都是错误）。

div-and-mod 过程可以接受负数作为参数，也可以接受正数作为参数，但它以某种意

㊀ 《算法语言 Scheme 第 7 版修订报告》实际上为整数除法提供了若干个过程，但这些过程都不完全符合下面的纯数论定义。（afp primitives）库根据标准过程 floor/ 定义了 div-and-mod，并根据需要调整了结果。

想不到的方式处理这些参数——数论除法。给定一个被除数 n 和一个非零除数 d，div-and-mod 计算满足以下条件的商 q 和余数 r：

$$0 \leqslant r < |d|$$

$$qd + r = n$$

当被除数为负且除数无法整除被除数时，数论除法的结果可能看起来是违反直觉的。例如，第一个参数是 –42（被除数），第二个参数是 9（除数）。div-and-mod 返回商 –5 和余数 3。如果运用在学校里学习的笔算知识在负被除数上实践的话，你可能会得到相反的结果：–4 是商，–6 是余数。这些值满足上述第二个条件，但不满足第一个条件。数论除法的结果是同时满足这两个条件的唯一 q 和 r。

将 0 作为 div-and-mod 的第二个参数是错误的，因为当 d 为 0 时，没有数值 r 能满足 $0 \leqslant r < |d|$ 的条件。

1.4.5 幂运算

expt 过程对数值执行幂运算。例如，给定数值 3 和 4 作为参数，expt 返回 3^4，即 81。两个参数都可以是负数。

如果指定幂运算的指数为负，则结果是对应正指数的乘法逆。例如，给定参数 2 和 –3，expt 返回 2^3 的乘法逆，即 1/8。如果指定幂的参数为 0，则 expt 返回乘法的单位元 1。

幂运算不满足结合律，也没有单位元。像减法和除法那样从左结合的约定在这里不适用。事实证明，当数学家写下 a^{b^c} 这样的形式时，意思总是 $a^{(b^c)}$ 而不是 $(a^b)^c$。后一种写法是不必要的，因为表达式 $(a^b)^c$ 通常可以简化为 $a^{b \cdot c}$（应用指数定律）。因此，如果需要执行连续的幂运算，那么我们期望将结果结合到右边而不是左边。因为连续的幂运算并不常见，所以与“-”和“/”的约定不同，我们必须采用一种新的约定。我们规定 expt 只能是一个双参数函数。

原则上，我们可以使用 Scheme 的 expt 过程来计算非整数幂，返回无理数甚至复数作为结果。但是，我们并不需要用到这些计算，所以规定 expt 的第一个前提是，第二个参数（指数）是一个整数。

第二个前提是，如果第一个参数（底数）是 0，那么指数必须非负。与被 0 除的情况一样，这个限制的基本原理是不存在有意义的计算结果，因为 0 没有乘法逆。

有一种特殊情况是，如果 expt 的两个参数都为 0，则 expt 返回 1。这一约定简化了指数定律的一些表述。

Scheme 还支持 square 过程，该过程接受任何数值并返回其平方（与自身相乘的结果）。

1.4.6 过程总结

在本书中，我们将涉及大约 60 个 Scheme 预先定义好的过程，还有更多我们自定义的过程——这么多过程，有时可能很难记住它们是如何工作的。作为参考，我们在每节结尾列出本节涉及的过程摘要，格式如下：

---

div-and-mod　　(afp primitives)
integer, *integer* → *integer*, *natural-number*
dividend divisor
dividend除以divisor返回商和余数
提前：divisor 非0

第一行给出了该过程的名称，并指出了该过程的定义库（在本例中是(afp primitives)库）。第二行是过程的类型签名（type signature）。箭头左侧的列表表示所需参数的类型，右侧的列表表示返回结果的类型。第三行提供了过程可以接受的参数名称，每个参数都位于其类型的正下方。第四行解释了调用该过程时它会做什么。如果在调用过程时有除类型约束之外的任何前提，那么它们将列在摘要的末尾。

参数名是任意设置的，但它们简化了对前提和返回结果的描述。

当一个省略号（...）出现在类型之后时，表示该类型有“零个或多个”值。如果出现在箭头的左侧，省略号表示过程的元数是可变的；如果出现在箭头的右侧，省略号表示过程返回指定类型的多个结果。省略号类型下的参数名称代表该类型的一个参数列表。

当过程的参数可以是任何类型时，我们将使用小写希腊字母——α（alpha）、β（beta）、γ（gamma）或δ（delta）作为**类型变量**（type variable），以表示参数类型和结果之间的关系。如果这一关系并不存在，我们将用类型变量“any”代替参数类型。

很快我们就会遇到这样的情况：一个过程构造了另一个过程，并将其作为结果返回。在这种情况下，该过程的前提与构造中用到的过程的前提将一起列出。

我们还会遇到一个过程接受另一个过程作为其参数的情况。在此类“高阶”过程的摘要中，过程参数的名称（在摘要的第三行）与开始指定该参数类型的圆括号（在参数名称正上方的那一行中）完全对齐。如果没有仔细观察对齐方式，可能会混淆标识符的含义。

```
+                                                        (scheme base)
number ...   → number
addends
计算addends中所有元素的和

-                                                        (scheme base)
number   → number
negand
计算negand的加法逆

-                                                        (scheme base)
number, number,    number ...        → number
minuend  subtrahend other-subtrahends
minuend减去subtrahend和other-subtrahends中所有元素的和，返回它们的差值

*                                                        (scheme base)
number ...      → number
multiplicands
计算multipicands中所有元素的乘积

/                                                        (scheme base)
number        → number
reciprocand
计算1与reciprocand的比值
前提：reciprocand非0

/                                                        (scheme base)
number, number, number ...       → number
dividend divisor  other-divisors
计算dividend与divisor和other-divisors中所有元素的乘积的比值
前提：divisor非0
前提：other-divisors中所有元素都不为0

div-and-mod                                          (afp primitives)
integer,  integer   → integer, natural-number
dividend divisor
dividend除以divisor，返回数论除法的商和余数
前提：divisor非0

expt                                                 (afp primitives)
number, integer    → number
```

```
base      exponent
以base为底数、exponent为指数进行幂运算
前提：若base为0，那么exponent非负
```

square (scheme base)

number → *number*

quadrand

返回quadrand的平方

◉ 习题

1.4-1 当“-”过程取得参数 -13、7 和 -9 时，返回什么结果？

1.4-2 当 div-and-mod 过程依次得到参数 54 和 -7 时，返回什么结果？

1.4-3 当 div-and-mod 过程依次得到参数 -54 和 -7 时，返回什么结果？

1.4-4 某个函数将接受两个数值参数 x 和 y，并计算其算术平均值 $(x + y)/2$。这个函数满足结合律吗？它有单位元吗？能否将其推广到接受任意多个参数的情形？证明你的答案是正确的。

1.4-5 某个函数接受两个整数参数，如果其中一个参数是偶数，则返回 1；如果两个参数都是偶数或都是奇数，则返回 0。这个函数满足结合律吗？它有单位元吗？能否将其推广到接受任意多个参数的情形？证明你的答案是正确的。

1.5 过程调用

过程调用（procedure call）是一个表达式，在对表达式求值时，它向过程提供参数并执行过程。计算的结果是过程调用的值。

在 Scheme 中，过程调用由一个或多个表达式组成，这些表达式依次排列并用括号括起来。过程调用中的每个表达式必须有且只有一个值，而且第一个表达式的值必须是一个过程。下面是一个简单的例子：

```
(expt 38 17)
```

在这个例子中，括号中有三个表达式，我们可以识别所有这些表达式。首先是一个标识符‘expt’，它是幂运算的名称。第二个表达式和第三个表达式是数值，命名了整数 38 和 17。在这个调用中，我们将这些整数作为参数提供给 expt 过程。对这一调用求值时，expt 过程对 38 执行 17 次方运算。计算结果 7183252662235695921153966 08 是过程调用的值。

在过程调用中，紧跟左括号后面的表达式的值（*运算符*，operator）是要执行的过程，而所有其他表达式的值（*操作数*，operand）是其参数。如果运算符的值不是过程，那么将会出错。例如，尝试求表达式‘(3+2)’会导致错误，因为运算符表达式‘3’的值是数值而不是过程。(另一方面，一个操作数的值可以是一个过程。) 要得到 3 加 2 的结果，必须将过程置于首位，写成‘(+ 3 2)’。

过程调用中的操作数的数目取决于过程。例如，expt 过程计算某个数的某次幂运算，因此我们必须输入两个值（幂运算的底数和指数），然后才能继续计算。因此，对 expt 的每个调用都应包含两个操作数（除了运算符之外）。

如果一个过程不多不少刚好接受 n 个参数，那么对该过程的调用必须包含 n 个操作数表达式，我们称该过程的*元数*为 n（因此 expt 过程的元数为 2）。元数为 1 的过程是*一元的*（unary），元数为 2 的过程是*二元的*（binary）。许多 Scheme 过程可以在不同的调用中接受不同数量的参数。我们称这类过程为*变元*（variable arity）过程。

操作数表达式不必是文字；它可以是一个命名了基本过程的标识符，或者通过定义（参

见 1.9 节）关联一个值的标识符，它甚至可以是另一个过程调用。例如，

```
(expt 38 (+ 14 3))
```

是包含另一个过程调用的过程调用。“+”过程将其参数相加并返回它们的和。由于 14 和 3 的和是 17，子表达式‘(+14 3)’的值是 17。整个表达式的值与‘(expt 38 17)’相同。

注意，当某个过程调用包含另一个过程调用时，就像这个例子一样，处理器会优先对内部调用求值。一般原则是，在过程的内部计算开始之前，必须对过程调用中的所有子表达式完成求值。因为过程对其接受的值进行操作，因此在完成内部求值之前，它无法开始工作。

过程调用中的操作符表达式通常是命名过程的标识符。但是，操作符可以是任何以过程为值的表达式。由于我们的程序经常将过程作为数据，作为过程的参数接受它们，对它们执行计算，并将它们作为结果返回，因此有时我们会看到下面这样的过程调用：

```
((pipe div-and-mod expt) 63 12)
```

其中，要调用的过程本身是一个过程调用的计算结果。（我们还没有学习 pipe 过程的知识。我们将在第 2 章中介绍这个内容。）

◉ 习题

1.5-1　表达式‘+’是过程调用吗？如果是，请求值。

1.5-2　表达式‘(+)’是过程调用吗？如果是，请求值。

1.5-3　对过程调用‘(div-and-mod (+ 7 8) (- 7 8))’求值。

1.5-4　表达式‘(* (div-and-mod 32 9) 3)’看起来像过程调用，但无法计算。解释它出了什么问题。

1.6　λ 表达式

并非我们需要的所有过程都是由语言本身提供的基本过程。另一种表示过程的方法是使用*λ 表达式*（lambda expression），这种表达式给出了过程所执行计算的细节，并且为计算中抽象出的每个值都提供了一个标识符。我们将这些标识符称为过程的*形参*（parameter）。当执行以这种形式表达的过程时，过程调用将为每个形参提供一个实参，在过程表示的计算开始之前，“占位符”标识符被绑定到相应的实参值。

为了构造一个 λ 表达式，我们需要列出三个语法组件并将它们放在括号中。

第一个组件是关键字‘lambda’。记住，关键字不是值的名称，而是作为 Scheme 处理器的信号。在这种情况下，关键字的重要意义在于，处理器不应将表达式视为过程调用并尝试对其求值，而应构造计算的抽象形式——一个过程类型的值。

- 第二个组件由过程的所有形参组成，每个形参之间用空格或换行符隔开，并且用括号括起来。这个组件称为*形参列表*（parameter list）。
- 第三个组件是一个表达式，即*过程体*（procedure body），每当调用被执行才对其求值。（通常来说，在第一次遇到包含过程体的 λ 表达式时，几乎是不可求值的，因为在过程被调用之前，形参都没有赋值。但是即使过程体中不包含形参，语言处理器也不会尝试提前调用过程体。）在所有调用中，一旦确定了过程体的值，该过程将把这些值作为其结果返回。

例如，假设我们需要一个过程来计算两个数值的算术平均值，方法是将它们相加，然后将和除以 2。通过数学符号，我们可以把这个函数写成一个方程的形式，命名为 m。

$$m(a, b) = \frac{a + b}{2}$$

我们也可以将其写成映射规则：

$$(a, b) \mapsto \frac{a + b}{2}$$

在 Scheme 中，使用 λ 表达式来表示此函数的计算过程：

```
(lambda (a b)
  (/ (+ a b) 2))
```

在此表达式中，‘(a b)’是形参列表（参数为‘a’和‘b’），过程体是‘(/ (+ a b) 2)’。下面是对这个过程的调用，它计算 3/5 和 11/3 的算术平均值：

```
((lambda (a b)
   (/ (+ a b) 2)) 3/5 11/3)
```

为了确定这个调用的值，我们将名称‘a’绑定到数值 3/5（对应的参数），将名称‘b’绑定到 11/3。然后，我们计算 λ 表达式的过程体，记住，必须在计算外部调用之前先计算内部过程调用：

(/ (+ a b) 2) = (/ (+ 3/5 11/3) 2) = (/ 64/15 2) = 32/15

因此，此 λ 表达式表示的过程返回结果 32/15，这是过程调用的值。

1.6.1 变元过程

在前面的 λ 表达式示例中，参数列表中的标识符数量决定了过程的元数，并且过程调用为每个形参提供一个且仅一个实参。然而，正如我们在前几节中讨论的，Scheme 还允许过程拥有可变的元数，例如“+”。那么，要如何为这样的过程编写 λ 表达式呢？

如果我们要表达的过程可以接受任意数量的参数（包括无参数输入的情况），将用一个单独的不包含在括号中的标识符作为 λ 表达式的第二个组件。这个单独的标识符称为 rest 参数。在调用过程时，无论提供了多少参数值，这些参数值都被封装在一个列表数据结构中。rest 参数将绑定这一数据结构，然后对过程体进行求值。求值的结果将作为过程调用的值。

因此，在编写过程体时，我们必须考虑到这一事实：参数是以列表的形式出现的，而不是一系列单个名称。稍后，我们将学习如何展开列表以及如何提取和命名它们包含的值（在列表非空的情况下）。

不过，现在我们先来看一下关于列表操作的一个基本过程：apply（应用）。此过程可以接受两个或多个参数，其中第一个参数必须是过程，最后一个参数必须是列表。它从列表提取出所有元素的值，然后执行过程，将当前未封装的值作为参数提供给过程，并将此调用的结果作为自身执行的结果返回。

例如，考虑一个变元过程，该过程可以接受任意数量的参数，且每个参数都必须是一个数值，最终返回所有数值的和与积的比值。下面是一个表示了该过程的 λ 表达式：

```
(lambda numbers
  (/ (apply + numbers) (apply * numbers)))
```

此过程被执行时，rest 参数‘numbers’将被绑定到一个列表，包含了作为参数值的所有数值。当我们对过程调用‘(apply+ numbers)’求值时，apply 过程将提取列表中的所有数值作为参数传递给“+”过程。“+”过程将它们全部相加并返回它们的和，然后 apply 将这个和作为结果返回。同样，当我们计算‘(apply*numbers)’时，apply 调用“*”过程，将所有的数值作为参数，并返回“*”计算的乘积。现在，我们有了“/”过程调用所需的操作数的值，即给定数值的和及其乘积。“/”过程计算并返回和与积的比值。

请注意，简单地通过‘(+ numbers)’计算和是不正确的。这一过程调用的语法正确，但“+”过程要求其每个参数都是一个数值，而标识符的值‘numbers’是一个列表，不是数值。

如果某个过程中占据运算符位置的是λ表达式，我们可以通过对过程调用求值来调用这一过程。例如，以下过程调用：

```
((lambda numbers
   (/ (apply + numbers) (apply * numbers))) 3 5 8 2 6)
```

的值是 1/60，这是给定的五个数值的和 24 与它们的积 1440 的比值。

如果 apply 过程得到的参数多于两个，那么它将这些参数与从列表中提取出来的值全部提供给 apply 的第一个参数过程。例如，下面过程：

```
(lambda numbers
  (apply + 23 14 6 numbers))
```

计算并返回 23、14、6 以及该过程被调用时接受的参数的所有值的和。

这一 apply 过程例子展示了另一类变元过程：如果没能提供至少两个实参（要应用的过程以及包含要应用的值的列表），那么这种调用是没有意义的。但是，它可以接受不止两个参数。事实上，我们已经在“-”过程中看到类似的情况了，它必须接受至少一个参数，但也可以处理更多的参数。

我们也可以通过不同的方式修改参数列表来为这些过程编写λ表达式。就像在固定元数的λ表达式中一样。首先，为每个参数位置提供一个标识符以达到表达式所需的最低元数。然后，设置一个句点（也被称为“点”或“句点”），句点两边各有一个空格。最后，再补上另一个标识符，并将整个序列括在括号中。例如，如果λ表达式的参数列表具有以下形式：

```
(alpha beta gamma . others)
```

那么它表示的过程必须至少有三个参数，但它还可以有更多的参数。

当这类过程被执行时，它们首先将句点之前的标识符与接收到的参数绑定，一个实参对应一个形参。但是，当遇到句点时，该过程将收集列表中的所有剩余的参数，并将句点后的标识符与该参数列表绑定。在这种情况下，句点后的标识符也是一个 rest 参数（它绑定的列表包含了“剩余”的实参值）。

例如，参数列表为‘(alpha beta gamma . others)’的λ表达式表示一个过程，这个过程将‘alpha’与它收到的第一个实参绑定，‘beta’与第二个实参绑定，‘gamma’与第三个实参绑定，‘others’与列表中所有剩余实参绑定。

下面是对这类过程的调用示例：

```
((lambda (alpha beta gamma . others)
   (* (+ alpha beta gamma) (apply + others))) 3 4 5 6 7 8)
```

表达式‘(+ alpha beta gamma)’的值是前三个参数的和 12（3、4 和 5 的和）。标识符

'others' 的值是包含剩余参数（6、7 和 8）的列表。因此，表达式 '(apply+others)' 的值是这三个值的总和，即 21。所以过程体的值是 12 和 21 的积 252，这也是整个过程调用的值。

1.6.2 构建列表

在前面的示例中，我们依靠变元过程来构造列表，这是绑定 rest 参数的过程的一部分。然而，Scheme 还提供了基本过程 list（列表），这一过程可以接受任意多个值并返回一个包含这些值且按接受顺序排列的数据结构。以这种方式构造的列表与通过 rest 参数构造的列表是一致的。

但是，即使 Scheme 的设计者没有提供 list 基本过程，我们也可以很容易地给出定义：其实就是 (lambda arguments arguments)！

就像 1.1 节中描述的简单值一样，列表可以作为参数传递给过程，并作为过程的结果返回。在交互式 Scheme 会话中，表达式求解器通过打印其包含的值（用空格分隔并用括号括起来）来表示列表：

```
> (list 3 8 7)
(3 8 7)
> (list)
()
```

1.6.3 返回多个值

过程调用的值是过程计算的结果。到目前为止，我们看到的每个 λ 表达式都表示一个返回有且仅有一个值的过程。如何编写一个计算多个结果并返回所有结果（就像基本过程 div-and-mod 做的那样）的过程呢？

如果 λ 表达式中的过程体是对另一个返回多个值的过程的调用，那么这个 λ 表达式表示的过程也会返回所有这些值。例如，考虑下面的 λ 表达式：

```
(lambda (number)
  (div-and-mod number 3))
```

此表达式表示的过程只接受一个实参，然后这个实参除以 3，返回计算的商和余数作为结果。以下是此过程的一个调用：

```
((lambda (number)
   (div-and-mod number 3)) 7)
```

这个过程调用有两个值：2（商）和 1（余数）。

如果我们希望一个过程执行两个或多个独立的计算，每个计算产生一个值，然后返回所有计算的结果，可以使用基本过程 values（值）收集这些计算结果。values 过程可以接受任意数量的参数，并且不加修改地返回所有这些参数作为其结果。因此，values 和 list 一样，实际上不进行任何计算。相反，对 values 的调用是将几个不同的单值表达式嵌入到同一个大表达式中的快捷方式，这样一来所有值都可以一次性返回。

例如，下面是一个 λ 表达式，它可以接受任意数量的参数，每个参数都必须是一个数值，最终返回两个结果，第一个结果是所有参数的总和，第二个结果是所有参数的乘积：

```
(lambda numbers
  (values (apply + numbers) (apply * numbers)))
```

在 values 过程的帮助下，我们可以表示 list 过程的逆过程，即一个“解绑”的过程，它接受一个参数（一个列表），并将该列表中的所有值作为结果返回：

```
(lambda (ls)
  (apply values ls))
```

此过程包含在（afp primitives）库中，名为 delist。

通过在适当的地方应用 list 和 delist 过程，可以将多个值捆绑和解绑，从而让参数和结果的接口更加适合我们想要实现的算法设计。

1.6.4　没有结果的计算

有些时候一个过程无法返回结果，这可能是因为无法正确执行计算中的某个步骤（例如，尝试除以 0），或者是因为计算中的每个步骤都要求额外的步骤，导致计算永远达不到可以返回结果的情形。

作为无终止计算的一个简短但抽象的例子，研究以下过程调用：

```
((lambda (self-apply) (self-apply self-apply))
 (lambda (self-apply) (self-apply self-apply)))
```

这个 λ 表达式的值是一个过程，它接受一个实参，将形参 ‘self-apply’ 绑定到该实参并执行过程，然后将自己作为自己的实参。在这个调用中，过程应用的对象还是它自己。它将自己作为实参，将名称 ‘self-apply’ 绑定到自己，并调用自己，把自己作为自己的实参。当调用被执行时，它再次将自己作为实参，将名称 ‘self-apply’ 绑定到自己，并执行本身，将自己作为实参。如此循环往复。

过程的每次调用都会不断地启动另一个调用，整个计算无穷无尽。没有一个调用返回任何结果，因为没有一个调用能够到达其计算的终点。所以上面显示的过程调用，虽然在语法上是正确的，但是无用的。尝试对其进行求值会导致 Scheme 处理器在发生某些外部中断之前无法继续正常工作。

在编程中，启动一个无法正确完成的计算通常是一个错误。因此，在设计算法时，我们需要仔细考虑计算无法终止的情况，并建立前提来预防这些情况。

---

apply　　(scheme base)
$(\alpha \ldots, \beta \ldots \to \gamma \ldots)$, $\alpha \ldots$, $list(\beta)$ $\to \gamma \ldots$
procedure　arguments　bundle
调用procedure，将arguments的元素和bundle的元素作为其实参，并返回结果
前提：procedure可以接受arguments的元素和bundle的元素

list　　(scheme base)
$\alpha \ldots$ $\to list(\alpha)$
arguments
构造一个包含arguments中所有元素的列表

values　　(scheme base)
$\alpha \ldots$ $\to \alpha \ldots$
arguments
返回arguments中的所有元素

delist　　(afp primitives)
$list(\alpha)$ $\to \alpha \ldots$
bundle
返回bundle中的所有元素

◉ 习题

1.6-1　用 λ 表达式编写一个过程，计算一个给定数值的立方。此过程只有一个参数，但在构造参数列

表时仍然需要将参数放在括号中（否则，Scheme 会误认为这是一个变元过程，将其视为 rest 参数）。

1.6-2 要将摄氏温度（℃）转换到华氏温度（℉），需要将温度值乘以 9/5，再加上 32。试用一个 λ 表达式编写该过程，将摄氏温度值作为参数并返回对应的华氏温度值。再编写一个过程调用，将该过程应用于 -15℃。

1.6-3 一个有限的算术序列 a，$a+n$，$a+2n$，…，$a+kn$ 的和是

$$(k+1)\cdot\left(a+\frac{kn}{2}\right)$$

编写一个 λ 表达式，该表达式以 a、n 和 k 为参数，并返回上面所示的有限算术序列的和。然后编写一个过程调用，其返回值等于序列 3、10、17、24、31 的和。

1.6-4 解释“恒等”过程

```
(lambda (something)
  something)
```

和 list 过程

```
(lambda arguments
   arguments)
```

之间的差异。

1.6-5 以下 λ 表达式表示的过程的元数是多少？执行该过程会返回什么？

```
(lambda (first . others)
  (* first first))
```

1.6-6 编写一个 λ 表达式，该表达式恰好接受三个参数，并以值的形式返回所有参数，但返回顺序与输入顺序相反（例如，第一个参数是第三个结果，等等）。

1.6-7 用 λ 表达式编写一个过程，该过程接受两个数值列表参数，求每个列表中的值之和，并构造仅包含这两个和的列表。

1.7 谓词

谓词（predicate）是一个始终只返回一个布尔值的过程。一元谓词确定其参数是否具有某些性质。例如，Scheme 提供了一个基本的一元谓词 even?，它接受一个整数，如果该整数是偶数，则返回 #t，否则返回 #f。接受两个或多个参数的谓词确定某个关系是否成立。例如，基本谓词“<”可以接受两个或多个参数并确定它们是否单调递增（increase monotonically)，也就是说，判断是否每个参数（除最后一个参数外）都小于它后面的参数。

为了便于测试数值的性质和数值之间的关系，Scheme 提供了一组常用的基本谓词。我们接下来要用的谓词包括用于测试数值符号的 zero?、positive? 和 negative?，以及用于比较的 <、<=、=、>= 和 >，还有用于测试整数的奇偶性的 even? 和 odd?。比较谓词可以接受两个以上的数值作为参数，并测试任意两个相邻值之间是否满足某个特定关系。（例如，只有当 alpha 等于 beta 且 beta 等于 gamma 时，调用‘(= alpha beta gamma)’才会返回 #t。）

根据惯例，过程名称末尾的问号表示它是一个谓词，我们定义的谓词名称都将遵守这一习惯。

对谓词取相反的意义，可以将 not 过程应用于谓词的结果。将 not 应用于 #f 得到 #t；

将其应用于 #t（严格来说是除 #f 以外的任何值）得到 #f。例如，表达式

```
(lambda (number)
  (not (negative? number)))
```

表示了一个判断 number 是否非负的谓词。

1.7.1　分类谓词

当一个值的性质未知时，我们通常需要判断它是否符合某些过程的前提。Scheme 为判断值的类型提供了分类谓词：boolean?, number?, integer?, char?, string?, symbol?, procedure?。

我们也可以将 not 视为检测布尔值 #f 的专用分类谓词。

许多过程给参数添加类型限制，如果不遵守这些前提，过程将会执行失败或返回错误的答案。细心的程序员经常使用分类谓词来确保在过程执行之前满足其前提。

1.7.2　相等谓词

除了针对数值的相等谓词“=”外，Scheme 还为其他基本类型的值提供了相等谓词，包括布尔值的 boolean=?、字符的 char=?、字符串的 string=?，还有符号的 symbol=?。这些谓词都可以接受两个或多个指定类型的参数，当且仅当所有这些参数都相等时才返回 #t。

Scheme 还提供了一个通用谓词 equal?，它可以接受任何类型的值，如果参数的类型不一致，则返回 #f。equal? 谓词是二元谓词。

我们刚刚提到的相等谓词中明显缺了点什么。用于确定两个过程是否相同的 procedure=? 在哪里？这个谓词缺失的原因相当令人惊讶。理论计算机科学家已经证明，*不存在通用算法能够判定两个过程是否相同*，即便是狭义上的相等（给定任意参数，两个程序都返回相同的结果）。换句话说，我们无法实现一个令人满意的关于过程的相等谓词。任何这样的谓词或者无法终止，或者返回错误的答案！

1.7.3　相等和类型

由于 equal? 可以比较任何类型的值，我们自然会怀疑是否有必要设计那些具体的相等谓词，例如 = 和 symbol=?。这些是 equal? 谓词的特殊情况吗？如果确实如此，为什么不在所有情况下都直接使用 equal? 呢？

答案是 equal? 的通用性实际上在我们将遇到的一些应用程序中是不起作用的。例如，当我们为集合定义数据结构时，如果两个集合有相同的元素，那么需要一个 set=? 谓词判断它们为相同的（不管集合中元素的排列顺序是否相同。例如，在集合论中，{1,2,3,4} 与 {2,4,3,1} 是同一个集合，因为每个集合的成员都是另一个集合的成员）。但是，应用 equal? 谓词来判断时，如果发现两个集合中存在任何差异，它都会返回 #f，即使是我们可以忽略的差异（例如集合中元素的顺序）。因此 equal? 谓词不能令人满意地直接取代 set=? 谓词。

一般来说，数据类型的设计者需要仔细考虑提供一个相等谓词是否合适。如果确实需要相等谓词，那么还要考虑相等谓词中“相同性”的含义是什么。尽管 equal? 谓词方便使用，但是它并不总是正确的选择。

此外，与使用 equal? 的代码相比，使用特定类型的相等谓词可以让代码的可读性更好，执行更加高效。因此，我们为那些不知道值的类型却又要进行比较的情况保留 equal? 谓词。

因为 equal? 试图比较它收到的任何值，我们自然想知道它是如何比较两个过程的。如果不存在算法可以在任何情况下确定两个给定的过程是否相等，那么 equal? 要如何工作呢？答案是，euqal? 应用于过程时有时会返回错误的答案。它避免了误报（也就是说，当两个过程不相等时，它永远不会声称它们是相等的），但有时它会漏报，即使它接受明显相同的两个过程，也仍然返回 #f：

```
> (equal? div-and-mod (lambda (dividend divisor)
                        (div-and-mod dividend divisor)))
#f
> (equal? (lambda (number) (* number 2))
          (lambda (number) (* number 2)))
#f
```

对于这个缺陷，没有令人满意的补救办法。我们只能小心对待，不要相信 equal? 应用在过程上的结果。

---

zero?
number → *Boolean*　(scheme base)
number
判断number是否等于0

positive?
number → *Boolean*　(scheme base)
number
判断number是否为正数

negative?
number → *Boolean*　(scheme base)
number
判断number是否为负数

even?
integer → *Boolean*　(scheme base)
number
判断number是否为偶数

odd?
integer → *Boolean*　(scheme base)
number
判断number是否为奇数

<
number number number ... → *Boolean*　(scheme base)
initial next others
判断initial、next和others中的所有元素是否单调递增（从小到大）

<=
number number number ... → *Boolean*　(scheme base)
initial next others
判断initial、next和others中的所有元素是否为单调非递减（从小到大）

=
number number number ... → *Boolean*　(scheme base)
initial next others
判断initial、next和others中的所有元素是否都相等

>=
number number number ... → *Boolean*　(scheme base)
initial next others
判断initial、next和others中的所有元素是否为单调非递增（从大到小）

>
number number number ... → *Boolean*　(scheme base)
initial next others
判断initial、next和others中的所有元素是否为单调递减（从大到小）

boolean?
any → *Boolean*　(scheme base)

something
判断something是否为布尔值

not　　(scheme base)
any　　→ *Boolean*
something
判断something是否为#f

number?　　(scheme base)
any　　→ *Boolean*
something
判断something是否为数值

integer?　　(scheme base)
any　　→ *Boolean*
something
判断something是否为整数

char?　　(scheme base)
any　　→ *Boolean*
something
判断something是否为字符

string?　　(scheme base)
any　　→ *Boolean*
something
判断something是否为字符串

symbol?　　(scheme base)
any　　→ *Boolean*
something
判断something是否为符号

procedure?　　(scheme base)
any　　→ *Boolean*
something
判断something是否为过程

boolean=?　　(scheme base)
Boolean Boolean Boolean ...　　→ *Boolean*
initial next others
判断initial、next和others中的所有元素是否都是相同的布尔值

char=?　　(scheme base)
character character character ...　　→ *Boolean*
initial next others
判断initial、next和others中的所有元素是否都是相同的字符

string=?　　(scheme base)
string string string ...　　→ *Boolean*
initial next others
判断initial、next和others中的所有元素是否都是相同的字符串

symbol=?　　(scheme base)
symbol symbol symbol ...　　→ *Boolean*
initial next others
判断initial、next和others中的所有元素是否都是相同的符号

equal?　　(scheme base)
any any　　→ *Boolean*
left right
判断left和right的值是否相等
前提：left和right都不是过程

◉ 习题

1.7-1 用λ表达式编写一个谓词，该谓词只接受两个参数（两个数值），并判断它们是否不相等。（换句话说，如果两个实参不相等，则该谓词返回 #t，否则返回 #f。）

1.7-2 用λ表达式编写一个谓词，该谓词只接受两个参数（两个数值），并判断它们是否互为乘法逆，即它们的乘积是否等于 1。

1.7-3 编写一个 λ 表达式，该表达式只有四个参数（a、b、c 和 x），且表示了一个谓词，该谓词判断 x 是否为二次多项式 $ax^2 + bx + c$ 的根。换句话说，该谓词应判断对于给定的 x 值，该多项式的值是否为零，如果是则返回 #t，如果不是则返回 #f。

1.8 条件类型表达式

1.8.1 条件表达式

并非每一次计算都是对参数的序列化运算。在许多情况下，我们希望执行某种测试并根据测试结果进行不同的计算。

下面是一个小例子。假设我们已知一个文件夹中的文件数量，并希望用字符串的形式告诉英文用户计数结果。例如，如果文件夹中包含 23 个文件，这个字符串应该是“23 files”。当文件夹中只包含一个文件时，我们希望避免出现尴尬——“1 files”，因为“file”的正确单数形式是“file”而不是“files”。所以程序应该能够实现以下操作：它接受自然数形式的计数结果，如果这个数值是 1，则返回字符串“file”，否则返回字符串“files”。换句话说，这里我们要做的测试是将计数结果与 1 进行比较。当我们知道了测试结果以后，剩下的操作就很简单了。

该算法的 Scheme 实现用到了条件（if）表达式。为了构造一个条件表达式，我们将下列组件排成一行并用括号括起来：

- 关键字‘if’。类似于‘lambda’，‘if’不绑定任何值。把它想象成一个发送给 Scheme 处理器的快捷信号，这个信号提示处理器接下来的表达式要有选择地进行求值。
- *测试表达式*（test expression）。条件表达式的计算从测试表达式的计算开始。测试表达式的求值必须恰好得到一个结果（否则出错），这个结果决定了其他组件要如何处理。通常，测试表达式是一个过程调用，其中运算符表示谓词，其求值结果是 #t 或 #f。（Scheme 允许测试表达式具有非布尔值，这类值都被看成是“似真的”，即肯定的。但是，本书中的每个测试表达式都只有一个布尔值。）
- *肯定分支*（consequent），当测试结果是肯定的时候，我们对该表达式进行求值，但当测试值为 #f 时跳过肯定分支的求值。
- *否定分支*（alternate），当测试值为 #f 时，计算该表达式的值，但当测试值为 #t（或任何其他“似真”值）时跳过否定分支。

因此，肯定分支和否定分支二者之中总有一个会进行求值，但不能同时对二者进行求值。由测试表达式来决定计算哪一个，计算结果将成为整个条件表达式的值。

下面是一个条件表达式，如果标识符‘file-tally’绑定的值是 1，则得到值“file”，否则得到值“files”：

```
(if (= file-tally 1) "file" "files")
```

将这个条件表达式作为 λ 表达式的过程体，由此得到本节开头设想的过程：

```
(lambda (file-tally)
  (if (= file-tally 1) "file" "files"))
```

1.8.2 合取表达式与析取表达式

Scheme 为条件表达式中频繁出现的两个特殊情况提供了简便的缩写形式。在这些情况下，测试表达式充当了计算另一个布尔表达式的前提。例如，假设我们想判断一个值 val（可能是数值，也可能不是数值）是否为偶数。因为谓词 even? 只能接受整数，我们必须首先测试 val 是否为整数，而且仅当以下前提满足时才调用 even?：

```
(if (integer? val) (even? val) #f)
```

下面的合取（and）表达式具有完全相同的语义和效果：

```
(and (integer? val) (even? val))
```

当布尔表达式显得冗长且复杂时，一个与条件表达式等价的合取表达式通常更易于阅读和理解。

在本例中，合取表达式包含两个布尔子表达式。一般意义上的合取表达式可以包含任意数量的布尔子表达式。这些布尔子表达式将被依次测试，直到其中某个子表达式被发现是假（此时，整个合取表达式的值为 #f），或者所有子表达式的值均为真（此时，整个合取表达式的值为 #t）。例如，当 val 是一个正偶数时，下面表达式的值是 #t：

```
(and (integer? val)
     (even? val)
     (positive? val))
```

如果测试表达式的布尔值不必通过计算所有子表达式便可得到，那么这种情况下使用的是析取（or）表达式。例如，当 number 小于 0 或者大于 100 时，表达式

```
(or (< number 0) (> number 100))
```

为真。这一表达式等价于

```
(if (< number 0) #t (> number 100))
```

与合取表达式一样，析取表达式可以包含任意数量的子表达式，这些子表达式将被依次求值。一旦发现任何子表达式为真，求值过程便停止，且析取表达式的值为 #t。如果所有子表达式都不为真，则这个析取表达式的值是 #f。

由于合取表达式和析取表达式并不总是计算它们的所有子表达式，因此将它们视为过程调用是不正确的。就像 'lambda' 和 'if' 一样，'and' 和 'or' 也是关键字，它们不是过程的名称。

◉ 习题

1.8-1　当一个数值非负时，它的绝对值是数值本身，如果数值是负的，那么它的绝对值是这个数值的相反数。用 λ 表达式编写一个过程，该过程接受一个参数（一个数值）并返回其绝对值。（此 λ 表达式中的过程体是一个条件表达式。）

1.8-2　为接受两个数值并返回其中较小值的过程编写 λ 表达式。（如果参数相等，则该过程可以返回其中任意一个数值。）

1.8-3　为接受三个数值的谓词编写 λ 表达式，并判断第二个数值是否严格介于第一个数值和第三个数值之间。换句话说，如果序列 first、second、third 是单调递增或单调递减的，则返回 #t；否则返回 #f。

1.8-4　为接受两个整数的过程编写 λ 表达式，如果这两个整数一奇一偶，则返回 1；如果它们都是奇数或都是偶数，则返回 0。（由于此过程返回的值不是布尔值，因此至少需要一个条件表达式。但是，如果使用合取表达式或者析取表达式，那么测试表达式会看起来更容易理解。）

1.9 定义

定义将一个标识符绑定到一个值。Scheme 为定义提供了一个简单的符号：将关键字 ‘define’、标识符和单值表达式排在一起，并将它们置于括号内。

例如，当 Scheme 处理器遇到如下定义时：

```
(define meg 1048576)
```

它将标识符 ‘meg’ 绑定到数值 1048576。类似地，定义

```
(define inches-in-a-mile (* 12 5280))
```

将标识符 ‘inches-in-a-mile’ 绑定到自然数 63360（12 和 5280 的乘积）。

1.9.1 过程定义

由于过程是 Scheme 中可表达的值（特别是，λ 表达式的值），定义也可以将标识符绑定到过程。例如，定义

```
(define arithmetic-mean
  (lambda (a b)
    (/ (+ a b) 2)))
```

将标识符 ‘arithmetic-mean’ 绑定到计算两个数值算术平均值的过程（该过程见 1.6 节）。

由于将标识符绑定到过程的需求非常普遍，因此 Scheme 为此类定义提供了“简写”语法。在简写形式中，我们将想要绑定到过程的标识符和 λ 表达式的参数依次排列，并用括号括起来，然后将这个构造放在关键字 define 之后。接下来是 λ 表达式的主体，然后再将所有组件置于括号中。以下是 arithmetic-mean 定义的简写形式：

```
(define (arithmetic-mean a b)
  (/ (+ a b) 2))
```

这两种形式的过程定义是完全等价的。在本书接下来的部分里，我们将广泛使用简写的形式，但这只是一种编程风格上的选择，并不影响定义的语义或效果。

λ 表达式的主体不一定是过程调用。以下是对 lesser 过程的定义，它接受两个数值，返回其中较小的数值，并用到了条件表达式：

```
(define (lesser left right)
  (if (< left right) left right))
```

（如果 lesser 接收到两个相等的参数，那么它不管返回哪个参数结果都一样。在这种情况下，正好返回 right，但是如果我们将 ‘<’ 更改为 ‘<=’，那么它将返回 left，而 left 和 right 的值是一样的。）

变元过程也有简写形式的定义。与固定元数的过程定义一样，我们把要绑定的标识符和要绑定到的过程的参数依次排在一起并用括号括起来。变元过程通过在 rest 参数之前插入一个句点来发出信号：

```
(define (ratio-of-sum-to-product . numbers)
  (/ (apply + numbers) (apply * numbers)))

(define (fixed-sum-times-variable-sum alpha beta gamma . others)
  (* (+ alpha beta gamma) (apply + others)))
```

1.9.2 递归定义

在数学中，某些时候递归地定义函数是非常方便的操作。递归定义的操作是：规定简单情况下的函数值，并且通过展示如何将一般情况化简到简单情况来求解函数值。

例如，考虑阶乘函数。对于任意自然数 n，n 的阶乘是从 1 到 n 的所有整数的乘积。（0 的阶乘通常被理解为 1，即乘法的单位元。）下面是阶乘函数的递归数学定义——暂时称之为 f 函数：

$$f(n) = \begin{cases} 1 & \text{若 } n = 0 \\ n \cdot f(n-1) & \text{否则} \end{cases}$$

尽管定义的右侧包含了正在定义的标识符 f，但该定义不是循环的，至少没有歧义或不满足要求。对于任意给定的自然数 n，我们都可以通过重复替换来消除表面上的循环定义：

$$f(5) = 5 \cdot f(4) = 5 \cdot 4 \cdot f(3) = 5 \cdot 4 \cdot 3 \cdot f(2) = 5 \cdot 4 \cdot 3 \cdot 2 \cdot f(1)$$
$$= 5 \cdot 4 \cdot 3 \cdot 2 \cdot 1 \cdot f(0) = 5 \cdot 4 \cdot 3 \cdot 2 \cdot 1 \cdot 1 = 120$$

Scheme 的过程定义记号允许它们以类似的方式递归定义。一个过程可以在 λ 表达式的主体中通过名称来调用，而该主体正是为同名过程提供的值。以下是使用 Scheme 符号来定义的阶乘函数。我们将使用名称‘factorial’和‘number’，而非‘*f*’和‘*n*’，因为在编程中只使用单字符标识符的数学习惯容易引起理解上的混乱。

```
(define (factorial number)
  (if (zero? number)
      1
      (* number (factorial (- number 1)))))
```

条件表达式中的测试描述了数学定义中的判断条件。条件表达式的肯定分支是数值‘1’。这样可以确保当 number 为 0 时，过程返回 1。最后，条件表达式的否定分支项处理了 number 不为 0 的情况，指示处理器将 number 乘以 factorial 过程在给定参数比 number 小 1 时返回的结果。

对递归定义过程的调用就像对其他过程的调用一样，不需要特殊的语法。例如，要计算 5 的阶乘，我们可以写‘(factorial 5)’。这个表达式的值是 120（递归计算的最终结果）。在这个计算过程中，factorial 过程被调用了 6 次，每次都接受不同的实参。除参数为 0 的调用外，每个调用都会再次对过程调用‘factorial (-number 1))’求值，从而启动另一个调用。

不过，递归看起来可能与 1.6 节末尾的 self-apply 示例有点相似。在 self-apply 中，每次执行一个过程都会导致另一个过程的执行，且所有调用都无法得出结果。为了避免这样的错误，我们应该为每一个递归过程都提供一个基本步（base case），比如在 factorial 过程中，number 为 0 的情况是基本情况，此时我们可以直接计算结果，不需要再次执行过程。

此外，应该确保每一次递归调用都能在某种意义上使我们离基本情况更近一步，并且我们总是可以通过有限次的递归调用达到基本情况。在 factorial 的定义中，我们通过每次调用中实参减 1 来实现这一点。由于任何自然数都可以通过有限次数的减 1 操作得到 0，因此无论 factorial 过程接受的自然数是多少，这一过程最终都会算出一个结果。

---

arithmetic-mean (afp arithmetic)
number, *number* → *number*
a b
计算a和b的算术平均值

lesser (afp arithmetic)
number, *number* → *number*

```
left    right
返回left和right中较小的数

factorial                                              (afp arithmetic)
natural-number  →  Boolean
number
计算number的阶乘
```

◉ 习题

1.9-1 写一个定义，将标识符 'star' 绑定到星号字符 "*"。

1.9-2 用 λ 表达式编写一个一元过程，该过程将其参数乘 2 并返回结果。然后编写一个定义，将标识符 'double' 绑定到此过程。如果在前面的步骤中没有使用简写形式的过程定义，则请将定义转换为简写形式的等价定义。

1.9-3 修改 lesser 的定义，定义一个接受两个数值并返回其中任何一个较大数值的 greater 过程。

1.9-4 为谓词 geo? 写一个简写形式的定义。该谓词接受三个数值，并判断它们是否形成一个几何序列。(如果第二个参数的平方等于其他两个参数的乘积，则该谓词返回 #t。)

1.9-5 定义 termial 过程，该过程接受一个参数（自然数）并计算小于或等于该参数的所有自然数之和。例如，给定参数 7，termial 应该计算并返回 7 + 6 + 5 + 4 + 3 + 2 + 1 + 0，即 28。

1.10 局部绑定

定义创建了一个持久的绑定，之后的表达式和定义可以使用绑定好的标识符来指定相应的值，就像它是 Scheme 预先定义好的标识符一样。但是，有时我们希望绑定不具有这样的持久性。*局部*（local）名称只在我们感兴趣的某个计算内绑定到某个值，但在此之后便失效。

祈使（let）表达式是通过以下组件置于括号内来构造的：

- 关键字 'let'。
- 一组*绑定声明*（binding specification），给出了局部名称及其值。
- 一个表达式（祈使表达式的主体）。

祈使表达式的值是其主体的值。

每个绑定声明都有一个内部结构。构建一个绑定声明需要将要绑定的标识符和表达式依次排列（表达式必须有一个值），并将标识符和表达式置于括号中。局部绑定的思想是，在主体的求值期间，将标识符与表达式的值绑定。

所有绑定声明都括在一对额外的括号中，即使只有一条绑定声明（或者实际上根本没有绑定声明）。

下面是一个简短的祈使表达式，它设置了两个局部绑定，随后使用了这两个局部绑定：

```
(let ((hours-in-a-day 24)
      (seconds-in-an-hour (* 60 60)))
  (* hours-in-a-day seconds-in-an-hour))
```

在计算这个祈使表达式时，我们首先对局部绑定中的表达式求值（'24' 和 '(* 60 60)'），得到值 24 和 3600。随后将绑定声明中的标识符分别绑定到对应的值。最后，计算祈使表达式的主体 '(* hours-in-a-day seconds-in-an-hour)'，此处调用了 "*" 过程，并将两个标识符作为其实参。乘法运算的结果 86400 是整个祈使表达式的值。

当我们得到祈使表达式的值时，标识符的绑定（hours-in-a-day 和 seconds-in-an-hour）将被舍弃。

1.10.1 局部过程

我们也可以像绑定其他值一样，将标识符局部绑定到过程。例如，以下表达式的值

```
(let ((double (lambda (number)
                (+ number number))))
  (* (double 7) (double 12)))
```

是 336，即 7 的两倍和 12 的两倍的乘积。同样，一旦计算得到了结果，标识符 double 与 λ 表达式所表示的过程的绑定就不再存在。如果想将这种绑定持久化，应该写一个这样的定义：

```
(define (double number)
  (+ number number))
```

祈使表达式的语法没有将过程与其局部名称关联的简写格式。要正确地编写绑定声明，必须将标识符与 λ 表达式分开。

1.10.2 局部递归

由于用祈使表达式创建的绑定只在该表达式的主体中有效，因此，当我们尝试通过祈使表达式给递归过程绑定一个局部名称时会出现问题。递归过程的名称将出现在该过程的 λ 表达式中，但此时递归过程的名称尚未绑定，因此对该过程进行递归调用的尝试将会失败。在交互式 Scheme 会话中，失败的情况如下：

```
> (let ((factorial (lambda (number)
                     (if (zero? number)
                         1
                         (* number (factorial (- number 1)))))))
    (factorial 5))

错误：变量factorial没有绑定
```

针对这一问题，其中一个解决方案是递归（rec）表达式，它在语法上类似于过程定义，但仅在表达式内部将名称绑定到过程，而不是创建任何调用都可以使用的全局绑定。例如，下面是一个递归表达式，其值为阶乘过程：

```
(rec factorial
  (lambda (number)
    (if (zero? number)
        1
        (* number (factorial (- number 1))))))
```

现在，过程调用‘(factorial (- number 1))’中的标识‘factorial’正确地绑定到了递归定义的过程。这一绑定是在实际调用过程之前就构造好的，因此在对过程调用求值的时候，它能够恰好提供所需的作用。

事实上，由于现在标识符‘factorial’只绑定在递归表达式中，因此如何执行过程看起来并不明显！一种解决方法是将递归表达式本身置于过程调用的运算符位置：

```
> ((rec factorial
     (lambda (number)
       (if (zero? number)
           1
           (* number (factorial (- number 1))))))
   5)
120
```

另一种解决方法是将递归表达式放入祈使表达式内部的绑定声明中，以便祈使表达式管

理“外部”绑定，而递归表达式管理“内部”绑定：

```
> (let ((fact (rec factorial
                (lambda (number)
                  (if (zero? number)
                      1
                      (* number (factorial (- number 1))))))))
    (fact 5))
120
```

在这个例子中，祈使表达式绑定的标识符 fact 与递归表达式绑定的标识符 factorial 不同，尽管它们表达了相同的过程。我们可以在这两个地方使用相同的标识，但它们互不干扰。（Scheme 实际上还提供了另一种表达式，即祈使递归（letrec）表达式，它结合了祈使表达式和递归表达式的效果，但我们不需要它。）

还有一些简写形式的递归表达式，它们在语法上类似于简写形式的过程定义。例如，我们还可以为计算阶乘的过程编写如下递归表达式：

```
(rec (factorial number)
  (if (zero? number)
      1
      (* number (factorial (- number 1)))))
```

1.10.3 收纳表达式

在祈使表达式中，如果绑定声明中的表达式具有多个值，则为错误。但是，我们常常希望多值表达式的值也有局部名称。第三个局部绑定结构——收纳（receive）表达式提供了这一功能。

为了构造一个收纳表达式，我们将下列组件依次排列并用括号括起来：

- 关键字 ‘receive’。
- *形式列表*（formal list），类似于 λ 表达式中的形参列表，可以具有形参列表能具有的任何结构。
- 一个表达式（生产者）。
- 另一个表达式（主体）。

对收纳表达式求值时，我们首先对生产者表达式求值，它可能（通常）产生多个值。这些值是与形式列表相匹配的，并创建局部绑定，这和过程的实参与其形参列表相匹配是完全一样的：

- 如果形式列表是带括号的标识符集合，则标识符的数量必须等于生产者表达式的值的数量，并且标识符分别绑定这些值。
- 如果形式列表是单个标识符，而且没有括号包围，则生产者表达式的值将被收集到一个列表中，并将标识符绑定到该列表。
- 如果形式列表是两个或多个标识符的带括号列表，而且最后一个标识符前有一个句点，则句点之前的标识符数量必须小于或等于生产者表达式的值的数量，并且这些标识符分别绑定到各个值。此时，生产者表达式的其他剩余值都会被收集到一个列表中，并将句点后的标识符绑定到该列表。

一旦所有局部绑定都就位，我们将计算收纳表达式的主体，其值是整个收纳表达式的值。

我们来看几个例子。下面是一个收纳表达式，它使用 div-and-mod 构造了一个除法，将标识符绑定到商和余数，并在计算中使用这些标识符：

```
(receive (quotient remainder) (div-and-mod 2759 100)
  (if (< remainder 50)
```

```
        (* quotient 100)
        (* (+ quotient 1) 100)))
```

首先计算除法。div-and-mod 过程的计算结果是 27 和 59。因此，标识符 ‘quotient’ 绑定到 27，标识符 ‘remainder’ 绑定到 59。然后计算收纳表达式的主体。它是一个条件表达式，所以我们从测试表达式开始，它是一个过程调用。“<” 过程接受值 59 和 50，判断出 59 不小于 50，它返回 #f。因此，我们忽略条件表达式的肯定分支，并计算否定分支 ‘(* (+ quotient 1) 100)’，得到 2800。这是条件表达式的值，也是整个收纳表达式的值。

以下收纳表达式有两个值，这两个值分别是给定数值的和与积：

```
(receive numbers (values 3 8 5 6 2 9 7)
  (values (apply + numbers) (apply * numbers)))
```

对 values 过程的第一个调用返回所有数值作为其值。由于形式列表是单个不带括号的标识符，因此收纳表达式将这些数值构造成一个列表，并将标识符绑定到这个列表。在收纳表达式的主体中，首先分别计算加法过程与乘法过程，计算结果传给 values 过程。这两个过程的计算结果是这个收纳表达式的值。

(afp arithmetic)

double
number → *number*
number
计算number的两倍数

◉ 习题

1.10-1　编写一个祈使表达式，将标识符 ‘mu’ 和 ‘good’ 分别绑定到 1/3 和 3/2 的算术平均值及它们的乘积，然后（在主体中）判断该算术平均值是否小于其乘积。该比较的布尔结果是整个祈使表达式的值。

1.10-2　要计算一周的时间有多少秒，我们可能会尝试下面的祈使表达式：

```
(let ((seconds-in-a-minute 60)
      (seconds-in-an-hour (* seconds-in-a-minute 60))
      (seconds-in-a-day (* seconds-in-an-hour 24)))
  (* seconds-in-a-day 7))
```

然而，当我们试图计算这个表达式时，会出现一个“未绑定标识符”错误。解释出错的原因并给出解决方法。（提示：祈使表达式的主体可以是另一个祈使表达式。）

1.10-3　定义一个过程 halve，它接受一个整数并除以 2，返回除法商。请使用数论除法。（例如，‘(halve 39)’ 的值应为 19，‘(halve -39)’ 的值应为 −20。）

1.10-4　求正整数 *n* 的最大奇数因子（例如，35 是 280 的最大奇数因子），我们可以从以下两个观察出发进行思考：

- 如果 *n* 是奇数，那么它就是它自己的最大奇数因子，因为没有更大的数可以整除它。
- 如果 *n* 是偶数，那么它的最大奇数因子是 *n*/2 的最大奇数因子。

编写一个递归表达式，其中，标识符 ‘greatest-odd-divisor’ 绑定到一个递归过程，该过程基于以上观察设计其递归策略。该过程应接受一个正整数，并返回该整数的最大奇数因子。执行该过程，求 702464 的最大奇数因子。

1.10-5　定义一元过程 reverse-digits，该过程可以接受 10 到 99 之间的任意一个整数，并返回由实参数值反转结果表示的整数。例如，调用 ‘(reverse-digits 74)’ 的值应为整数 47。（提示：使用收纳过程来命名给定实参除以 10 得到的商和余数。）

第 2 章

Algorithms for Functional Programming

工 具 箱

在函数程序设计中，我们用各种方法改编函数和组合函数。有时某种改编模式或者组合模式在不同的场景一次次重现，表达了相同的编程思想和设计。对于这些常见的模式，Scheme 只为其中少数几种提供了名称，不过，我们可以用第 1 章学到的符号自己定义和命名剩下的其他模式。本章将介绍一系列更简单且更通用的模式。

2.1 列表映射

map 过程

map 是 Scheme 本身提供的一种基本函数程序设计过程。map 过程将一个单参数过程应用于一个列表中的各个元素，然后将这些应用的结果重新收集在一个列表中。下面是应用 map 的一个示例过程，该过程接受任意多个参数，其中每个参数必须是一个数值，并返回这些数值的平方之和：

```
(define (sum-of-squares . numbers)
  (apply + (map square numbers)))
```

内部过程调用‘(map square numbers)’将过程 square 应用到列表 numbers 中的每个元素，将结果收集到一个列表中，并返回该列表。然后调用 apply 将过程“+”应用于所有的平方数，并返回它们的和。

过程 map 可以接受任意多个（正整数）列表作为参数。如果 map 有两个或多个列表输入，它将第一个过程参数应用于这些列表对应位置的元素。例如，下面的过程接受任意多个参数，每个参数都是数值，并返回这些数的立方和：

```
(define (sum-of-cubes . numbers)
  (apply + (map * numbers numbers numbers)))
```

结果是，map 展开每个列表（在本例中，展开同一个列表 numbers 三次），从每个列表中取得第一个元素，并将过程“*”应用于这三个元素，将结果作为返回结果列表的第一个元素；从每个列表 numbers 中提取第二个元素，将“*”应用于这三个元素，将结果作为结果列表的第二个元素；以此类推。

可以预料，如果列表长度不一，那么这个过程不起作用。另外，对于 map 重复调用的过程的元数（即参数个数）存在约束：该过程接受的参数个数必须与 map 从中提取元素的列表个数相同。例如，在 sum-of-squares 中，square 是一元过程，因此 map 只接受一个列表。将二元过程 expt 置于 square 的位置将出错。同样，在 sum-of-cubes 中，map 接受了三个列表，这也意味着“*”过程必须能够接受三个参数。

如果 map 应用的第一个过程没有现成命名的定义，可以用 λ 表达式构造该过程。例如，下面是 sum-of-cubes 的另一个定义，其中使用 λ 表达式表示计算立方的过程：

```
(define (sum-of-cubes . numbers)
```

```
(apply + (map (lambda (number)
                (* number number number))
              numbers)))
```

---

map　(scheme base)

$(\alpha, \beta \ldots \to \gamma)$, $list(\alpha)$, $list(\beta) \ldots \to list(\gamma)$
procedure　initial-list　other-lists

将procedue应用于initial-list和other-lists两个列表的对应位置元素，并将结果收集为一个列表
前提：procedure可以接受initial-list的任一元素和other-lists的每个列表对应位置元素
前提：initial-list的长度等于other-lists中每个列表的长度

◉ 习题

2.1-1　使用 map 定义一个过程 toggle-list，它接受一个布尔值列表，并返回将该列表每个值取反后的列表。(换言之，如果输入列表的某个位置为 #t，则结果列表该位置的元素为 #f，反之亦然。)

2.1-2　定义一个过程 unbundled-products，该过程接受两个列表，并分别返回这两个列表对应元素的乘积。(例如，'(unbundled-products (list 7 3 4) (list 2 9 8))' 有三个值 14、27 和 32，分别是 7 和 2 的乘积，3 和 9 的乘积以及 4 和 8 的乘积。)

2.1-3　定义一个过程 wrap-each，它可以接受任意多个参数，并且对于每个参数返回只含该参数的列表。(例如，过程调用 '(wrap-each 4 #f 'egg)' 将是一个包含 4 的列表、一个包含 #f 的列表以及第三个包含符号 egg 的列表。这三个列表每一个都要作为独立值返回)。

2.2　常量过程

常量过程基本上是一个忽略参数的过程，不论它接受什么值，都返回一个固定值。我们可以创建一个返回任意一个固定值或者多个固定值的常量过程。例如，谓语

```
(define (values? . ignored)
  #t)
```

可以接受任意数量的参数，这些参数可以是任何值，但它总是返回 #t。

构建一个返回某个特定值或者多个特定值的常量过程是很机械的事，我们很容易编写一个高阶的过程，将构建常量过程的工作自动化。过程 constant 可以接受任意数量的参数，并返回一个常量过程，并且该常量过程有效地存储了其中的参数供以后使用。当常量过程被调用时，它忽略其接受的参数，并返回其存储的值。

```
(define (constant . fixed-values)
  (lambda ignored
    (delist fixed-values)))
```

因此，过程 values? 也可以定义为 (constant #t)。

下面是另一个例子，在交互式 Scheme 处理器上，可以使用过程 (constant "Why?") 模仿一个调皮孩子的说话方式：

```
> (define hey-kid (constant "Why?"))
> (hey-kid "Don't put your gum in the electrical outlet.")
"Why?"
> (hey-kid "It's gross, and you'll get a shock.")
"Why?"
> (hey-kid "The gum is wet. There's an electrical current.")
"Why?"
```

```
> (hey-kid "Just don't do it, okay?")
"Why?"
```

因为constant返回的过程忽略了它的所有参数，所以该过程开始计算时不需要为其提供任何参数，因此它只是“无中生有”地生成它的值。我们将使用‘create’这个名称表示只生成零元（零参数）过程的constant特例：

```
(define (create . fixed-values)
  (lambda ()
    (delist fixed-values)))
```

一个过程也可能根本不返回任何值。这种过程并不是一种错误或非终止计算，只是当它结束时什么也不产生，就像一个委员会决定不发布报告一样（有时候这是委员会能做的最有用的事情）。我们甚至可以想象一个black-hole（黑洞）过程，它可以接受任意数量的参数并把它们吞没，但不返回任何值。这个过程以一种有趣的方式结合了可变元过程和多值结果的概念。

仔细想想，black-hole的定义其实很简单：这是一个不给constant提供参数的过程！

```
(define black-hole (constant))
```

下面是一个使用常量函数的更具代表性的例子。给定一个列表，我们可以将列表的每个元素映射到1并将它们相加来确定列表有多少个元素：

```
(lambda (ls)
  (apply + (map (constant 1) ls)))
```

对map过程的调用将构造并返回一个类似于ls的列表，但每个元素都被1替换。所以这个列表的总和是ls的元素个数。（Scheme提供了一个基本等效过程，称为length。）

---

values? (afp constant-procedures)
any ... → *Boolean*
ignored
无论ignored的元素是什么，均返回#t

constant (afp constant-procedures)
α ... → (*any* ... → *α* ...)
fixed-values ignored
构造一个返回fixed-values元素的过程，不论ignored的元素是什么

create (afp constant-procedures)
α ... → (→ *α* ...)
fixed-values
构造一个返回fixed-values元素的零元过程

black-hole (afp constant-procedures)
any ... →
ignored
无论ignored的元素是什么，均不返回任何值

◉ 习题

2.2-1 定义一个可以接受任意数量参数的常量过程，并始终返回两个布尔值#t和#f。如果在定义中没有使用constant，请编写另一个使用constant的相同过程。

2.2-2 定义一个过程argument-count，它可以接受任意数量的参数，并返回一个表示它接受参数个数的自然数。

2.3 过程节选

过程调用可用于构建程序，但是其中一个限制是要为调用过程同时提供所有的参数。有

时这种限制会很尴尬，因为可能有的参数已经完全计算好了，但其他参数却还没有准备好。例如，我们可能需要多次调用一个过程，其中某些参数保持固定不变，但另外一些参数在不断变化。在这种情况下，通常在调用过程之前只计算一次固定参数的效率更高。

然而，为了让过程调用保持简单明了，在这种情况下，我们真正想做的是构建一个特别的过程变体，将固定参数固化在过程中，以便在每次调用时只需要提供变化的参数。

例如，某个过程用于计算 2 的不同幂次。虽然我们有一个通用的过程 expt，但是 Scheme 并没有专用于计算 2 的幂的基本过程。当然，用 λ 表达式编写这样的过程很容易：

```
(lambda (power)
  (expt 2 power))
```

但是，一种更为优雅的方法是用固定值 2“填充”过程 expt 的第一个参数，由此派生出该过程。这种填充了部分参数的过程称为*过程节选*（procedure section）。

要构造过程节选，我们将使用*节选表达式*（sect-expression）。节选表达式包含以下组成部分，用一对圆括号包围：

- 关键字‘sect’。
- 一个或多个单值表达式，其中可以穿插任意多个标识符‘< >’（该标识符读作槽，slot）。
- 在末尾可以选择添加标识符‘<...>’（读作“虚线槽”，dotted slot）。

节选表达式的值始终是一个过程。这个过程的元数等于开槽标识符‘< >’的出现次数。如果节选表达式中存在‘<...>’，则该过程的元数是可变的，并且可以接受任意数量的附加参数。过程的主体是由节选表达式的子表达式构成的过程调用，但用参数替换了槽（按顺序）。如果表达式中存在‘<...>’，则将其用剩余参数替换，由此得到的过程主体是 apply 的调用，因此与剩余参数对应的所有参数都被解包并使用。

下面是使用节选表达式的 2 的幂的过程定义：

```
(define power-of-two (sect expt 2 <>))
```

还要注意，‘(sect expt <> 2)’是表达 square 过程的另一种方法。

我们将广泛地使用节选表达式，因为它们在语法上比 λ 表达式更简单，并且不需要为只使用一次的参数命名。

有些过程节选的出现频率很高，因此有必要为它们提供更短的名称：

```
(define add1 (sect + <> 1))
(define sub1 (sect - <> 1))
(define double (sect * <> 2))
```

2.3.1 invoke 过程

有的时候给一个过程调用的抽象形式（传递参数并调用过程的整个计算）起名是有用的。我们把这个抽象形式命名为 invoke。可以使用极端的节选表达式来定义：

```
(define invoke (sect <> <...>))
```

第一个槽位于我们想要节选的过程通常占用的位置。节选表达式非常通用，就连过程调用中运算符的位置也可以参数化。此外，标识符‘<...>’表示其他任何参数都将绑定到剩余参数。

如果说前面的定义太模糊，下面是 invoke 过程的更符合惯例的表示：

```
(define (invoke procedure . arguments)
  (apply procedure arguments))
```

给一个直接过程调用前面加上一个‘invoke’运算符是完全没有必要的，因为划掉‘invoke’可以更高效地得到完全相同的结果！但是，invoke有时作为其他过程的参数却很有用。我们在这里给出其定义是因为它的用法与节选的用法相似：要调用的过程以及传给它的参数来自计算过程中不同的源或者不同时间点，invoke可把它们正确地组合在一起。

2.3.2 卡瑞化

如果我们经常使用一个多参数过程的节选，那么更简单的方法是：改编过程的接口，使得它只接受一个参数，并返回相应的节选——一个称为卡瑞化[⊖]（currying）的过程，以纪念逻辑学家Haskell Curry。

例如，expt的一个卡瑞化版本接受一个参数（底数），并返回一个过程，该过程接受一个参数作为指数，并返回该底数和指数的幂运算结果：

```
(define (curried-expt base)
  (sect expt base <>))
```

例如，过程调用‘(curried-expt 2)’的值是过程power-of-two（2的幂）。

当然，我们不想每次都用这种节选方式定义一个多参数过程的卡瑞化版本。一旦认识到将expt转换为curried-expt的模式，就可以给该模式命名。下面的过程curry接受任何二元（或者更高）过程，并返回它的一个卡瑞化版本：

```
(define (curry procedure)
  (lambda (initial)
    (lambda remaining
      (apply procedure initial remaining))))
```

现在无须再另外定义curried-expt，我们可以通过调用‘(curry expt)’获得该过程。

一种常用的卡瑞化过程是equal?。一元过程equal-to?可以接受任何值，并返回一个一元谓词，该谓词检查它所接受的另一个值是否等于前面接受的参数。

```
(define equal-to? (curry equal?))
```

---

power-of-two (afp arithmetic)
integer → *number*
exponent
以2为底数、exponent为指数的幂运算

add1 (afp arithmetic)
number → *number*
increscend
increscend加1

sub1 (afp arithmetic)
number → *number*
decrescend
decrescend减1

double (afp arithmetic)
number → *number*
duplicand
duplicand乘2

invoke (afp procedure-sections)

⊖ 也有人翻译成“柯里化”。——译者注

$(\alpha \ldots \to \beta \ldots)$, $\alpha \ldots$ $\to \beta \ldots$
procedure　arguments
将procedure应用到arguments的任意元素，返回计算结果
前提：procedure能够接受arguments的任意元素

curry　(afp procedure-sections)
$(\alpha, \beta \ldots \to \gamma \ldots)$ $\to (\alpha$ $\to (\beta \ldots$ $\to \gamma \ldots))$
procedure　initial　remaining
构建一个一元过程，该一元过程构建了另一个过程，该过程将procedure依次应用到initial和remaining的所有元素并返回计算结果
前提：procedure可以接受initial和remaining的任意元素

equal-to　(afp procedure-sections)
any $\to$ (*any* $\to$ *Boolean*)
left　right
构建一个一元谓词，用于确定left和right是否相等

◉ 习题

2.3-1　定义一个过程 reciprocal-of-product，该过程可以接受任意数量的参数，并返回用 1 连续除以所有这些参数的结果。例如，下面调用的值是 1/30：

```
(reciprocal-of-product 2 3 5)
```

即 1 除以 2，然后除以 3，最后再除以 5 的结果。（提示：使用节选表达式，可以给出该过程非常简洁的定义。）

2.3-2　过程调用‘(curry div-and-mod)’的值是一个过程。请描述该过程。它的元数（接受参数个数）是多少？它返回多少个结果？具体来说，调用‘((curry div-and-mod) 60)’返回什么？

2.4　耦合器

将两个或者多个过程连接在一起形成一个新过程的工具称为耦合器（coupler）。

2.4.1　过程复合

最常见的连接过程模式是复合。将两个过程复合是指将一个过程的输出作为另一个过程的输入。例如，两个过程 integer? 和 “/” 复合，可以将 “/” 返回的结果作为 integer? 的输入参数：

```
(lambda (dividend divisor)
  (integer? (/ dividend divisor)))
```

这个过程可以测试第一个参数是否能被第二个参数整除，假定两个参数都是整数且第二个参数不为 0。

复合模式的使用非常频繁，因此将其抽象为耦合器是有意义的。耦合器接受两个过程并返回复合过程。耦合器在内部管理下面的流程：收集先调用的过程产生的结果，然后将这些中间结果作为参数提供给另一个过程。

在定义这个耦合器时，必须决定哪个过程作为第一个参数，哪个过程作为第二个参数。每种安排都有一定的道理：

1. 将首先调用的过程作为第一个参数，看似很合乎逻辑。而且，考虑到通常按从左到右、从上到下的顺序阅读 Scheme 代码，很自然地认为中间结果是从左边的过程流到右边的过程，或者从上面的过程流到下面的过程。

2. 另一方面，按照复合模式抽象表达的嵌套过程调用的排列顺序来安排参数顺序，似乎

也很自然。因为我们用‘(integer? (/ dividend divisor))’表示将‘integer?’应用于“/”返回的结果，因此，‘integer?’也应该在“/”之前。

一些作者将日常语言的类似规律作为例证。至少在英语中，将类似于‘(square (* 5 3))’的表达式理解为“5 和 3 的乘积的平方”是很自然的，由此根据复合的顺序来选择复合过程的名称。(例如，用‘square-of-product’表示 square 和“*”的复合。)正如在这些构造中先调用的过程位于最后一样，它应该是高阶复合工具的第二个参数。

由于这些对立的论点都很有道理，我们将定义适应每个人的风格偏好的两种复合。作者更喜欢第一种选择，并在本书中只使用这种形式。不过，为了安慰那些喜欢第二种选择的读者，作者将使用 compose 这个名称，并首先给出其定义。

由于先调用的组件过程可能会产生多个结果，因此它的定义比我们迄今为止看到的示例都要稍微复杂一些。为此，我们给使用组合工具添加一个前提，即另一个组件过程的元数与组合计算的中间结果个数保持一致。另外一个复杂之处在于，我们必须使用一个收纳表达式来确保所有的中间结果都传输到位：

```
(define (compose outer inner)
  (lambda arguments
    (receive intermediates (apply inner arguments)
      (apply outer intermediates))))
```

基于前面讨论的第一种论点，compose 可以被 pipe 替代。这个名称延续了值从一个过程通过耦合器流入另一个过程的比喻：

```
(define (pipe earlier later)
  (lambda arguments
    (receive intermediates (apply earlier arguments)
      (apply later intermediates))))
```

因此，前面看到的整除谓词可以表达为 (compose integer? /) 或者 (pipe / integer?)。如果觉得某一种表示比另一种表示更自然，作者建议只使用那一种表示。在 pipe 和 compose 之间来回切换的代码比始终只使用一种表示的代码更难理解。

2.4.2 并行应用

在过程复合中，组件过程按顺序应用，其中一个过程的结果成为另一个过程的参数。另一种组合过程的方法是将它们设想为并行应用，每个过程的计算独立于其他过程的计算，并得出自己的计算结果。(在这里，“并行”并不意味着实际的实现在不同的处理器上同时执行这些计算，只是说在概念上这些计算是相互独立的。)

高阶过程 cross 接受 n 个一元过程 (其中 n 可以是任意自然数)，每个过程生成一个结果，由此构造一个接受 n 个参数的过程，将每个过程应用于相应的参数，并返回所有 n 个结果。下面是 cross 的一个简单使用示例：

```
(define transfer-unit (cross sub1 add1))
```

过程 transfer-unit 接受两个参数并返回两个结果。由于 sub1 是从其参数减去 1 的过程，因此调用 transfer-unit 的第一个结果是比它的第一个参数小 1 的数。同样，第二个结果是比第二个参数大 1 的数 (因为 add1 在其参数上加 1)。例如，调用‘(transfer-unit 861 19)’的值是 860 和 20。

过程 cross 的定义简单且巧妙：

```
(define (cross . procedures)
  (lambda arguments
    (delist (map invoke procedures arguments))))
```

回想一下，当 map 过程被应用于一个二元过程和两个大小相等的列表时，它将二元过程应用于两个列表中的对应项。在这里，一个列表包含一些一元过程，另一个列表包含这些过程应用的参数。invoke 可以接受两个参数，因此 map 会正确地依次将每个一元过程应用于相应的参数。map 返回一个结果列表，因此我们使用 delist 将它们分解成单独的值。

2.4.3　调度

调度器（dispatcher）是一个将多个单结果过程组合的过程，它将每个单结果过程应用于组合过程的所有参数。每个过程应用都返回一个结果，调度器将这些单个过程应用的结果作为多个值返回。

调度工具 dispatch 可以接受任意多个过程，并构造一个调度器：

```
(define (dispatch . procedures)
  (lambda arguments
    (delist (map (sect apply <> arguments) procedures))))
```

例如，考虑谓词 (pipe (dispatch + *) <)，该谓词可应用于任意多个参数，并判断这些参数的和是否小于它们的积。

---

compose　(afp couplers)
$(\alpha\ \ldots \to \beta\ \ldots),\ (\gamma\ \ldots \to \alpha\ \ldots) \to (\gamma\ \ldots \to \beta\ \ldots)$
outer　inner　arguments
构造一个过程，该过程的参数arguments首先提供给inner，然后将inner的结果提供给outer，并返回结果
前提：outer可以接受inner任意应用的结果
前提：inner可以接受arguments的任意元素

pipe　(afp couplers)
$(\alpha\ \ldots \to \beta\ \ldots),\ (\beta\ \ldots \to \gamma\ \ldots) \to (\alpha\ \ldots \to \gamma\ \ldots)$
earlier　later　arguments
构造一个过程，该过程的参数arguments首先提供给earlier，然后将earlier的结果提供给later，并返回结果
前提：earlier可以接受arguments的任意元素
前提：later可以接受earlier任意应用的结果

cross　(afp couplers)
$(\alpha \to \beta)\ \ldots \to (\alpha\ \ldots \to \beta\ \ldots)$
procedures　arguments
构造一个过程，它将procedures的每个元素应用于arguments的相应元素，并返回结果
前提：procedures的每个元素都可以接受arguments的对应元素

dispatch　(afp couplers)
$(\alpha\ \ldots \to \beta) \to (\alpha\ \ldots \to \beta\ \ldots)$
procedures　arguments
构造一个过程，它将procedures的每个元素应用于arguments的任意元素，返回结果
前提：procedures的每个元素都可以接受arguments的所有元素

◉ 习题

2.4-1　定义类似于 pipe 的一个三元（三个参数）复合：一个接受三个过程参数的过程，并返回一个过程，该过程将第一个过程参数应用于其自身的参数，将第二个过程参数应用于第一个应用的结果，将第三个过程参数应用于第二个应用的结果，并返回第三个应用的结果。
（如果你喜欢使用 compose，请定义类似的三元复合。）

2.4-2　如果在前一个习题的解决方案中使用了 pipe 或 compose，请使用收纳表达式重新定义该过程。

如果使用了收纳表达式，请使用 pipe 或 compose 重新定义该过程。

2.4-3 使用适当的耦合器定义 sum-of-reciprocals 过程：给定任意数量的参数，每个参数都是非零数，sum-of-reciprocals 返回它们的倒数之和。

2.4-4 使用适当的耦合器定义 harmonic-mean 过程：给定两个正有理数 a 和 b，harmonic-mean 返回其调和平均值 $\frac{2ab}{a+b}$。

2.5 适配器

除了我们在 2.3 节中讨论的参数可用时间问题外，过程调用还可能遇到其他类型的阻碍，被调用的过程可能不需要调用者能提供的所有参数，它甚至可能无法接受所有这些参数（因为元数问题），它也可能期望以另一种顺序接受这些参数。同样，对于过程返回给调用者的值，也可能会出现类似的问题。

为了解决这种不匹配问题，其中一种方法是使用适配器（adapter）配置被调用的过程。适配器是一个对其参数进行选择、重新排列或复制并返回结果的过程。适配器可以放在调用者和被调用的过程之间以修复参数不匹配的问题，或者放在被调用的过程和调用者之间以修复结果不匹配的问题，也可以二者兼用。

几乎所有的不匹配问题都隶属于少数几个常见的类型。本节介绍处理这些类型的不匹配问题的适配器。

2.5.1 选择

例如，我们可能在某种情况下需要 square 过程接受多个参数，比如接受三个参数，不过只返回第一个参数的平方，忽略其他参数。square 过程是固定一元的，因此不允许这种直接应用。

如果我们只对当前结果感兴趣，可以编写一个 λ 表达式来代替这一调用中的 square：

```
(lambda (number . ignored)
  (square number))
```

但是，更通用的方法是使用一个称为 >initial 的适配器。这里的字符“>”读作“保留”(keep)，“保留 initial”(keep initial)。

```
(define (>initial initial . ignored)
  initial)
```

现在可以用‘(pipe >initial square)’计算以上 λ 表达式表示的过程了。类似地，可以用‘(pipe >initial zero?)’得到检查多个参数中第一个参数是否为 0 的过程。

同样的适配器可以附加在过程的另一端，以选择并返回多个结果中的第一个结果。例如，我们通常只需要数论除法的商，所以可以使用下列定义完成除法并只选择第一个结果：

```
(define div (pipe div-and-mod >initial))
```

类似的适配器 >next 可以接受任意数量的参数，选择并返回其中的第二个参数：

```
(define (>next initial next . ignored)
  next)
```

例如，下面的 mod 过程只返回数论除法的余数：

```
(define mod (pipe div-and-mod >next))
```

容易定义各个位置的适配器系列，但是在本书中只有前两个经常出现，需要单独的名称。

适配器 >initial 和 >next 挑选出一个参数并丢弃其余的参数。但是，有时我们希望适配器舍弃它的一个参数并保留所有剩余的参数。对于这类情况，适配器 >all-but-initial 能够处理其中最常见的一种（舍弃的值是第一个参数）：

```
(define (>all-but-initial initial . others)
  (delist others))
```

在我们已经看到的过程中，有两个可以被视为做出极端选择的适配器：保留所有参数的 values 和不保留任何参数的 black-hole。属于此类别的另一个过程是 identity：

```
(define (identity something)
  something)
```

很少需要显式地调用 identity，因为在任何情况下，这样的调用都可以用它的操作数表达式替换，而不会影响其余的计算。但是，与 invoke 一样，identity 有时也可以作为其他过程的参数。

2.5.2 重排

还有一种参数不匹配问题：调用过程的所有参数都可用，但是较大的计算以错误的顺序提供了这些参数。最简单和最常见的情况是，调用过程是二元的，但是我们想交换参数的位置。适配器 >exch 可以执行这样的操作（在更一般的情况下，它能反转多个参数中的前两个参数）：

```
(define (>exch initial next . others)
  (apply values next initial others))
```

一个二元过程的*逆*（converse）过程是交换其参数的过程。使用 >exch，我们可以编写一个将任何二元过程转换为其逆过程的高阶过程：

```
(define converse (sect pipe >exch <>))
```

例如，(converse expt) 是 expt 的“向后”版本，它把第一个参数作为指数，第二个参数作为底数，并返回幂运算的结果，因此调用‘((converse expt) 3 5)’的值是 5^3（125）。但是，将 converse 应用于可变元过程时要小心：调用‘(converse <=)’的结果与“ >= ”的过程不同，当它们应用于三个参数或更多参数时，差异就会显现出来。（>exch 适配器只交换前两个参数，而不是像有些人想象的那样颠倒整个参数列表。）

2.5.3 预处理和后处理

第三种适配器是*预处理器*，可以在调用过程时插入。这种适配器使用的场景是：参数的位置几乎都是正确的，只是其中某一个参数在传递给实际调用的过程之前，必须稍微调整一下。通常我们可以用一元的单值过程来执行这个操作。接下来的三个过程中，每个过程都将接受一个调整过程作为参数，并返回一个将其应用到正确位置的适配器。

~initial 过程构造并返回一个适配器，该适配器调整接收到的第一个参数，并返回调整结果及其所有其他参数：

```
(define (~initial procedure)
  (lambda (initial . others)
    (apply values (procedure initial) others)))
```

例如，(~initial (sect * <> 3)) 是这样的适配器：它接受一个或者多个参数，并返回所有参数，但是第一个参数被原参数的 3 倍代替。

类似地，~next 过程生成并返回一个适配器，该适配器调整接收到的第二个参数，并返回调整结果及其所有其他参数：

```
(define (~next procedure)
  (lambda (initial next . others)
    (apply values initial (procedure next) others)))
```

如果需要用同样的方式调整一个过程的所有参数，可用使用 ~each 过程：

```
(define (~each procedure)
  (lambda arguments
    (delist (map procedure arguments))))
```

例如，表达式‘(pipe (~each square) +)’的值是我们在 2.1 节定义的 sum-of-squares。

通常，~each 适配器可以用于预处理某些值以便一个谓词可以确定它们是否以某种方式相关。例如，如果我们想知道两个整数是否具有相同的奇偶性（也就是说，它们都是偶数或都是奇数），可以写

```
(define same-in-parity? (pipe (~each even?) boolean=?))
```

将适配器附加到谓词 boolean=? 之前构成一个按照奇偶性对两个整数进行比较的新谓词。我们将这个经常出现的模式定义为 compare-by：

```
(define (compare-by pre comparer)
  (pipe (~each pre) comparer))
```

这样一来，我们可以如下定义 same-in-parity?：

```
(define same-in-parity? (compare-by even? boolean=?))
```

由 ~initial、~next 和 ~each 构造的适配器也可以放置在复合过程中的其他位置，以便它们对过程调用的结果进行后处理，而不是对参数进行预处理。例如，(pipe div-and-mod (~each (sect * <> 2))) 接受两个参数，将第一个参数除以第二个参数，将商和余数加倍，并返回加倍后的结果（分别返回单独的值）。

>initial (afp adapters)
α, *any* ... $\to \alpha$
initial ignored
返回initial

div (afp arithmetic)
integer, *integer* $\to$ *integer*
dividend divisor
用dividend除以divisor，并返回（数论）商，舍弃余数
前提：divisor不为0

>next (afp adapters)
any, α, *any* ... $\to \alpha$
initial next ignored
返回next

mod (afp arithmetic)
integer, *integer* $\to$ *natural-number*
dividend divisor
用dividend除以divisor，并返回（数论）余数，舍弃商
前提：divisor不为0

>all-but-initial (afp adapters)

any, $\alpha \ldots$ $\to \alpha \ldots$
initial others
返回others的元素

identity (afp adapters)
α $\to \alpha$
something
返回something

>exch (afp adapters)
$\alpha,$ $\beta,$ $\gamma \ldots$ $\to \beta, \alpha, \gamma \ldots$
initial next others
依次返回 next、initial以及others的元素

converse (afp adapters)
$(\alpha, \beta \to \gamma \ldots)$ $\to (\beta,$ α $\to \gamma \ldots)$
procedure left right
构造一个二元过程，它将procedure应用于right和left，并返回其结果
前提：procedure可以接受right和left

~initial (afp adapters)
$(\alpha \to \beta)$ $\to (\alpha,$ $\gamma \ldots$ $\to \beta, \gamma \ldots)$
procedure initial others
构造一个过程，它将procedure应用于initial，并返回该应用的结果以及others的元素
前提：procedure可以接受initial

~next (afp adapters)
$(\alpha \to \beta)$ $\to (\gamma,$ $\alpha,$ $\delta \ldots$ $\to \gamma, \beta, \delta \ldots)$
procedure initial next others
构造一个过程，它将procedure应用于next，并返回initial、该应用的结果以及others的元素
前提：procedure可以接受next

~each (afp adapters)
$(\alpha \to \beta)$ $\to (\alpha \ldots$ $\to \beta \ldots)$
procedure arguments
构造一个过程，它将procedure应用于arguments的各个元素，返回结果
前提：procedure可以接受arguments的每个元素

compare-by (afp adapters)
$(\alpha \to \beta)$, $(\beta \ldots \to \mathit{Boolean})$ $\to (\alpha \ldots$ $\to \mathit{Boolean})$
pre comparer comparands
构造一个过程，它将pre应用于comparands的各个元素，并将comparer应用于其结果，然后返回该结果
前提：pre可以接受comparands的每个元素
前提：comparer可以接受pre的任何调用的结果

same-in-parity? (afp adapters)
integer, *integer* $\to$ *Boolean*
left right
判断left和right的奇偶性是否相同，即两者是否同为偶数或者同为奇数

◉ 习题

2.5-1　定义一个适配器 >initial-and-next，它可以接受两个或多个参数，并且只返回前两个参数（分别返回单独的结果）。

2.5-2　过程 (converse (converse expt)) 是否与 expt 相同？请给出理由。

2.5-3　定义一个适配器 >rotate，它可以接受三个或多个参数，并将它们全部作为单独的结果返回，但第一个参数作为第三个结果，第二个参数作为第一个结果，第三个参数作为第二个结果。（例如，调用‘(>rotate 1 2 3 4 5)’应按顺序返回值 2、3、1、4 和 5。）

2.5-4　定义一个适配器 >duplicate，它接受一个参数，并将该参数作为单独的值返回两次。使用这个适配器，给出 square 过程的另一个定义。

2.6　递归管理器

本节介绍的工具抽取出递归的常见模式。

2.6.1 recur 过程

狭义上的“递归”用于描述一种计算结构：除问题的最简单实例的解之外，对于问题的其他所有实例，其解决方案都需要解决一个或多个与原问题类似的子问题。递归过程调用将求出这些子问题的解，并将这些子问题的解集中再处理。再处理得到的结果便是递归过程初始调用的结果。

1.9 节中介绍的 factorial 过程具有如下形式：比如，为了计算 (factorial 8)，首先要计算 (factorial 7)，然后将结果乘以 8。当然，要计算 (factorial 7)，必须首先计算 (factorial 6)，这又要求首先计算 (factorial 5)，以此类推。当计算到达 (factorial 0) 时，递归停止，这是问题的最简单实例，过程立即返回 1。只有当计算到这一步时，乘法才会开始。每次乘法都是作用在最近完成的递归过程调用的结果上，并且对应了一个更早时候的递归调用。

本节开发的第一个工具是一个高阶过程，我们称之为 recur 过程，它创建了*单递归*（singly recursive）过程，在这个递归过程中，问题的给定实例的解决方案最多依赖于一个子问题，因此定义中只出现一个递归调用。过程 recur 接受四个参数，对应于单递归过程的四个不同点：

- 必须能够检测递归基（递归的基本情况），即对于该问题实例，过程可以立即返回解，无须进一步递归。recur 的第一个参数是一个谓词，它对于基本情况返回 #t，否则进一步调用递归，返回 #f。
- 在达到递归基的情况下，必须能够构造解，而且只使用递归过程最终调用中的参数值。因此，recur 的第二个参数表示在递归基下构造解的过程。
- 当递归没有达到递归基时，必须能够将处理的问题实例简化或转化成一个更小的子问题，该子问题离递归基至少是更近一步的。因此，recur 的第三个参数是一个简化过程，它将问题的当前实例转换为两个值：一个可以在当前递归过程调用中处理的局部“当前”组件，以及下一次递归调用的更简单问题实例。
- 最后，当收到递归过程调用的结果时，必须能够将这个结果与问题实例的“当前”组件结合起来，然后返回当前递归调用的结果。因此，recur 的第四个参数是执行此处理的集成过程。

例如，可以将 factorial 过程定义为

```
(recur zero? (constant 1) (dispatch identity sub1) *)
```

这与该算法的描述相当吻合：“给定任何自然数 n，确定它是否为 0。如果是 0，则返回 1；否则，从 n 中减去 1，对结果进行递归，得到 $n - 1$ 的阶乘，然后将 n 乘以递归调用的结果。”

以下是 recur 的定义：

```
(define (recur base? terminal simplify integrate)
  (rec (recurrer guide)
    (if (base? guide)
        (terminal guide)
        (receive (current next) (simplify guide)
          (receive recursive-results (recurrer next)
            (apply integrate current recursive-results))))))
```

recur 内部的 recurrer 过程接受一个指导递归的参数。

当基本递归过程（本例中的 builder）需要两个或更多参数时，可以使用类似但稍微复杂一些的递归管理器 builder：

```
(define (build base? terminal derive simplify integrate)
  (rec (builder . guides)
    (if (apply base? guides)
        (apply terminal guides)
        (receive recursive-results
                 (apply (pipe simplify builder) guides)
          (apply integrate (apply derive guides) recursive-results)))))
```

derive 过程必须是单值的，它执行可以“局部”完成的计算，也就是说，在当前的 builder 调用中，simplify 过程转换指导值，为递归调用做好准备。

2.6.2　递归谓词

当使用递归定义谓词时，通常有两种基本情况——一种是已知最终结果为 #t，另一种是已知最终结果为 #f——并且，自然地，用于检测这些基本情况的条件是不同的。

作为这种模式的一个常见例子，考虑 power-of-two?，它确定给定的正整数是否恰好为 2 的幂。算法非常简单，但可以说明递归的强大。它基于这样的观察：奇数正整数是 2 的幂当且仅当它是 1，而偶数正整数是 2 的幂当且仅当它除以 2 的结果是 2 的幂。我们可以很方便地将一个数除以 2 的运算表示为一个过程节选：

```
(define halve (sect div <> 2))
```

现在我们把上面的观察转化为一种算法：

```
(define (power-of-two? candidate)
  (or (= candidate 1)
      (and (even? candidate)
           (power-of-two? (halve candidate)))))
```

例如，‘(power-of-two? 2048)’的值是 #t，因为 2048 等于 2^{11}。但是，‘(power-of-two? 4860)’的值是 #f，因为 4860 不是 2 的幂。

递归管理器 check 抽取出一般的模式，其中的三个参数由调用者提供：

```
(define (check stop? continue? step)
  (rec (checker . arguments)
    (or (apply stop? arguments)
        (and (apply continue? arguments)
             (apply (pipe step checker) arguments)))))
```

在由 check 构造并返回的谓词中，谓词 stop? 应用于参数决定了是否可以立即返回 #t 而不需要额外的递归调用，谓词 continue? 应用于参数决定了是否可以立即返回 #f（如果参数不满足 continue?）或必须继续递归调用。过程 step 将当前参数转换为适合下一层递归的值。

例如，谓词 power-of-two? 也可以这样定义：

```
(define power-of-two? (check (sect = <> 1) even? halve))
```

表示如果参数等于 1，则停止并返回 #t；如果参数为偶数，则将其除以 2 并继续对商递归；否则，停止并返回 #f。

如果谓词 power-of-two? 的参数满足正整数的前提，则它的任何调用最终都将终止。对除 1 之外的任何整数 *n* 应用 `halve` 的结果是严格小于 *n* 的正整数。因此，递归过程的每次连续调用的参数都是小于前一次调用参数的正整数。小于初始参数的正整数是有限的。因此，在重复减半之后，不管开始参数是什么正整数，最终都会达到 1（或其他奇数）的情况。

2.6.3 迭代

设计递归过程的另一个常见模式是重复执行某种操作，每次调用的结果都成为下一个调用的参数。当每次重复操作前某个测试条件最终得到满足时，过程终止。递归过程返回最后一次调用的结果。这种模式称为*迭代*（iteration）。

过程 `iterate` 是一个工具，它根据上述模式构造并返回递归过程。`iterate` 接受两个参数：

- *终止谓词*（termination predicate），决定是终止迭代返回当前值，还是继续至少下一轮迭代。
- *递归步过程*（step procedure），该过程执行一次基本操作，返回新值，当再次执行该操作时，返回的新值将成为参数。

下面是迭代过程的定义：

```
(define (iterate stop? step)
  (rec (iterator . arguments)
    (if (apply stop? arguments)
        (apply values arguments)
        (apply (pipe step iterator) arguments))))
```

作为使用 `iterate` 的一个例子，求出给定正整数的最大奇数因子——这是 1.10 节的一个习题。如果整数本身是奇数，那么它就是它自己的最大奇数因子（因为很明显它能整除自己，而且没有更大的整数能整除它）。另一方面，如果给定的整数是偶数，我们可以将问题简化为该整数除以 2 后的商的最大奇数因子。给定整数的所有奇数因子（包括最大的因子）都是商的因子，因此找到商的最大奇数因子就解决了原问题。

如果第一次除法所得的商仍然是偶数，可以在不丢失任何奇数因子的情况下，再将它除以 2。如果第二次除法的商仍是偶数，可以再将它除以 2，以此类推。因为每一步除法都得到一个较小的正整数，所以除法不能永远进行下去，最终某个商必然是奇数。因为这个商包含原始数的所有奇数因子，所以它本身就是该数的最大奇数因子。

在这个例子中，唯一需要跟踪的数值是最近一次除法的商。基本谓词 `odd?` 决定是否应该停止。因此我们可以定义 `greatest-odd-divisor` 过程如下：

```
(define greatest-odd-divisor (iterate odd? halve))
```

在 `greatest-odd-divisor` 中，内部递归过程只需要一个参数。在某些更典型的情况下，我们可能需要构造一个结果，同时跟踪中间计算中的其他值。在这种情况下，终止谓词和递归步过程都需要两个或多个参数。因此，递归步过程必须生成两个或多个值作为递归调用中的参数。

例如，假设我们想知道从 1 开始可以应用加倍操作多少次，直至结果大于或者等于一个给定的正整数。举个例子，如果整数是 23，我们可以手算甚至心算：$1 \to 2 \to 4 \to 8 \to 16 \to 32$，此时结果超过 23。这里需要五次加倍，所以这个例子的答案是 5。但是如果给定的整数大得多，我们希望用计算机执行加倍操作，并同时对加倍次数进行计数。

在数学上，我们想要的数字是给定正整数以 2 为底的对数，然后向上取整。称执行这个计算的过程为 ceiling-of-log-two。它应该接受给定的正整数作为参数，称之为 bound，并返回从 1 开始不断加倍直至大于或者等于 bound 所需的加倍操作次数。

迭代过程 ceiling-of-log-two 的核心应该跟踪到目前为止已经执行的加倍次数和最近加倍的结果，正如上面计算参数为 23 时所做的那样。我们通过令终止谓词和递归步过程都是二元的来实现这一点，在每种情况下，将最近一次加倍的结果作为第一个参数，并将当前加倍的次数作为第二个参数。

在迭代的每一步，我们希望将第一个参数加倍，并给第二个参数加 1（记录已经进行了一次加倍的事实），所以，递归步过程是 (cross double add1)。

现在考虑终止谓词。为了确定某个数值是否等于或大于给定的正整数界，我们将过程 (sect >= <> bound) 应用于该数值。但是，这个节选是一元谓词，终止谓词必须是二元的。具体地说，它应该忽略它的第二个参数，并将这个过程节选仅应用于第一个参数。这种不匹配的解决方案是将 >initial 适配器用作预处理器，因为该适配器正好满足我们的需要：它丢弃第二个参数，并将第一个参数传递给已经编写好的一元谓词。

因此，核心迭代就是：

```
(iterate (pipe >initial (sect >= <> bound))
         (cross double add1))
```

但是还有两个问题，它们都涉及这个迭代提供的接口和我们试图解决的原始问题之间的不匹配问题。第一个问题是，当迭代完成时，它返回两个值：最终的加倍操作的结果（在上面的示例中是 32）和所执行的加倍次数。一旦迭代结束，我们只对其中的第二个值感兴趣，这是我们希望 ceiling-of-log-two 过程返回的唯一值。类似地，我们的解决方法是附加一个适配器，这次作为后处理器。适配器 >next 选择两个结果中的第二个并将其返回。

另一个问题是如何开始迭代。调用者在调用 ceiling-of-log-two 过程时为参数 bound 提供一个值，因为在整个计算过程中 bound 是固定的，因此在核心迭代过程中传递该值是没有意义的。我们需要 bound 在所有递归调用中保持不变，这样就可以知道最近一次加倍的结果何时满足终止条件。但是，核心迭代应该从什么值开始，如何向它提供这些值呢？

回顾问题的原始陈述，我们发现，加倍的初始值应该是 1。一开始，在进行任何加倍操作之前，“到目前为止”的加倍次数应该是 0。因此，无论 bound 是什么值，我们总是希望核心迭代接受 1 和 0 作为其初始参数。为此，我们需要做的就是调用 iterate 构造的过程，并为它提供参数 1 和 0。这个程序将完成剩下的所有工作。

将这些部件组装后，我们得到了 ceiling-of-log-two 的定义：

```
(define (ceiling-of-log-two bound)
  ((pipe (iterate (pipe >initial (sect >= <> bound))
                  (cross double add1))
         >next)
   1 0))
```

如果过程调用看起来非常笨拙，我们换一种风格，使用 create 为递归生成初始值：

```
(define (ceiling-of-log-two bound)
  ((pipe (create 1 0)
         (pipe (iterate (pipe >initial (sect >= <> bound))
                        (cross double add1))
               >next))))
```

当然，在 Scheme 中类似 ceiling-of-log-two 这样的过程还有许多其他的实现方法，而且有些 Scheme 程序员更喜欢以一种不太强调函数编程装置的方式进行编码，比如：

```
(define (ceiling-of-log-two bound)
  ((rec (doubler most-recent-double count)
     (if (>= most-recent-double bound)
         count
         (doubler (double most-recent-double) (add1 count))))
   1 0))
```

在第一个定义中，iterate 的显式使用确定了算法核心的设计模式，从而显示了它与其他迭代过程的关系，而在第二个版本中很难看到这种信息。第一个定义还体现了一种将程序设计视为装配结构的观点，即将固定且理解良好的模块组件连接起来。而第二个定义则暗示了程序设计更为流畅的观点，其中每个问题都提供了独特的优化机会。这两种方法各有优点，在后面的章节中，任意使用这两种方法。

---

recur (afp recursion-managers)
$(\alpha \to Boolean)$, $(\alpha \to \beta \ldots)$, $(\alpha \to \gamma, \alpha)$, $(\gamma, \beta \ldots \to \beta \ldots)$ $\to$
base? terminal simplify integrate

$(\alpha \to \beta \ldots)$
guide

构造一个单递归过程，将base?应用于guide确定是否到达递归基，将terminal应用于guide获取递归基返回的结果，将simplify应用于guide分离出递归调用和局部计算所需的值，并执行递归调用自身，将integrate应用于局部计算所需的值和递归调用的结果，以获取最后返回的结果

前提：base?可以接受guide
前提：base?可以接受任何simplify调用的第二个结果
前提：如果guide满足base?，则terminal可以接受它
前提：如果调用simplify的第二个结果满足base?，那么terminal可以接受它
前提：如果guide不满足base?，那么simplify可以接受它
前提：如果调用simplify的第二个结果不满足base?，那么simplify可以接受它
前提：integrate可以接受simplify调用的第一个结果和terminal调用的结果
前提：integrate可以接受simplify调用的第一个结果和integrate调用的结果

build (afp recursion-managers)
$(\alpha \ldots \to Boolean)$, $(\alpha \ldots \to \beta \ldots)$, $(\alpha \ldots \to \gamma)$, $(\alpha \ldots \to \alpha \ldots)$,
base? terminal derive simplify

$(\gamma, \beta \ldots \to \beta \ldots)$ $\to$ $(\alpha \ldots \to \beta)$
integrate guides

构造简单递归过程，该过程将base?应用于guides的所有元素来确定是否已到达递归基。它将terminal应用于guides的元素，获取递归基返回的结果；将derive应用于guides的元素，获取局部计算所需的值；将simplify应用于guides的元素，获取递归调用所需的值，并执行递归调用自身；将integrate应用于局部计算需要的值和递归调用的结果，并获得在递归情况下返回的结果

前提：base?可以接受guides的元素
前提：base?可以接受任何simplify调用的结果
前提：如果guides的元素满足base?，则terminal可以接受它们
前提：如果调用simplify的结果满足base?，那么terminal可以接受它们
前提：如果guides的元素不满足base?，那么derive可以接受它们
前提：如果调用simplify的结果不满足base?，那么derive可以接受它们
前提：如果guides的元素不满足base?，那么simplify可以接受它们
前提：如果调用simplify的结果不满足base?，那么simplify可以接受它们
前提：integrate可以接受derive任何调用的结果和terminal任何调用的结果
前提：integrate可以接受derive任何调用的结果和integrate任何调用的结果

power-of-two? (afp arithmetic)
$natural\text{-}number \to Boolean$
candidate

判断candidate是否为2的幂
前提：candidate是正整数

check (afp recursion-managers)
$(\alpha \ldots \to Boolean)$, $(\alpha \ldots \to Boolean)$, $(\alpha \ldots \to \alpha \ldots)$ $\to$
stop? continue? step

$(\alpha \ldots \to Boolean)$
arguments

构造一个谓词，该谓词在以下情况下为真：arguments的元素满足stop?，或者这些元素满足continue?，且将step应用于它们的结果满足所构造的谓词
前提：stop?可以接受arguments的元素
前提：stop?可以接受step任何调用的结果
前提：如果arguments的元素不满足stop?，那么continue?可以接受它们
前提：如果step调用的结果不满足stop?，那么continue?可以接受它们
前提：如果arguments的元素不满足stop?但满足continue?，那么step可以接受它们
前提：如果step调用的结果不满足stop?但满足continue?，则step可以接受它们

iterate (afp recursion-managers)
$(\alpha \ldots \to Boolean), (\alpha \ldots \to \alpha \ldots) \to (\alpha \ldots \to \alpha \ldots)$
stop? step arguments
构造一个单递归过程，该过程将stop?应用于arguments的元素以确定是否已达到递归基（在这种情况下，它返回arguments的元素），并将step应用于arguments的元素，以获取递归调用（返回该递归调用的结果）需要的值
前提：stop?可以接受arguments的元素
前提：stop?可以接受step任何调用的结果
前提：如果arguments的元素不满足stop?，则step可以接受它们
前提：如果step调用的结果不满足stop?，则step可以接受它们

halve (afp arithmetic)
number → *number*
dividend
将dividend除以2，并返回商，忽略余数

greatest-odd-divisor (afp arithmetic)
natural-number → *natural-number*
number
计算number的最大奇数因子
前提：number是正整数

ceiling-of-log-two (afp arithmetic)
natural-number → *natural-number*
bound
计算以2为底bound的对数，然后上取整
前提：bound是正整数

◉ 习题

2.6-1 定义一个过程 next-power-of-ten，该过程接受一个参数（自然数），并返回大于给定参数的最小 10 的幂。例如，‘(next-power-of-ten954)’ 的值为 1000，‘(next-power-of-ten 10000)’ 的值为 100000。注意，在本规定下，‘(next-power-of-ten 0)’ 的值为 1。

2.6-2 解释谓词 power-of-two? 的前提。如果在调用此过程时提供 0 作为参数，会发生什么情况？如果我们提供一个负整数会发生什么？为什么？

2.6-3 自然数的数位叠加和是它的二进制形式中 1 的个数（或等于该二进制数字中各位数值的和）。例如，53 的二进制表示是“110101”，因此 53 的数位叠加和是 4。定义一元过程 sideways-sum，该过程将接受任何自然数为参数，并通过对给定数重复减半运算并计算奇数结果的数目来返回其数位叠加和。

2.6-4 定义一个谓词 equal-after-transfer?，它接受两个自然数，如果它们相等则返回 #t，如果第一个参数为 0、第二个参数为正数则返回 #f。如果这两个条件都不成立，则谓词应将 transfer-unit 过程（见 2.4 节）应用于参数，并对结果重复以上过程。因此，equal-after-transfer? 将判断从第一个给定数字到第二个给定数字的任意次单位转移（unit transfer）能否在第一个数减小到 0 之前使结果相等。

2.7 欧几里得算法

为了展示前面开发的工具，我们设计一个求两个正整数的最大公因子（greatest common divisor）的算法。

首先定义几个关键术语：对于整数 n，如果存在一个整数 q 使得 $n/d = q$，则称整数 n 可以被一个非零整数 d 整除。因为 d 不等于 0，我们可以写成等价的条件 $n = dq$。很容易将这种关系表示为 Scheme 谓词：

```
(define divisible-by? (pipe mod zero?))
```

一个正整数 d 是两个正整数 m 和 n 的最大公因子，如果 m 和 n 都能被 d 整除，但不能被大于 d 的任何正整数整除。例如，30 和 42 的最大公因子是 6，因为这两个数都能被 6 整除，但是不能被大于 6 的整数整除。

这个定义给出了求两个给定的正整数 m 和 n 的最大公因子的蛮力法：从 m 和 n 中的较小者开始，向下逐步检查测试每个整数，看它是否能整除 m 和 n。第一个通过这个测试的正整数就是最大公因子。

```
(define (greatest-common-divisor left right)
  (let ((divides-both? (lambda (candidate)
                         (and (divisible-by? left candidate)
                              (divisible-by? right candidate)))))
    ((iterate divides-both? sub1) (lesser left right))))
```

用这种方法可以得到正确的答案，但这不是一个优雅的解决方案。当 m 和 n 都很大（这也是自动计算最有用的时候），但最大公因子却很小时（通常是这样的），大部分的计算都是浪费，因为几乎所有的除法都会得到非零余数。利用一点数学知识，即使在这些困难的情况下，我们也能用更少的花费得到同样的答案。我们可以借鉴几何学家欧几里得的见解，他首次提出了下面给出的算法版本。

关于整除的第一个观察是，如果两个正整数中的一个整数能整除另一个整数，那么这个数就是它们的最大公因子（显然它能整除自己，而任何更大的整数都不能整除它）。这表明，算法开始时，将给定数字中的较大者除以较小者可能是有意义的。如果余数为 0，我们将立即得到答案。

但是，如果把 m 除以 n（假如 n 小于 m），得到一个非零的余数 r，然后怎么办呢？在这种情况下，即使没有立即得到解，r 仍然是一个有用的信息。欧几里得的见解是，即使我们还不知道 m 和 n 的最大公因数是什么，我们也可以证明它整除 r。

这里是证明：假设 d 是整除 m 和 n 的任意正整数。那么存在正整数 a 和 b，使得 $m = ad$ 和 $n = bd$。当 m 除以 n 得到商 q 和余数 r 时，$m = qn + r$。因此，将前面两个等式代入其中得到，$ad = qbd + r$。所以 $r = ad - qbd = d(a - qb)$。因为 a，q 和 b 都是整数，$a - qb$ 也是整数。因此，根据“整除”的定义，d 也整除 r。

至此，我们已经证明了，每一个整除 m 和 n 的整数也整除 r。特别是 m 和 n 的最大公因子，不管它是什么，也整除 r。此外，任何同时整除 r 和 n 的整数 d' 也整除 m（因为存在某些整数 a' 和 b'，$m = qn + r = qa'd' + b'd' = d'(qa' + b')$）。所以 n 和 r 的最大公因子等于 m 和 n 的最大公因子，因此，这两对数有相同的公因子。

以上观察为我们提供了一种将最大公因子问题的一个实例转换为另一个实例的方法，如果问题的新实例更容易解决，这是很有用的信息。在这种情况下，新的实例确实更容易解决，因为 n 和 r 分别比 m 和 n 小。（除以 n 的余数一定在 0 到 $n - 1$ 的范围内，所以很明显 r 小于 n；n 小于 m，因为我们首先用给定的两个正整数中的较大者除以较小者。）

现在可以使用递归来实现我们在寻找的更好的算法：迭代将 m 和 n 替换为 n 和 r 的转换操作，每次得到较小的数，直到其中一个除法得到余数为 0。此时，我们可以断定，最后一次除法的除数是最大公因子。因为一路迭代生成的问题的所有实例都有相同的答案，所以我们一下子解决了所有这些问题，包括原始实例。

我们可以确保这个算法总是给出一个解，不管开始的正整数是什么，因为在每一步 r 都严格减小。在 r 减小到 0 之前只有有限个整数值，此时终止谓词满足，因此不再做进一步的递归调用。

上面描述的计算符合 iterate 过程捕获的模式。终止谓词中要测试第一个参数是否可以被第二个参数整除。对于递归步骤过程，我们希望它接受 m 和 n，并返回 n 和 r，后者是 m 被 n 除的余数。显然 >next 从 m 和 n 中选择 n，mod 计算给定 m 和 n 所需的余数 r。要得到这两个结果，我们只需要将 m 和 n 发送给 >next 和 mod。因此，算法核心的递归是：

```
(iterate divisible-by? (dispatch >next mod))
```

前面关于欧几里得算法的推理开始于假设：在第一步，我们用较大的数除以较小的数。因此，在开始递归前应确保 m 大于 n 的前提成立。为此，我们可以用迭代器和一种预处理过程的复合，预处理器可以接受任意两个正整数，并将较大的整数作为第一个结果返回，较小的整数作为第二个结果返回。如果在 1.9 节的练习中定义了 greater 过程，可以将此预处理器写为 (dispatch greater lesser)，或者我们可以直接定义必要的适配器：

```
(define (greater-and-lesser left right)
  (if (< left right)
      (values right left)
      (values left right)))
```

像 div-and-mod 一样，此实现的优点是关键的计算（在这里是 left 和 right 的比较）只执行一次。

在迭代的另一端，我们得到了两个结果，其中第一个结果可以被第二个结果整除。如上所述，第二个结果是最大公因子，所以在后处理中我们把它选出来（使用 >next）并返回它。

现在我们可以将这些部件组装起来：

```
(define greatest-common-divisor
  (pipe greater-and-lesser
        (pipe (iterate divisible-by? (dispatch >next mod)) >next)))
```

即使参数很大，这个算法也能够很快求得最大公因子。

```
divisible-by?                                              (afp arithmetic)
integer,  integer     → Boolean
dividend candidate
判定dividend是否能被candidate整除
前提：candidate不为0

greater-and-lesser                                         (afp arithmetic)
number number  → number, number
left    right
返回两个参数，较大者为第一个结果

greatest-common-divisor                                    (afp arithmetic)
natural-number natural-number  → natural-number
left           right
计算left和right的最大公因子
前提：left是正整数
前提：right是正整数
```

◉ 习题

2.7-1　使用欧几里得算法手动计算 1152 和 1280 的最大公因子（不使用计算机）。

2.7-2　使用本节开始所述的蛮力法求 1152 和 1280 的最大公因子时，调用了多少次 mod 过程？使用欧几里得算法会调用 mod 多少次？

2.7-3 证明欧几里得算法实现中的预处理是多余的，因为我们总是可以用更简单的定义得到同样的结果

```
(define greatest-common-divisor
  (pipe (iterate divisible-by? (dispatch >next mod)) >next))
```

（提示：如果我们不遵守迭代器的第一个参数大于或等于第二个参数的前提，那么当一个较小的数除以一个较大的数时，第一个除法会发生什么情况？）

2.8 高阶布尔过程

2.8.1 布尔值和谓词上的操作

因为只有两个布尔值，所以布尔值上有用的基本操作很少。我们只需要 1.7 节中介绍的过程 not 和 boolean=?，这两个过程都是在 Scheme 库中预定义好的。

不过，我们常常需要使用与布尔运算类似的“高一层”运算，将这些运算应用于谓词以形成新的谓词。例如，我们可以编写一个类似于布尔值上的 not 过程的高阶过程，它接受一个谓词并返回谓词的否定，即满足该谓词的值恰好是那些不满足原谓词的值：

```
(define (^not condition-met?)
  (pipe condition-met? not))
```

例如，(^not zero?) 是一个谓词，用于测试一个数字是否非零，而 (^not odd?) 等同于过程 even?（请注意，否定谓词的前提与原谓词的前提相同。将 (^not zero?) 应用于一个非数字值与将 zero? 应用于非数值同样没有意义。）

尽管 and 和 or 是语法关键字而不是过程名，但是我们可以编写实现类似操作的过程。这里只给出二元版本，^et 和 ^vel（et 和 vel 分别是拉丁语中的“and”和“or”）。在 3.7 节中，我们将看到如何将这些二元过程扩展到不定元版本。

```
(define (^et left-condition-met? right-condition-met?)
  (lambda arguments
    (and (apply left-condition-met? arguments)
         (apply right-condition-met? arguments))))
(define (^vel left-condition-met? right-condition-met?)
  (lambda arguments
    (or (apply left-condition-met? arguments)
        (apply right-condition-met? arguments))))
```

2.8.2 ^if 过程

同样可以将条件表达式的结构提升为 ^if 过程。^if 过程接受三个参数，其中第一个参数是谓词，另外两个参数是过程；假设谓词称为 condition-met?，两个过程为 consequent 和 alternate。^if 的返回值是一个过程，当该过程被调用时，它将 condition-met? 应用于其参数，并根据谓词的结果选择两个过程中的一个，consequent 或 alternate，并将其应用于相同的参数。

```
(define (^if condition-met? consequent alternate)
  (lambda arguments
    (if (apply condition-met? arguments)
        (apply consequent arguments)
        (apply alternate arguments))))
```

例如，我们可以定义一个求两个实数之间差的过程，即沿实数轴从小到大的距离：

```
(define disparity (^if < (converse -) -))
```

例如，给定参数 588 和 920，disparity 调用了“<”谓词并判断 588 确实小于 920。由于测试的结果是 #t，因此选择了随后的过程 (converse -)，并将其应用于相同的参数。converse 过程安排参数以相反的顺序提交给“-”以便从较大的值减去较小的值。

一个常用但稍加限制的 ^if 版本是修改接受一个或多个参数的给定过程，使其必须在第一个参数满足某个条件时进行操作。如果条件不满足，则忽略第一个参数，并将其余参数原封不动地返回。

```
(define (conditionally-combine combine? combiner)
  (lambda (initial . others)
    (if (combine? initial)
        (apply combiner initial others)
        (delist others))))
```

例如，过程调用‘(conditionally-combine positive? +)’的值是一个返回两个数字之和的过程，前提是第一个数字是正数。如果条件失败，过程将绕过加法并原封不动返回第二个参数。

---

^not (afp predicate-operations)
$(\alpha \ldots \to Boolean) \to (\alpha \ldots \to Boolean)$
condition-met? arguments
构造一个谓词，arguments的元素满足该谓词当且仅当它们不满足condition-met?
前提：condition-met?可以接受arguments的元素

^et (afp predicate-operations)
$(\alpha \ldots \to Boolean), (\alpha \ldots \to Boolean) \to (\alpha \ldots \to Boolean)$
left-condition-met? right-condition-met? arguments
构造一个谓词，arguments的元素满足该谓词当且仅当它们既满足left-condition-met?也满足right-condition-met?
前提：left-condition-met?可以接受arguments的元素
前提：right-condition-met?可以接受arguments的元素

^vel (afp predicate-operations)
$(\alpha \ldots \to Boolean), (\alpha \ldots \to Boolean) \to (\alpha \ldots \to Boolean)$
left-condition-met? right-condition-met? arguments
构造一个谓词，arguments的元素满足该谓词当且仅当它们满足left-condition-met?或者满足right- condition-met?
前提：left-condition-met?可以接受arguments的元素
前提：right-condition-met?可以接受arguments的元素

^if (afp predicate-operations)
$(\alpha \ldots \to Boolean), (\alpha \ldots \to \beta \ldots), (\alpha \ldots \to \beta \ldots) \to (\alpha \ldots \to \beta \ldots)$
condition-met? consequent alternate arguments
构造一个过程，该过程首先将condition-met?应用与arguments的元素。如果它们满足该谓词，则该过程将consequent应用于arguments的元素，并返回其结果；如果不满足，则将alternate应用于arguments的元素，并返回其结果
前提：condition-met?可以接受arguments的元素
前提：如果arguments的元素满足谓词condition-met?，则consequent可以接受arguments的元素
前提：如果arguments的元素不满足谓词condition-met?，则alternate可以接受arguments的元素

conditionally-combine (afp predicate-operations)
$(\alpha \to Boolean), (\alpha, \beta \ldots \to \beta \ldots) \to (\alpha, \beta \ldots \to \beta \ldots)$
combine? combiner initial others
构造一个过程，该过程首先将combine?应用于initial。如果initial满足combine?，则将combiner应用于initial和others的元素，并返回其结果；如果不满足，则返回others的元素
前提：combine?可以接受initial
前提：如果initial满足combine?，则combiner可将接受initial和others的元素

◉ 习题

2.8-1 定义一元谓词，该谓词可以接受任何整数，并判定该整数是否可被 2、3 和 5 整除，但不能被 7 整除。(例如，2490 满足这个谓词，而 2510 和 2520 不满足。)

2.8-2 是否存在类似 disparity 用除法代替减法的过程？请给该过程起个名称。

2.8-3 使用 ^if 定义一个过程 safe-expt，该过程接受两个参数（一个数值和一个整数），并像 expt 那样计算第一个参数为底第二个参数为指数的幂。但是，如果 safe-expt 的第一个参数为 0，而第二个参数为负数，safe-expt 应该返回 domain-error（不像 expt，它只显示一个错误，并中断程序的执行）。

2.8-4 现在使用 ^if 时，我们可能会重新考虑 iterate 的定义（见 2.6 节），将其更简洁地改写为

```
(define (iterate final? step)
  (rec iterator (^if final? values (pipe step iterator))))
```

但是，当实际调用 iterate 时，此定义失败，结果是一些神秘的错误消息，如“#<void> 不是过程”。此定义有什么问题？（提示：考虑递归表达式可以建立递归局部绑定的条件，以及该绑定何时可用。）

2.9 自然数和递归

自然数经常出现在算法的描述和定义中。例如，自然数用于表示在计算中执行某个步骤的次数，测量数据结构的大小，以及枚举这些结构的组件。

一元谓词 natural-number? 是一个基本谓词，它判定其参数是否为一个自然数。该谓词在 (afp primitives) 库中定义。

2.9.1 数学归纳法

这类数的中心重要意义源于它可以递归定义。自然数是满足两个条件的最小类 C：

- 0 是 C 的元素。
- C 的元素的后继也是 C 的元素。

作为这个定义的直接结果，我们得到*数学归纳原理*：如果 0 是某类 C' 的元素，而 C' 中每个元素的后继也是 C' 的元素，那么每个自然数都是 C' 的元素。

数学归纳法可用于许多有关算法的定理的证明，只要这些定理可以被表述为自然数的推广。要证明这样的一个定理具有普适性，我们只需要证明两个引理：一个基本情况，断言定理在 0 的特殊情况下成立；一个归纳步骤，断言如果定理对某个自然数 k 成立，那么它对 k 的后继也成立。数学归纳原理将这些引理连接起来，结果是定理对每个自然数无条件成立。

例如，可以使用数学归纳法来证明，当 factorial 过程（1.9 节）应用于一个自然数 n 时，它正确地计算出前 n 个正整数的乘积，如其定义所称：

- 基本情况。给定参数 0，factorial 返回 1。按照惯例，空集合中数值的乘积是乘法的单位元 1。所以‘(factorial 0)’的计算是正确的。
- 归纳步。设 k 为一个自然数，假设 factorial 过程正确地计算前 k 个正整数的乘积。那么，给定后继 $k+1$ 作为参数，factorial 将 $k+1$ 乘以前 k 个正整数的乘积，并返回乘法的结果。但是 $k+1$ 乘以从 1 到 k 的整数的积就是从 1 到 $k+1$ 的整数的积，因此 factorial 也正确地计算了这个积。

基本情况表明，0 属于 factorial 能够计算正确结果的值构成的 C' 类。归纳步骤表明，C' 的任何元素的后继也是 C' 的元素。因此，根据数学归纳原理，每个自然数都是 C' 的一个成员。因此，当 factorial 的参数是自然数时，factorial 返回正确的答案。

2.9.2 自然数上的递归

由于数学归纳法在构造证明方面非常有用，我们常常希望使用自然数来整理递归的过程。为了方便地达到这一目的，本节介绍一些相关的工具。

在函数程序设计中，要使用自然数的递归结构作为指引，最自然的方法是将 0 映射到

一些“基值”，把这些基值作为计算的起点，并将后继操作映射到递归步过程，它以某种系统的方式对这些值进行转换，并产生等量的结果。如果 base 是生成和返回基值的零元过程，step 是某个适当元数的递归步过程，则这种计算模式的一般结构为：

```
(define (natural-number-mapper nat)
  (if (zero? nat)
      (base)
(receive recursive-results (natural-number-mapper (sub1 nat))
  (apply step recursive-results))))
```

例如，如果 base 为 (create 1)，step 为 double，则由此构成的过程 natural-number-mapper 是 power-of-two，它将 0 映射到 1，并且对于从一个自然数到其后继的每一步，natural-number-mapper 过程都执行一个加倍操作。

将上面的 base 和 step 过程抽象出来，由此得到一个更高阶的过程，称之为 fold-natural：

```
(define (fold-natural base step)
  (rec (natural-number-mapper nat)
    (if (zero? nat)
        (base)
        (receive recursive-results (natural-number-mapper (sub1 nat))
          (apply step recursive-results)))))
```

过程 fold-natural 定义的结构可能看上去眼熟，因为它很像 recur（2.6 节）的定义。事实上，我们也可以如下定义 fold-natural：

```
(define (fold-natural base step)
  (recur zero?
         (pipe black-hole base)
         (dispatch identity sub1)
         (pipe >all-but-initial step)))
```

这里的 zero? 是一个用于判定是否到达递归基的谓词，(pipe black-hole base) 生成递归基返回的值，sub1 是“简化”任何非 0 自然数的过程，以及 (pipe>all-but-initial step)“集成”该自然数和递归调用的结果来解决简化问题。

对于任何自然数 n，由 fold-natural 构造的 natural-number-mapper 过程返回从调用 base 过程的结果开始，连续 n 次应用 step 过程的结果：

- 递归基。当 natural-number-mapper 接收到参数 0 时，它会立即调用 base，然后返回起始值。这些是当 natural-number-mapper 的参数为 0 时的正确结果，因为 step 过程一次都不会被调用。
- 归纳步。设 k 是一个自然数，归纳假设假定当 natural-number-mapper 应用于参数 k 时，它按规定连续应用 step 过程 k 次。

现在考虑当 natural-number-mapper 应用于参数 $k+1$ 时会发生什么。由于此参数不是 0，因此条件表达式中的否定分支被计算：将参数减 1，得到 k，然后将 natural-number-mapper 递归地应用于 k。根据归纳假设，此递归调用的结果是 k 次连续应用 step 的结果。最后，natural-number-mapper 再次将 step 应用于这些中间结果。因此，按照规定，step 被连续应用 $k+1$ 次。

使用高阶过程作为工具的优势之一是，像这样的证明具有很广的使用范围和威力。虽然可以通过数学归纳法给出每一次使用 fold-natural 的正确性的单独证明，因为它只是重复不同的递归步过程，但这种证明实际上只是我们刚刚给出的一般证明的特殊情况。应用 fold-natural 的正确性是一般证明的一个推论。

我们在证明计算一定终止并返回结果方面也获得了类似的回报。例如，使用 recur 的一个风险是，即使我们能够保证每次调用 base?，terminal，simplify 和 integrate 最终能够完成它们的工作并返回，但我们不能立即断定 recur 构造的复合过程有同样的良好表现。此外，我们还必须证明，指引值能够通过有限次连续的 simplify 应用化简到满足 base? 的值。通过调用 fold-natural 来完成初始化的计算符合自然数的结构，因此它不会遇到这样的问题。如果 base 过程和 step 过程总是能返回某些结果，那么根据数学归纳原理，任何 natural-number-mapper 也会返回结果：

- 基本情况。当 natural-number-mapper 接受参数 0 时，它只需要计算（base），根据假设，它总是能返回某些结果。
- 归纳步。根据归纳假设，当自然数 k 作为参数时，natural-number-mapper 过程返回结果。现在考虑当它的参数是 $k+1$ 的情况。此时，natural-number-mapper 递归调用自身，以 k 为参数；根据归纳假设，此调用最终能返回结果。natural-number-mapper 过程将这些结果传递给 step 过程，step 过程（根据假设）也会返回。所以在这种情况下，natural-number-mapper 也会返回结果。

在对 fold-natural 的调用中，引导递归的自然数是一个纯粹的计数器，在中心计算中不起任何作用，或者说与自然数毫无关系。这就是为什么在上面 fold-natural 的第二个定义中需要 black-hole 和 >all-but-initial 适配器：recur 想提供的引导值对于 base 和 step 过程没有用处，因此适配器丢弃了引导值。

但是，在某些情况下，递归步过程在一些计算中需要计数器的值。ply-natural 工具是一个递归管理器，其中递归步过程接受计数器作为附加参数（第一个参数）。（因此，在调用 ply-natural 时，我们必须提供一个递归步过程，它的返回结果比接受参数少一个值。）

```
(define (ply-natural base step)
  (recur zero? (pipe black-hole base) (dispatch identity sub1) step))
```

例如，factorial 可以简洁地表示成

```
(ply-natural (create 1) *)
```

换句话说：将 1 作为初始值，在完成指定数目乘法的同时，对乘法次数计数，并用计数值作为每次乘法的第一个参数。

请注意，在任何阶乘的计算中都不会出现乘 0 的情况，因为当计数器的值为 0 时，step 过程根本不会被调用。在每个递归步中“乘”的数字总是正数，范围覆盖从 1 到递归过程初始调用的参数（包括参数）。

有时，为递归步过程提供的值的范围从 0 到初始引导参数（但不包括该值）更为方便。我们可以通过 sub1 调整该参数来实现这一点：

```
(define (lower-ply-natural base step)
  (ply-natural base (pipe (~initial sub1) step)))
```

由 fold -natural、ply-natural 和 lower- ply-natural 过程构造的自然数递归对应于诸如下面的求和数学表示：

$$\sum_{i=m}^{n} f(i) = f(m) + f(m+1) + \cdots + f(n)$$

为了更准确地反映这种对应关系，可以定义一个高阶 Scheme 过程，它接受 f，m 和 n，并

在 $m \leqslant n$ 的前提下，计算 f 应用于从 m 到 n 的每个自然数的值之和。让我们一步步计算这个和。

这种递归的基本情况发生在 $m = n$ 时，此时的和只包含一个函数值 $f(m)$。在这种情况下，只需要返回函数值。在 Scheme 中，我们可以使用完整标识符（“function”表示 f，“lower-bound”表示 m，“upper-bound”表示 n），生成递归基的值的零元过程是 (create (function lower-bound))。

对于归纳步函数，我们希望将形如 $\sum_{i=m}^{j-1} f(i)$ 的值转化为 $\sum_{i=m}^{j} f(i)$ 的值，其中 j 是 $m+1$ 到 n（包括 n）范围内的任意值。根据求和运算的定义，我们可以通过加 $f(j)$ 来实现这一点。因为这个计算需要一个计数器的值，所以我们应该使用 ply-natural 或 lower-ply-natural（而不是使用 fold-natural）作为递归管理器。

但是，计数器的范围并不匹配：我们需要从 $m+1$ 开始，而 ply-natural 从 1 开始，lower-ply-natural 从 0 开始。为了调整这种差异，在使用计数器之前附加一个给计数器加 m（即 lower-bound）的适配器。适配器很容易编写，因为我们知道计数器将是归纳步过程的第一个参数：(~initial (sect + <> lower-bound))。

一旦完成了这个调整，递归步过程将 f 应用于计数器的（调整后的）值，并将结果加到递归调用的结果中。我们可以编写一个独特的 λ 表达式来表示此操作：

```
(lambda (tweaked-counter recursive-result)
  (+ (function tweaked-counter) recursive-result))
```

但这是一种常见的嵌套调用模式。实际上，这又是 ~initial 模式：(pipe (~initial function) +)。另一种看待这个整体结构的方法是，将 ply-natural 的隐式计数器看作需要连续进行两次调整：第一次加 m，第二次将 f 应用到其结果上。所以整个递归步过程是

```
(pipe (~initial (sect + <> lower-bound))
      (pipe (~initial function) +))
```

有了基本情况和归纳步过程，现在就可以构造使用 ply-natural 的递归过程：

```
(ply-natural (create (function lower-bound))
             (pipe (~initial (sect + <> lower-bound))
                   (pipe (~initial function) +)))
```

求和过程 summation 定义中的剩余部分是，使用 n 计算出需要加多少个函数值（或者换句话说，需要调用归纳步过程多少次）。当 $n = m$ 时，答案为 0（立即返回基值 $f(m)$，不需要调用归纳步过程）；当 $n = m + 1$ 时，归纳步过程的调用次数为 1，以此类推。因此，控制归纳步调用次数的引导参数是 $n - m$。

现在可以将这些部件组合起来，得到求和 summation 的定义：

```
(define (summation function lower-bound upper-bound)
  ((ply-natural (create (function lower-bound))
                (pipe (~initial (sect + <> lower-bound))
                      (pipe (~initial function) +)))
   (- upper-bound lower-bound)))
```

我们也可以展开定义中调用的高阶过程，如 2.6 节中讨论的那样，给出更流畅风格的定义：

```
(define (summation function lower-bound upper-bound)
  ((rec (summer counter)
     (if (zero? counter)
         (function lower-bound)
         (+ (function (+ counter lower-bound)) (summer (sub1 counter)))))
   (- upper-bound lower-bound)))
```

这个定义不如前一个定义那么简洁，它要求程序员考虑两个附加的局部名称（“summer”和“counter”），但相比之下，它似乎是“基础”的，因为大多数操作都是针对数字而不是针对函数的。从程序员的角度来看，使用高阶结构有什么好处呢?

要回答这个问题，首先说明在前面讨论函数程序设计中提到的事实：第一个定义比第二个定义更模块化。第一个定义将处理递归管理、测试计数器以及为递归调用调整计数器的代码部分分离出来，允许我们分别编程和测试这些组件。这样的代码模式只需要写一次，每次出现相同的模式时无须重写。

但更重要的是，我们不必每次使用这种模式时都再次证明它的正确性。使用 fold-natural 或 ply-natural 管理递归，证明这样的过程终止并返回指定结果变成了相对容易的任务，即证明这个过程的递归基过程和递归步过程终止并返回正确的结果。

2.9.3 计数

前一节讨论的递归管理器使用给定的自然数来引导递归，在代码中反映了自然数的递归结构。但是，有时我们希望一个过程的结果是自然数，并且在构造这个结果时利用自然数的递归结构，在某种基本情况下返回 0，否则返回递归调用结果的后继。基本思想是过程返回的值构成了在达到基本情况之前遍历（tally）的步骤的记录。

因此，一个计数过程依赖于另外两个过程：区分基本情况与需要递归调用情况的谓词，以及将当前执行过程的其他参数转换为递归调用的适当参数的步骤过程。

```
(define (tally final? step)
  (rec (tallier . arguments)
    (if (apply final? arguments)
        0
        (add1 (apply (pipe step tallier) arguments)))))
```

由 tally 返回的 tallier 过程可以接受任意数量的参数。如果这些参数满足 final?，tallier 立即返回 0。否则，它将 step 过程应用于这些参数，并将结果发送给递归调用本身。递归调用返回的自然数的后继将成为 tallier 的原始调用的结果。

在某种程度上，tally 与 fold-natural 是相反的，fold-natural 构造并返回将自然数映射到应用 step 过程指定次数的结果，而 tally 过程构造并返回将 step 过程的结果映射到自然数的过程，计算生成这些结果所用 step 过程的次数。

与 fold-natural 及其变体不同，如果 step 过程从未产生满足 final? 的结果，tally 可能无法终止。数学归纳法并不能保证从 0 开始向上构造自然数的过程能完成指定的工作。然而，tally 过程是非常有用的，因为我们经常可以用其他方式证明 step 过程最终一定能返回满足 final? 的结果。

例如，2.6 节中的 ceiling-of-log-two 过程是一个计数过程，它记录从 1 开始不断加倍直到大于或等于 bound 的次数。我们可以用 tally 来定义它：

```
(define (ceiling-of-log-two bound)
  ((tally (sect <= bound <>) double) 1))
```

不管 bound 的值是什么，不断加倍（从 1 开始）最终会产生一个超过它的结果，所以这个特定的计数器总会终止。

正如使用 recur 可以给出 fold-natural 的简洁定义一样，我们可以使用 build 简洁地定义 tally：

```
(define (tally final? step)
  (build final? (constant 0) values? step (pipe >next add1)))
```

“如果参数满足 final?，返回 0，否则将 step 应用于参数，在结果上应用递归调用，然后加 1。”（在本例中，不需要“局部”处理，因此 values? 过程用于生成一个哑值，被 (pipe>next add1) 忽略。）

有时，我们的任务不是计算递归过程到达基本情况所需的步数，而是想知道某个特定条件被满足的次数。如果我们可以将条件表示为谓词，那么很容易调整 tally 代码，得到一个条件计数器：

```
(define (conditionally-tally final? condition-met? step)
  (build final?
         (constant 0)
         condition-met?
         step
         (conditionally-combine identity (pipe >next add1))))
```

在这里，当计数器收到递归调用的结果时，它不会自动返回该结果的后继结果。相反，它应用 condition-met?，并且仅当该谓词被满足时才增加计数。

2.9.4　有界推广

自然数上递归的另一个常见应用是，将表示自然数性质的谓词进行推广。推广的结果是一个新的谓词，它测试直至某个给定上界（但不包括该上界）的所有自然数是否都满足原谓词：

```
(define (for-all-less-than condition-met?)
  (lambda (exclusive-upper-bound)
    ((check (sect = <> exclusive-upper-bound) condition-met? add1) 0)))
```

另一种推广方法是检验是否存在小于某个上界的自然数满足给定谓词，如果存在这样的数，则返回 #t。构造的策略是在 for-all-less-then 的基础上，使用 ^not 对所给谓词取反。for-all-less-than 检查是否所有较小的自然数都不能满足原谓词，如果它们都失败，则返回 #t。然后，我们可以在进程结束时再次反转所构造谓词的值，这样一来，如果所有自然数都不能满足给定谓词，则构造的谓词返回 #f，如果其中存在某个自然数满足给定谓词，则返回 #t。

```
(define exists-less-than (pipe ^not (pipe for-all-less-than ^not)))
```

---

fold-natural　(afp natural-numbers)
$(\rightarrow \alpha \ldots), (\alpha \ldots \rightarrow \alpha \ldots) \rightarrow (natural\text{-}number \rightarrow \alpha \ldots)$
base　step　nat
构造一个过程，如果nat为0，则返回调用base的结果。如果nat不为0，将构造的过程递归地应用于nat的前驱，并返回将step应用于nat和递归调用的结果
前提：step可以接受base调用的结果
前提：step可以接受step调用的结果

ply-natural
$(\rightarrow \alpha \ldots), (natural\text{-}number, \alpha \ldots \rightarrow \alpha \ldots) \rightarrow (natural\text{-}number \rightarrow \alpha \ldots)$　(afp natural-numbers)
base　step　nat
构造一个过程，如果nat为0，则返回调用base的结果。如果nat不为0，将构造的过程递归地应用于nat的前驱，并返回将step应用于递归调用的结果
前提：step可以接受1和base调用的结果
前提：step可以接受大于的任意自然数和step调用的结果

lower-ply-natural
$(\rightarrow \alpha \ldots), (natural\text{-}number, \alpha \ldots \rightarrow \alpha \ldots) \rightarrow (natural\text{-}number \rightarrow \alpha \ldots)$　(afp natural-numbers)
base　step　nat

构造一个过程，如果nat为0，则返回调用base的结果。如果nat不为0，将构造的过程递归地应用于nat的前驱，并返回将step应用于递归调用的结果
前提：step可以接受0和base调用的结果
前提：step可以接受任意正整数和step调用的结果

summation
(integer → number), *integer*, *integer* → *number* (afp natural-numbers)
function lower upper
计算将function应用于从lower到upper（包括lower和upper）的结果之和
前提：function可以接受从lower到upper（包括lower和upper）的任意整数
前提：lower小于或者等于upper

tally
(α ... → Boolean), *(α ... → α ...)* → *(α ... → natural-number)* (afp natural-numbers)
final? step arguments
构造一个过程，当arguments的元素满足final?时返回0；否则，构造的过程将step应用于arguments的元素，再将本身递归地应用于其结果，并返回该结果的后继。
前提：final?可以接受arguments的元素
前提：final?可以接受调用step的结果
前提：如果arguments的元素不满足final?，那么step可以接受它们
前提：如果调用step的结果不满足final?，那么step可以接受它们

conditionally-tally
(α ... → Boolean), *(α ... → Boolean)*, *(α ... → α ...)* → (afp natural-numbers)
final? condition-met? step
(α ... → natural-number)
arguments
构造一个过程，当arguments的元素满足final?时返回0；否则，构造的过程检查arguments的元素是否满足condition-met?，然后将step应用于这些元素，再将本身递归地应用于其结果，最后，返回该结果的后继（如果这些元素满足condition-met?），或者返回该结果本身
前提：final?可以接受arguments的元素
前提：final?可以接受调用step的结果
前提：如果arguments的元素不满足final?，那么condition-met?可以接受它们
前提：如果调用step的结果不满足final?，那么condition-met?可以接受它们
前提：如果arguments的元素不满足final?，那么step可以接受它们
前提：如果调用step的结果不满足final?，那么step可以接受它们

for-all-less-than
(natural-number → Boolean) → *(natural-number → Boolean)* (afp natural-numbers)
condition-met? exclusive-upper-bound
构造一个谓词，判定是否严格小于exclusive-upper-bound的每个自然数都满足condition-met?
前提：condition-met?可以接受小于exclusive-upper-bound的任意自然数

exists-less-than
(natural-number → Boolean) → *(natural-number → Boolean)* (afp natural-numbers)
condition-met? exclusive-upper-bound
构造一个谓词，判定是否存在小于exclusive-upper-bound的自然数满足condition-met?
前提：condition-met?可以接受小于exclusive-upper-bound的任意自然数

◉ 习题

2.9-1 定义一元过程 divisibility-tester，对于任意一个自然数参数，求小于给定自然数中有多少个数可以被 3 和 7 整除，但不能被 5 整除。

2.9-2 求所有小于 2^{16} 的奇自然数之和。

2.9-3 定义一个递归管理器 repeat，它接受一个过程和一个自然数并返回一个过程，该过程重复地将给定过程应用于其参数，其中自然数决定连续应用过程的次数。(例如，(repeat square 3) 应该是一个计算其参数平方三次的过程，也就是说，参数的八次方；(repeat >all-but-initial 5) 应该是一个适配器，它丢弃前五个参数，并将所有其他参数作为单独的结果返回。)

2.9-4 定义一元谓词 prime?，它判定一个大于或等于 2 的给定整数是否是质数，也就是说，大于 1 且小于其本身的整数都不能将其整除。(例如，11 是质数，因为 2, 3, ⋯, 10 中没有一个是 11 的因子；但是 221 不是质数，因为 13 是 221 的因子。)

第 3 章

Algorithms for Functional Programming

数据结构

除了我们到目前遇到的简单值之外，我们将研究的许多算法都是建立在复合值上的。复合值是以其他值为成分的一种数据结构，并为用户提供了访问这些成分值的特定方法。Scheme 提供了几种基本数据结构（列表就是其中之一，我们在前文也遇到过）。我们将用 Scheme 提供的基本数据结构来构造其他结构。这种方法能确保我们构造的数据结构始终满足证明正确性所需的某些附加条件。我们把这些附加条件称为不变量。

3.1 建模

为了更好地设计数据结构和对应的过程，我们将开发一个基本类型理论来描述新的值。为了简化对同一类型值的操作过程的设计，类型理论规定（或者说建议）一系列设计模式。

对类型进行*建模*（model）指的是在该类型的值和更简单或更好理解的类型值之间建立对应关系，这些更简单的类型要么已经在编程语言中预先定义好了，要么是自定义好的。建模的目标是用我们已经熟知类型的数据来描述和编程新类型的数据，从而简化和阐明程序设计及其正确性证明。

通常来说，模型是一组过程的集合，它们是刻画建模类型值上的操作的基本过程（或称伪基本过程）。将这些过程定义好后，我们就可以利用这些过程处理建模类型的值，就像在建模类型的实际值上操作一样。然而，为了使这种设想在最低限度上成为现实，我们必须确保我们设计的描述基本操作的伪基本过程满足描述建模类型的基本操作之间相互作用的公理，并且将这些公理转换为用于实现这些模型类型的实际值的定理。

在数据结构类型的模型中，伪基本过程通常包含：一个或多个*构造函数*（constructor），或称构造器，这些构造函数用于创建表示建模类型的值；一个或多个*选择器*（selector），用于从数据结构中获取某些组件；一个*分类谓词*（classification predicate），用于表示建模类型的值与其他类型值之间的区别；还有一个*相等谓词*（equality predicate），一个判定两个建模类型的值是否相等的二元谓词。

使用模型编写一个过程的程序员有时会试图打破这种假象，他们会利用自己有关这种对应知识的理解，绕过伪基本过程提供的有限的操作走捷径。在代码遵守模型的高可靠性和高可维护性与更快的运行速度和更高效的资源利用之间存在一种权衡关系。程序员为了实现某个目标，可能需要打破这种权衡。然而，无论在理论上还是在实践中，基于这种推测编写运行得更快或者消耗更少内存的走捷径代码都是轻率的，因为这种推测往往是错误的。想打破模型者需要用充分的证据和推理来支持他的方案。

◉ 习题

3.1-1 如果在某个特定的编程语言中，一个类型不是基本类型，那么我们几乎总是可以为它建立一个合适的模型。但是，这种模型提供的值通常具有依赖于具体实现的性质，这些性质并不反映或表示所建模类型的值的性质。（例如，这样的值可能不仅满足建模的数据类型的类型谓词，而且还满足实现建模类型所使用类型的类型谓词。)准备使用这种模型的程序员应该如何应对这种差异?如果有的话,这种差异如何影响模型的效用和能力?

3.1-2 如果在某个特定的编程语言中一个类型不是基本类型,那么几乎总是可以为它构建几个不同的模型,这些模型彼此并不一致,但是在被建模类型的值的表示方面,每个模型内部都是一致的。对于同一建模类型,程序员应该如何在不同的模型中进行选择?

3.2 空值

让我们从一个非常简单的类型开始,一个只有一个值的类型。对这种类型上的算法,我们只需要最基本的操作:一种构造或命名其唯一值的方法(可能是文字、预先定义的名称,或返回它的零元过程),以及一种区分该值与其他类型值的方法。

Scheme 提供了符合这种描述的“空”数据类型,称之为空类型。空类型的唯一值的 Scheme 文字为是‘'()’。然而,由于这个符号既没有可读性也不直观,我们将使用标识符 null 来表示它。(我已经在(afp primitives)库中定义好了这个名称。)当输入的参数是 null 时,基本分类谓词 null? 返回 #t,否则返回 #f。

空类型不需要选择器,因为它没有内部结构。在这种情况下,提供一个相等谓词是毫无意义的,因为 null 总是等于它自己,所以谓词总是返回 #t。

通常,null 表示一些较大的数据结构中没有值或为空——例如,没有元素的列表。

---

null (afp primitives)
null
空值

null? (scheme base)
any → *Boolean*
something
确定something是否为null

◉ 习题

3.2-1 如果 Scheme 没有提供空值,我们可以用一个符号来建模,比如说 'nil。写出实现该模型的两个过程定义:一个零元构造函数 make-new-null 和一个分类谓词 new-null?。

3.2-2 对于使用 Scheme 的程序员:标准库(scheme base)提供了另一种仅包含一个值的类型,即文件结束符对象(end-of-file object),程序员要如何命名和表示这个值?程序员要如何区分这个值和其他类型的值?

3.3 和类型

3.3.1 枚举

如果一个类型中的值的数量是有限的,并且这些值本身没有内部结构,那么定义该类型的一个简单方法是生成一个花名册(也称为值的枚举,enumeration),其中每个值都必须有自己的名称。例如,一副扑克牌中的四个花色的枚举就确定了一种“花色”类型:

$$suit = club \mid diamond \mid heart \mid spade$$

(花色 = 梅花 | 方块 | 红心 | 黑桃)

为了在 Scheme 中实现这种类型,我们可以使用一个符号来代表每种花色,并为其提供一个分类谓词 suit?。

```
(define (suit? something)
  (and (symbol? something)
       (or (symbol=? something 'clubs)
           (symbol=? something 'diamonds)
           (symbol=? something 'hearts)
           (symbol=? something 'spades))))
```

枚举的构造函数和选择器是不必要的，但我们可以定义相等谓词如下：

```
(define suit=? symbol=?)
```

Scheme 的内置布尔值和字符类型实际上也是枚举类型：

$$Boolean = \texttt{\#f} \mid \texttt{\#t}$$

$$character = \texttt{\#\textbackslash null} \mid \texttt{\#\textbackslash x1} \mid \texttt{...} \mid \texttt{\#\textbackslash x10ffff}$$

（字符表包含超过 100 万个值，所以此处用省略号表示。）

3.3.2 可区分并集

如果我们把一个枚举中的每一个单独的值都看作有它自己的唯一类型（与 null 类似），那么这个枚举就是这些类型的可区分并集（discriminated union），换句话说，这个枚举是一个包含了它收集的所有类型的所有值的集合，以及确定各个值属于哪个类型的方法。在枚举中，区分步骤很简单：每个值都有自己的唯一类型，因此知道这个值便可以唯一地确定它的基本类型。

但是，生成一个可区分并集（在上面的类型方程中一样用竖线‘|’表示）的操作可以应用于任何类型，而不仅仅是像 diamonds 一样的单元素类型或空类型。例如，我们可以用可区分并集构造一个字符或布尔值（character-or-Boolean）类型：

$$character-or-Boolean = character \mid Boolean$$

在这种情况下，我们可以简单地使用字符类型和布尔类型的值来实现这个新类型，基本谓词 char? 和 boolean? 可以用于判断这个新类型的给定值到底属于哪个类型。该类型对应的分类谓词和相等谓词也可以很容易地定义出来：

```
(define character-or-Boolean? (^vel char? boolean?))
(define (character-or-Boolean=? left right)
  (or (and (char? left)
           (char? right)
           (char=? left right))
(and (boolean? left)
     (boolean? right)
     (boolean=? left right))))
```

除非可区分并集中的类型是互不相交的，否则我们无法用这种简单的策略直接编写分类谓词和相等谓词。例如，假设我们想要一个与布尔类型相似的类型，但是这个新类型可能包含一个表示确信且非常确定的值（这个值可能是肯定的，也可能是否定的），或者一个表示有保留且不太确定的值（这个值可能是肯定的，也可能是否定的）。“确信”的值是布尔值，而“有保留”的值也是布尔值，但我们希望它们在新数据类型中是不同类的布尔值：

$$survey-response = Boolean \mid Boolean$$

在 survey-response（调查回复）类型的模型中，不能仅仅使用布尔值来代表它们，因为我们无法区分竖线左侧的表示“确信”的布尔值 #t 和竖线右侧的“有保留”的布尔值 #t。实现这种类型的一种方法是选择完全不同的值作代表——比如可以使用自然数 0、1、2 和 3，其中，0 和 1 分别代表确信的否定和肯定答案，2 和 3 代表不确信的否定和肯定答案。随后，构造过程将源类型的值（它们都是布尔值）转换为 survey-response 类型值的表示：

```
(define (make-confident-survey-response b)
  (if b 1 0))
(define (make-diffident-survey-response b)
  (if b 3 2))
```

分类谓词和相等谓词的定义也很简单：

```
(define survey-response? (^et natural-number? (sect < <> 4)))
(define survey-response=? =)
```

在该模型中，区分确信布尔类型值和有保留布尔类型值的判别谓词只需执行数值上的比较：

```
(define confident? (sect < <> 2))
(define diffident? (sect <= 2 <>))
```

为了完成模型，我们还需要能将 survey-response 类型的值映射回基础布尔类型值的投影（projection）。在本例中，我们聪明地选择了用数字来表示各类型，因此同样的过程也可以用于投影确信值或保留值：

```
(define survey-response->Boolean odd?)
```

作为这些过程应用的一个例子，让我们定义一个过程 negate，它将 survey-response 类型的值在相同的置信水平上取反：

```
(define negate
  (let ((reverse-polarity (pipe survey-response->Boolean not)))
    (^if confident?
         (pipe reverse-polarity make-confident-survey-response)
         (pipe reverse-polarity make-diffident-survey-response))))
```

用可区分并集类型构造的类型称为*和类型*（sum type）。在 3.4 节中，我们将看到一种更系统的和类型的实现方法。

3.3.3 递归类型方程

在前面的示例中，我们对类型的描述采用*类型方程*（type equation）的形式，其中，指定类型的名称放在等号的左侧，描述类型构造的表达式放在等号右侧。

我们还可以考虑另一种类型方程。在这种类型方程中，等号两边可以是任意表达式，但表达式方程描述了建模类型应该满足的条件。一般来说，这种方程可能会表示任何类型都无法满足的不一致条件，或者任何类型都能满足的弱条件。然而，一个类型方程可能会刻画了某个类型的结构，甚至是一个具有无穷多值的类型，后者是无法直接通过枚举描述的类型。

例如，自然数类型构成了以下类型方程的解：

$$nn = z \mid nn$$

其中 z 是一个仅包含 0 的类型，我们通过加 1 来区别可区分并集右侧的各个值！因此，这个类型方程实际上表示，每个自然数要么是 0，要么是某个自然数加 1 的结果——本质上来说这就是我们在 2.9 节中定义自然数类的方法。我们的 natural-number? 谓词是该类型的分类谓词，“=”是相等谓词，zero? 和 positive? 谓词区别了可区分并集中的源类型，sub1 是将任意正自然数映射回可区分并集右侧的 nn 类型的投影。

◉ 习题

3.3-1　美国的典型交通信号系统有三种颜色的灯：红色、琥珀色和绿色。请编写包含这三种颜色的枚举类型方程，并在 Scheme 中实现该枚举的类型谓词。

3.3-2　survey-response 类型的另一种实现是使用不同的值来代表该类型的值。例如，可以使用符号 yes! 和 no! 来代表确信值，用 maybe-so 和 maybe-not 来代表保留值，或者也可以用整数 2 和 –2 代表确信值，1 和 –1 代表保留值。选择其中一种实现方式，或者用自己的实现方式，然后实现以下伪基本过程：

```
make-confident-survey-response
make-diffident-survey-response
survey-response?
survey-response=?
confident?
diffident?
survey-response->Boolean
```

如果你编写正确，那就没有必要再去定义 negate 了——上面给出的定义在不经修改的情况下可以正常工作。

3.3-3　请证明：负整数作为一种类型，也可以对 nn 的类型方程进行建模。在这个类型模型中，z 的类型是什么？

3.4　有序对

Scheme 也支持有序对（pair）类型。有序对是一种由两个值组成的数据结构。有序对通常被描绘成一个中间有一条竖线的矩形，竖线将左隔室中的值与右隔室中的值分开。隔室是可区分的，因此 Scheme 有序对中的值是有序的。Scheme 对有序对包含的值没有任何限制。特别是，有序对中的一个值或每一个值都可以是有序对。

基本分类谓词 pair? 判断其参数是否为有序对。

基本过程 cons 接受两个参数，并返回一个包含这两个参数的有序对。cons 是 construct 的缩写，它反映了 cons 是有序对类型的构造函数这一事实。

有序对类型有两个基本选择器：car 选择器返回给定有序对左隔室的值，cdr 选择器返回右隔室的值。[⊖]

Scheme 没有提供同时返回有序对的两个组件的选择器，但我们可以轻松地定义这样的选择器：

```
(define decons (dispatch car cdr))
```

我们还需要一个谓词来判定两个给定有序对是否相等。两个有序对相等指的是它们的组件完全相等且出现顺序相同。因为有序对的组件可以是任意类型的，我们将使用 equal? 来做比较。因此，有序对的相等谓词是：

```
(define pair=? (^et (compare-by car equal?) (compare-by cdr equal?)))
```

⊖ 最初实现这些过程所用的计算机中的处理器包含一个寄存器，其中，寄存器的左半部分通常用于存储内存位置的硬件地址，寄存器的右半部分则存储用于从地址中减去的数量，称为*减量*（decrement）。寄存器的存储空间足够大，可以（在那时）容纳整个有序对，每一半分别存储有序对中其中一个组件的硬件地址。car 和 cdr 是“地址寄存器的内容”（contents of address register）和“减量寄存器的内容”（contents of decrement register）的缩写。如今，尽管这两个缩写是人为定义的，但它们仍被人们广泛使用，我们将像 Scheme 的设计者那样保留这些命名习惯。

如我们在 1.7 节中所述，不存在能够测试两个过程值是否相等的算法。我们使用 equal? 意味着 pair=? 在应用于包含过程的有序对时同样是不可靠的，因为在 pair=? 中 equal? 被应用到了过程的比较。

3.4.1 命名对

Scheme 的大多数交互环境在显示有序对时都将组件的文本表示置于括号中，并在组件之间放置一个句点。例如，设一个有序对的第一个组件是整数 425，第二个组件是整数 50，那么它的显示是‘(425.50)’。然而，在本书引用有序对时，我们需要在 Scheme 程序中调用构造函数的表达式——例如，刚才提到的有序对‘(cons 425 50)’。这样设计的原因是构造函数表达式更易于阅读，比点对语法更易于解释。Scheme 的实现者们对数据结构的显示方式有着惊人的分歧，因此读者在任何情况下都应该准备好适应不同上下文中的不同约定。

我们还将为其他数据结构使用构造函数表达式，不必担心交互式 Scheme 实现将如何显示这些值。

3.4.2 积类型

积类型（product type）是将其源类型的值打包在一个结构中而构成的，而不是像和类型那样将值作为并集中的一个选项。例如，由字符类型和布尔类型构成的积类型中，每个值都包含一个字符和一个布尔值。（注意，在和类型中，每个值或者是一个字符，或者是一个布尔值。）在类型方程中，符号“ × ”表示构造一个积类型的运算。例如，我们可以用如下的类型方程来表示刚刚描述的类型：

$$character-and-Boolean = character \times Boolean$$

事实上，有序对数据类型是最常用的一种积类型。这个类型就像是由以下类型方程指定的：

$$pair = any \times any$$

其中 any 是一个包含所有可以在 Scheme 中表示的值的和类型：

$$any = Boolean \mid number \mid character \mid symbol \mid string \mid procedure \mid \cdots$$

第二个方程不是一个真正有效的类型方程，因为它的等号右边的式子是不完整的，因此，它没有真正定义一个 any 类型。回想一下，我们使用‘any’表示类型变量，这意味着它与我们可以命名或计算的任何值都兼容。这里想表达的是任何值都可以作为有序对的组件。

因此，Scheme 有序对具有足够的灵活性来实现任何积类型，如果我们愿意，我们可以使用有序对构造函数和有序对选择器作为这种类型的伪基本过程，尽管我们可能希望为它们提供更专门的名称：

```
(define make-character-and-Boolean cons)
(define select-character car)
(define select-Boolean cdr)
```

有序对还提供了积类型的分类谓词和相等谓词的简单实现：

```
(define character-and-Boolean? (^et pair? (^et (pipe car char?)
                                              (pipe cdr boolean?))))
(define character-and-Boolean=? (^et (compare-by car char=?)
                                     (compare-by cdr boolean=?)))
```

3.4.3　再议可区分并集

我们还可以使用有序对给出 Scheme 可区分并集的一种更系统更通用的实现方法，即使我们试图组合在一起的类型是相互重叠的：和类型的值可以是有序对，每个有序对的第二个组件（cdr）包含一个源类型的值，而第一个组件（car）表示源类型。如果只有两种源类型，那么表示类型的值可以是一个符号，甚至可以是一个布尔值。按照这种思路，3.3 节中 survey-response 类型的值可以用有序对的方式实现，其中，第一个组件是区分类型的符号(confident 或 diffident)，第二个组件是源类型的真实值，在这个例子中是布尔值：

```
(define make-confident-survey-response (sect cons 'confident <>))
(define make-diffident-survey-response (sect cons 'diffident <>))
(define survey-response?
  (^et pair? (^et (pipe car (^et symbol?
                                (^vel (sect symbol=? <> 'confident)
                                      (sect symbol=? <> 'diffident))))
                  (pipe cdr boolean?))))
(define survey-response=? (^et (compare-by car symbol=?)
                               (compare-by cdr boolean=?)))
(define confident? (pipe car (sect symbol=? <> 'confident)))
(define diffident? (pipe car (sect symbol=? <> 'diffident)))
(define survey-response->Boolean cdr)
```

由于它使用了模型的基本过程而不依赖于实现的任何特性，因此 3.3 节中 negate 过程的定义在新模型下即使不经修改也可以正常工作。

3.4.4　重新实现自然数

类似地，如果 Scheme 没有提供自然数基本类型，我们可以遵循类型方程 *nn=z|nn*，使用有序对自行构造合适的实现。这一次我们需要两个构造函数，一个零元构造函数来创建基值（代表自然数 0），还有一个一元构造函数接受任何已构造的自然数并返回其后继：

```
(define make-new-zero (create (cons 'z 'z)))
(define make-new-successor (sect cons 'nn <>))
```

表示 0 的有序对的第二个组件使用什么符号不重要，因此第一个组件和第二个组件均直接使用了符号 z。第一个组件 z 表示源类型，第二个组件 z 表示该源类型的唯一值。

因此，0 的表示是 (cons 'z 'z)，1 是 (cons 'nn(cons 'z 'z))，2 是 (cons 'nn(cons 'nn (cons 'z 'z)))，3 是 (cons 'nn(cons 'nn(cons 'nn(cons 'z 'z))))，以此类推。在实践中，这是一个不算高效的自然数表示方法。不过，对于如何实现自然数上的基本算术运算和 2.9 节开发的递归管理器，这种实现具有非常直观的指导意义。下面给出其中一些定义。

对于基本谓词 natural-number? 替代定义，我们需要一个能确保有序对结构正确的谓词：

```
(define (new-natural-number? something)
  (and (pair? something)
       (symbol? (car something))
       (or (and (symbol=? (car something) 'z)
                (symbol=? (cdr something) 'z))
(and (symbol=? (car something) 'nn)
     (new-natural-number? (cdr something))))))
```

注意，我们使用递归调用来确保非“零”值的第二个组件本身是有效的自然数。

基本谓词 zero? 和 positive? 的替代定义都有简单的重新实现方式，它们表示为和类型的区分谓词：

```
(define new-zero? (pipe car (sect symbol=? <> 'z)))
(define new-positive? (pipe car (sect symbol=? <> 'nn)))
```

新的 add1 只是构造函数 make-new-successor，新的 sub1 过程是和类型右侧内容的投影过程。这意味着 sub1 的替代过程有一个前提：它的参数必须是“正的”。

```
(define new-add1 make-new-successor)
(define new-sub1 cdr)
```

我们可以使用递归管理器 check 来定义自然数表示的相等谓词：

```
(define new-= (check (^et (pipe >initial new-zero?)
                          (pipe >next new-zero?))
                     (^et (pipe >initial new-positive?)
                          (pipe >next new-positive?))
                     (~each new-sub1)))
```

我们已经用 new-zero? 和 new-sub1 替代了 zero? 和 sub1，fold-natural 的替代定义也很简单：

```
(define (new-fold-natural base step)
  (rec (natural-mapper nat)
    (if (new-zero? nat)
        (base)
        (receive recursive-results (natural-mapper (new-sub1 nat))
          (apply step recursive-results)))))
```

注意，在调用 new-fold-natural 构造的递归过程时，我们必须提供一个新的自然数作为其参数。这些过程不能接受普通自然数，即使 Scheme 提供了普通自然数。

我们可以使用 new-fold-natural 来为剩下的算术基本运算构造替代过程。下面是几个例子：

```
(define (new-+ augend addend)
  ((new-fold-natural (create augend) new-add1) addend))
(define new-even? (new-fold-natural (create #t) not))
(define (new-div-and-mod dividend divisor)
  ((new-fold-natural (create (make-new-zero) (make-new-zero))
                     (^if (pipe >next (pipe new-add1
                                            (sect new-= <> divisor)))
                          (cross new-add1 (constant (make-new-zero)))
                          (cross identity new-add1)))
   dividend))
```

我们的 new-+ 和 new-= 过程都是二元过程。在 3.7 节中，我们将看到如何将它们扩展成变元过程，以便将它们作为可直接使用的替代过程。

---

pair? (scheme base)
any → *Boolean*
something
判断something是否为有序对

cons (scheme base)
α, β → $pair(\alpha, \beta)$
left right
构造一个组件是left和right的有序对

car (scheme base)

$pair(\alpha,\ any)\ \ \to \alpha$
pr
返回pr的左侧组件

cdr　　(scheme base)
$pair(any,\ \alpha)\ \ \to \alpha$
pr
返回pr的右侧组件

decons　　(afp pairs)
$pair(\alpha,\ \beta)\ \ \to \alpha,\ \beta$
pr
返回pr的两个组件

pair=?　　(afp pairs)
$pair(any,\ any),\ pair(any,\ any)\ \ \to Boolean$
left　　right
判断left和right的对应组件是否都相等

◉ 习题

3.4-1　类型map-coordinate的一种定义如下：

$$map - coordinate = character \times integer$$

请实现map-coordinate类型。

（设想一张地图，它的侧边有表示垂直位置的字母，顶部表示水平位置的数字。地图坐标（例如M14）可以指引你在地图上查找某个特定位置，例如城镇、营地或机场。）

为你选择的实现提供构造函数、适当的选择器、分类谓词和相等谓词。

3.4-2　使用有序对实现一个可以包含任意三个给定值的数据结构，以及对应的分类谓词triple?，相等谓词triple=?，三元构造函数make-tripe，选择器fore、mid和aft，还有选择器detriple（该选择器可以将三个值分别作为独立结果返回）。

3.4-3　用于构造积类型的“×”运算不满足交换律。通过解释积类型character×Boolean与积类型Boolean×character之间的差异来说明这一事实。

3.4-4　用于构造和类型的“|”运算满足交换律吗？证明你的回答是正确的。

3.4-5　继续实现“新”自然数类型，定义odd?、“*”（二元过程）、expt、double和square的对应替代过程。

3.4-6　定义一个可以接受任意自然数并返回相应的“新”自然数的过程old->new。定义一个可以接受任意“新”自然数并返回相应自然数的过程new->old。

3.4-7　使用你在前面习题中定义的过程，证明以下过程应用于任意自然数m和n的结果是$m+n$

```
(pipe (~each old->new) (pipe new-+ new->old))
```

3.5　盒

盒（box）是一种数据结构，它只保存一个值。我们将定义自己的容器创建和操作过程，并且利用这个机会，通过一个简单直观的例子给出建模的实现思路。

使用有序对来建模盒

我们的盒模型由四个过程组成：一个分类谓词box?，它将容器与其他值区分开来；一个相等谓词box=?，它确定两个容器是否具有相同的内容；一个构造函数box，它可以接受任何值并返回包含该值的盒；以及一个选择器debox，它可以接受任何容器并返回其包含的值。作为衡量实现是否成功的标准，我们的模型应满足以下条件：

- box? 过程可以接受任何值。
- box 过程可接受任何值。
- box 返回的每个值都满足 box? 谓词。
- 给定适当的参数，每个满足 box? 谓词的值都可以用 box 构造。
- debox 过程可以接受满足 box? 谓词的任何值。
- 对于 box 应用于任何 v 的结果，对其应用 debox 的结果是 v。
- 如果 b_0 和 b_1 都是将 box 应用到一个相同值的结果，则应用 box=? 到 b_0 和 b_1 的结果为 #t。
- 对于任意容器 b_0 和 b_1，如果应用 box=? 到 b_0 和 b_1 的结果为 #t，则将 debox 应用于 b_0 的结果与将 debox 应用于 b_1 的结果相同。

我们经常使用盒作为过程的结果，这些过程可能达到某种预期的目标，返回某个有用的值，也可能在尝试中失败，返回某个指示失败的值。为了区分成功的结果和失败的指示，我们将把前者装在盒中，然后再返回。

然而，如果这个计划能够奏效，我们需要能够将盒与其他可能用作失败指示器的值（如符号、数字和布尔值）区分开来。因此，我们将在上述公理列表中添加一个实际约束：

- 任何盒都不是符号、数字或布尔值。

如果没有这个约束，只需简单地用盒所包含的值来标识它们，或者想象每个值都自带一个不可见的盒子。那么 box? 可以定义为 (lambda(something)#t)，box 定义为 identity，debox 也定义为 identity，还有 box=? 定义为 equal?。该模型满足所有其他的公理，并且计算效率很高。但这毫无意义，因为它把所有东西都看成了盒。

我们将通过选择不同的模型来避免这种无意义的建模。包含值 v 的盒被实现为一个有序对，其中有序对的第一个组件是 v，而第二个组件是 null。于是我们可以定义基本的盒过程如下：

```
(define box (sect cons <> null))

(define box? (^et pair? (pipe cdr null?)))

(define box=? (compare-by car equal?))

(define debox car)
```

这里选择 null 并不特别重要，只是表示有序对的右侧组件不被使用的方便记号。

在 box=? 的定义中，我们再次使用 equal? 来比较两个容器的内容，因为容器可以包含任何类型的值。

---

box (afp boxes)
$\alpha \rightarrow box(\alpha)$
contents
构造一个包含 contents 的盒

box? (afp boxes)
$any \rightarrow Boolean$
something
判断 something 是否为盒

box=? (afp boxes)
$box(any),\ box(any) \rightarrow Boolean$
left right
判断盒 left 和 right 是否包含相同的值

debox (afp boxes)
$box(\alpha) \rightarrow \alpha$
bx
返回盒 bx 的内容

◉ 习题

3.5-1　确认盒的实现满足本节开头要求的条件。

3.5-2　定义一个 safe-reciprocal 过程，该过程接受一个参数（一个数字），如果参数为 0，则返回 #f；如果参数为非零，则返回一个包含该参数的乘法逆的盒。

3.5-3　定义一个 embox-null 过程，该过程接受一个自然数参数，并返回从 null 开始连续应用 box 若干次的结果，应用的次数是给定参数。（例如，调用‘(embox-null 0)’的值为空，调用‘(embox-null 3)’的值为 (box(box(box null)))。

3.5-4　前面习题中定义的过程为自然数提供了另一种建模思路：令 null 代表 0，box 代替 make-successor 过程。在这个模型中，如何实现其他自然数基本过程？

3.6　列表

对于有限大小的线性数据结构而言，继续前文提到的操作并不是一件难事：描述每个固定大小的模型，定义关联的类型谓词、构造函数、选择器和相等谓词。例如，3.4 节有一道习题是实现 triple 类型（三元组类型是一种对有序对类型的三元扩展），通过修改和扩展该模型的设计，我们可以实现 quadruple（四元组）类型，quintuple（五元组）类型，等等。

然而，一个更好的想法是使用一个可以保存任意多个值的数据结构。Scheme 内置了对此类型的支持，并将该类型命名为*列表*（list）。我们在前面已经看到了列表的一些过程，在这些过程中，列表与 Scheme 将参数绑定到变元过程的机制有关：构造函数 list，它可以接受任意数量的参数并返回包含这些参数的列表；选择器 delist，它接受一个列表并将其元素作为单独的值返回；map 过程，它将一个过程逐个应用到列表的每个元素，并将结果收集到一个列表中。Scheme 还为列表类型提供了一个分类谓词 list?。

在使用这些过程时，我们可以将列表视为*序列类型*（sequence type），这种类型使用第三种类型运算符“*”定义，表示其操作类型的值构成的所有有限序列。例如，由以下方程定义的 natural-number-sequence（自然数序列）类型包含自然数的所有有限序列

$$natural-number-sequence = natural-number^*$$

类似地，survey-response* 类型的值也是 survey-response 类型值的有限序列。列表类型是最常见的序列类型，它的元素可以是任何类型，就像下面的类型方程指定的那样

$$list = any^*$$

不过，列表类型存在第二种表示方法，如下面的类型方程所示

$$list = null \mid (any \times list)$$

相应地，在 Scheme 支持的类型实现中，一个列表要么是 null，要么是一个第二个组件为列表的有序对。

由于有序对的一般性，这个结构实际上等价于序列类型 any*。长度为 0 的序列可以用 null 来表示。长度为 1 的序列用一个盒表示：第一个组件是序列的元素，第二个组件是 null 的有序对。基本思想是继续这种构造模式：二元素的列表是一个有序对，其中第二个组件是单元素列表；三元素列表也是一个有序对，其中第二个组件是一个二元素列表；一般地，（k+1）元素列表是一个有序对，其中第二个组件是一个 k 元素列表。为了给一个新增的元素腾出空间，我们将它与所有其他元素构成的列表组对，以获得一个长度大 1 的列表。

由于第二个类型方程提供了一种仅使用 null 和有序对来实现列表的方法，因此 Scheme

提供的列表类型不是基本类型。相反，大多数 Scheme 程序员处理列表时使用空值和有序对的基本过程。例如，他们使用 null? 来判断给定的列表是否为空列表（即，列表是否没有包含任何元素），用 car 来选择非空列表的第一个元素，以此类推。为了清晰起见，我们将给列表上使用的过程提供不同的名称。由于我们有时希望将列表看作是由上述第一个类型方程定义的，有时则希望是由第二个类型方程定义的，因此，选择中性词汇命名列表过程是更好的选择。

列表的第二个类型方程是递归的，它反映了列表类的递归定义，与自然数类的定义非常相似。列表类是满足以下要求的最小类 C：

- null 值是 C 的成员。
- 如果一个有序对的第二个元素是 C 的成员，那么这个有序对也是 C 的成员。

注意，有序对不是列表，除非它的第二个组件也是一个列表。表达式‘(cons 483 379)’的值是一个有序对，包含两个组件，但它不是二元素列表。二元素的列表应该包含一个单元素列表作为它的第二个组件，而不是数字。在 Scheme 中，我们可以用两种方法中的任意一种来构造这样的列表：通过对 cons 的嵌套调用分别创建有序对，如‘(cons 483(cons 379 null))’，或者使用一次性调用 list 来构造，如‘(list 483 379)’。这些表达式具有相同的值。

3.6.1 选择过程

当我们把列表看作一个序列类型时，那么不管列表元素的位置如何，自然会把它们视为同等的状态。列表中的任何元素都应该按照统一的机制可供选择。为了使程序员能够直接利用这种观点，Scheme 提供了一个选择器 list-ref，它能接受一个列表和一个自然数，并返回列表中该自然数表示的位置的元素。

在指定数据结构中的某个位置时，自然数通常指的是指定位置之前的元素数量。换句话说，初始元素的索引是 0（首位置前面没有其他元素），最终元素的索引比整个容器中的元素数量小 1（最后一个位置前面是除容器最后一个元素之外的所有其他元素）。给 list-ref 一个大于或等于其列表参数中元素个数的自然数是无意义的，因此，索引的这个上限是调用 list-ref 的前提。

然而，经验丰富的 Scheme 程序员倾向于避免调用 list-ref 过程。这有两个原因。第一个原因是，非空列表实际上是有序对结构，这一事实会影响程序执行性能。选择一个包含一百个元素的列表的第一百个元素比选择它的第一个元素需要更大的计算量，因为没有办法直接得到第一百个元素，除非不断地选择有序对的第二个组件的第二个组件的…第二个组件，此处需要连续九十九次选择有序对的第二个组件。将列表视为随机访问结构很可能会导致程序运行缓慢，除非我们操作的列表都很短。

然而，还有一个更重要的考虑是，如果我们可以利用有序对模型提供的递归结构，那就更容易对在列表上操作的过程进行推理，以证明这些过程符合规范。特别是，类似于 2.9 节中的数学归纳法，我们可以给出由列表结构指引的高阶运算的一般归纳法。

因此，在处理列表时，我们安排列表的元素应使得大多数计算和查看都可以在非空列表的首元素进行。因此，我们最常使用的选择器是 first，它可以接受一个非空列表并返回索引 0 处的元素。（将 first 应用在空列表上是错误。）

我们在第 2 章已经拥有了定义 first 的资源：

```
(define first (pipe delist >initial))
```

然而，由于 Scheme 的所有非空列表都表示为有序对，因此我们有一个更简单的定义，我们将在实践中使用这个定义：

```
(define first car)
```

换言之，我们将 first 应用到列表时，first 是 car 的别名。

类似地，当我们将 cdr 应用到列表时，我们将使用别名 rest 来提醒我们自己，我们正在计算列表的“剩余元素”(即一个只缺了第一个元素的子列表)：

```
(define rest cdr)
```

first 和 rest 的过程假定其参数是一个非空列表。因此，我们需要一个谓词来区分空列表和可以应用 first 和 rest 的列表。因为有序对模型将列表视为一个和类型，其中来自空和有序对类型的基础值都保持不变（《算法语言 Scheme 第 7 版修订报告》保证了这些类型是互不相交的)，我们可以使用来自这些基础类型的分类谓词 null? 和 pair? 作为我们的分类谓词：

```
(define empty-list? null?)

(define non-empty-list? pair?)
```

最后，我们给出 cons 和 decons 对应的列表构造函数和选择器的别名，如我们在列表类的递归定义中描述的那样：

```
(define prepend cons)

(define deprepend decons)
```

Scheme 不提供相等谓词 list=？，这个谓词更复杂一点。如果两个列表都为空，或两个列表都非空，它们的第一个元素相等且它们的“剩余”列表相等，那么两个列表相等。像有序对和盒一样，判断值列表是否相等将依赖于通用测试工具 equal?，其定义如下：

```
(define (list=? left right)
  (or (and (empty-list? left)
           (empty-list? right))
      (and (non-empty-list? left)
           (non-empty-list? right)
           (equal? (first left) (first right))
           (list=? (rest left) (rest right)))))
```

3.6.2　同构列表

列表的类型方程定义没有对列表的元素施加任何约束。然而，有时我们希望列表是同构的（homogeneous)，也就是说，列表中的所有元素都属于同一特定类型。例如，我们应该能够以某种方式说明，我们要处理的列表具体来说是一个数字列表或一个字符列表。

在我们的类型方程中，我们将把列表元素的类型放在列表名称后面，并用圆括号括起来，以表示特定类型的列表。例如，我们可以用下列方程指定“数字列表”类型

$$list(number) = null \mid (number \times list(number))$$

当我们想指定对盒、有序对和其他结构的组件类型时，我们也使用类似的表示法。例如，box(string) 是包含字符串的盒类型，pair(character，symbol) 是一个有序对类型，它的第一个组件是字符，第二个组件是符号，等等。

无论列表元素的类型是什么，列表的大多数基本过程的定义方式都是相同的，但是我们需要为同构列表提供不同的分类谓词和相等谓词：

```
(define list-of-numbers?
  (check null? (^et pair? (pipe car number?)) cdr))
(define (list-of-numbers=? left right)
  (or (and (empty-list? left)
           (empty-list? right))
      (and (non-empty-list? left)
           (non-empty-list? right)
           (= (first left) (first right))
           (list-of-numbers=? (rest left) (rest right)))))
```

我们需要的各种同构列表都要构造相应的分类谓词和相等谓词，为了实现这一过程的自动化，我们引入抽象出它们的公共结构的高阶过程，并将需要改变的部分（列表元素的分类谓词或相等谓词）作为参数：

```
(define (list-of right-type-of-element?)
  (check null? (^et pair? (pipe car right-type-of-element?)) cdr))
(define (list-of= element=?)
  (rec (equivalent? left right)
    (or (and (empty-list? left)
             (empty-list? right))
        (and (non-empty-list? left)
             (non-empty-list? right)
             (element=? (first left) (first right))
             (equivalent? (rest left) (rest right))))))
```

使用这些定义，`list-of-numbers?` 便是 `(list-of number?)`，`list-of-numbers=?` 便是 `(list-of= =)`。

回想起来，我们可以将不受约束的列表视为 list(any) 类型。相应地，一般的 list? 可以定义为 `(list-of values?)`，还有 list=? 可以定义为 `(list-of= equal?)`。

3.6.3 列表的递归过程

让我们通过几个例子来了解如何利用列表的递归结构。

列表的一个基本特征是它的长度——列表包含的元素数量，重复元素重复计数。如我们在 2.2 节中所述，Scheme 提供了 `length` 这一基本过程。尽管如此，让我们看看如何用列表递归来定义它。

列表的递归类型方程给予以下启示：使用条件表达式区分 `ls` 为空列表的情况与非空的情况。在条件表达式的肯定分支中，计算并返回空列表的长度，在这种情况下，长度是 0。在否定分支中，分离 `ls` 的第一个元素，使用递归获取 `ls` 的剩余部分的长度，并在递归调用的结果上加 1 得到 `ls` 的长度：

```
(define (length ls)
  (if (empty-list? ls)
      0
      (add1 (length (rest ls)))))
```

下面是第二个例子。假设我们想计算一个数字列表 `ls` 元素的累加和，并假设我们使用的 Scheme 只能支持二元过程“+”，所以我们不能直接写 `(apply + ls)`。我们再次利用列表的递归结构将这个问题分解：条件表达式区分空列表和非空列表。对于空列表，我们可以返回 0 作为列表元素的和。对于非空列表，分离第一个元素，使用递归获取列表剩余部分的和，并将第一个元素与该递归调用的结果相加，由此得到整个列表的和。

```
(define (sum ls)
  (if (empty-list? ls)
      0
      (+ (first ls) (sum (rest ls)))))
```

作为第三个例子，让我们开发一个过程 catenate，它接受两个列表（left 和 right）作为其参数，并返回一个组合列表，该列表以 left 开始，按序保留 left 中所有元素，接着是 rigth 的所有元素，同样保留 right 中所有元素的原始顺序。例如，调用‘(catenate(list 'alpha'beta'gamma)(list'delta'epsilon))’的值是一个包含符号 alpha、beta、gamma、delta 和 epsilon 的五元素列表。

由于 catenate 的两个参数都是列表，应该使用哪个参数来指导递归，可能需要考虑一下。然而，如果我们将 right 拆开，计算将发生在最后返回列表的中部。最好用 left 开始递归，这样我们就可以始终在结果列表的前半部分进行计算了，元素的访问也变得更加简单。

如果 left 是空列表，我们可以立即返回答案——空列表与任何列表 right 的连接都是 right 列表自身。如果 left 非空，我们将分离它的第一个元素，递归调用 catenate 将 left 的剩余部分与 right 连接，最后调用 prepend 将 left 的第一个元素放在递归结果的前面：

```
(define (catenate left right)
  (if (empty-list? left)
      right
      (prepend (first left) (catenate (rest left) right))))
```

3.6.4　列表归纳原理

正如我们所看到的，设计列表算法时尽可能从列表首位置开始，这样设计的优点是，遵循这一设计规则，我们可以利用列表的递归结构。正如自然数的数学归纳原理一样，我们可以给出并证明列表归纳原理，它为涉及列表的计算提供了一个组织原则：如果 null 是某个类 C' 的成员，并且一个有序对的第二个组件是 C' 的成员时，有序对本身也是 C' 的成员，那么每个列表都是 C' 的成员。这一原则是本节开头列出的列表定义的直接推论。因为列表类包含在所有这样的 C 类中：C 类包含 null，而且包含第二个组件是 C 类成员的所有有序对，所以，找到这样一个 C 类足以保证所有列表都包含在其中了。

现在暂时把有序对模型放一边，让我们用列表术语重述一下列表归纳原理：如果空列表是某个类 C' 的成员，且当一个非空列表的剩余部分也是 C' 成员时，非空列表本身也是 C' 的成员，那么每个列表都是 C' 的成员。

作为使用这个原理的一个简单例子，让我们证明前文设计的 length 过程是正确的——它总是返回所接受列表参数的元素数量。

- 基本情况。给定空列表，length 立即返回 0。空列表没有元素，所以这个答案是正确的。
- 归纳步。假设当给定非空列表 ls 的剩余部分时，length 返回正确的答案。那么，给定 ls 本身，length 返回 ls 剩余部分中元素的数量，并在该结果上加 1。这样就得到了正确的答案，因为 ls 比 ls 的剩余元素多了一个元素——ls 的第一个元素。

这两个引理隐式地定义了 length 参数的一个类 C'，而且 length 对该类的成员能够计算正确的结果。基本情况说明空列表是 C' 类的一个成员；归纳步表示，如果列表的剩余部分是 C' 的成员，那么整个列表也是 C' 的成员。因此，根据列表归纳原理，每个列表都是 C' 的成员，不管给出什么列表，length 都能返回正确的结果。

3.6.5 列表递归管理

递归过程 length、sum 和 catenate 遵循一个共同模式，当一个过程的参数之一是列表时，通常可以使用这个模式：确定该列表是否为非空。如果列表为空，则返回某些基值；如果列表非空，则将列表的第一个元素与剩余部分拆开，将定义的过程递归应用于列表的剩余部分，并以某种方式将第一个元素与递归调用的结果结合起来。

回顾以自然数的递归结构为指导定义的 fold-natural 工具，它接受一个 base 过程，生成 0 对应的值，另外接受一个 step 过程，将 k 对应的值转化为 k+1 对应的值。由于列表具有类似的递归结构，我们可以定义一个 fold-list（折叠列表）工具，该工具使用一个 base 过程来生成空列表对应的值，以及一个 combiner（组合）过程，将非空列表的第一个元素和剩余列表递归调用结果转换为非空列表对应的值。

这种从列表中抽象出来的递归模式，可以定义为 fold-list：

```
(define (fold-list base combiner)
  (rec (folder ls)
    (if (empty-list? ls)
        (base)
        (receive recursive-results (folder (rest ls))
          (apply combiner (first ls) recursive-results)))))
```

为了适应返回多值的情况，我们使用一个收纳表达式来传递递归调用的结果，而不像我们在 sum 定义中使用嵌套过程调用那样。

现在我们可以非常简洁地定义三个示例了：

```
(define length (fold-list (create 0) (pipe >next add1)))
(define sum (fold-list (create 0) +))
(define (catenate left right)
  ((fold-list (create right) cons) left))
```

由于 fold-list 是单递归的，并且使用单个值（列表）来指导递归，因此也可以使用 recur 简明地定义 fold-list：

```
(define (fold-list base combiner)
  (recur empty-list? (pipe black-hole base) deprepend combiner))
```

在处理长列表时，用 fold-list 构造的过程会递归地调用自身，直到递归到达基本情况（空列表）。然后，它首先应用 base 过程，随后按照递归调用中列表元素出现的次序，从右到左将 combiner 过程应用于每个元素与刚刚得到的调用结果。考虑到列表的定义可以视为一种积类型，这一处理顺序是非常自然的，因为它反映了从右到左构建长列表的顺序：从一个空列表开始，并重复应用 prepend（添加）过程。第一次添加的元素是列表的最后一个元素，反过来，最后添加的元素是列表的第一个元素。

当元素的实际值被忽略时（像 length 那样），或者 combiner 过程是可交换的时（像 sum 那样），处理顺序对结果没有任何影响。但是，在其他情况下，编写组合操作时使其左结合要方便得多，因为这样便可以将 combiner 按从左到右的顺序逐个应用于列表元素来获得所需的结果。我们可以用迭代来显式地管理列表，从而实现这种顺序。

process-list 过程提供了与 fold-list 相同的接口，它用 base 过程计算给定列表为空时要返回的值，用 combiner 过程依次将列表的每个元素集成到计算结果中。但是，由 process-list 构造的过程的核心迭代器在后台管理了一个额外的参数，该参数用于跟踪给定列表中尚未处理的部分。在迭代开始时，一个适配器将这个额外的参数（最初是整个列表）添加到 base 被执行时的值中。这个适配器是

```
(lambda (ls)
  (receive starters (base)
    (apply values ls starters)))
```

现在迭代器可以在其处理过程中显式地使用 ls 以及其余的基值了。

迭代器的步进过程接受的第一个参数是列表中尚未处理的部分。其余参数是已处理的元素逐个与基值集成的结果。步进过程将它接受的列表分解为两部分：第一个部分是列表第一个元素，第二个部分是列表的其余部分；随后步进过程应用 combiner 来集成第一个元素以及前面步骤的结果。然后它以独立值的形式返回列表的其余部分（即未处理部分）和 combiner 的计算结果。换句话说，步进过程如下：

```
(lambda (sublist . results-so-far)
  (receive new-results (apply combiner (first sublist) results-so-far)
    (apply values (rest sublist) new-results)))
```

当没有元素需要再处理时，即当迭代器的第一个参数为空列表时，迭代停止。因此迭代器的 stop? 谓词是

```
(pipe >initial empty-list?)
```

一旦迭代结束了，我们就不再需要迭代器返回的第一个结果，即空列表。我们可以通过 >all-but-initial 适配器来丢弃它。

将这些部件组装起来可以得到 process-list 的定义：

```
(define (process-list base combiner)
  (pipe (lambda (ls)
          (receive starters (base)
            (apply values ls starters)))
        (pipe (iterate (pipe >initial empty-list?)
                       (lambda (sublist . results-so-far)
                         (receive new-results
                                  (apply combiner (first sublist)
                                    results-so-far)
                           (apply values (rest sublist) new-results))))
  >all-but-initial)))
```

使用 process-list 的一个简单示例是 reverse 过程，它构造了一个包含给定列表元素的列表，但元素的顺序是按相反顺序排列的。Scheme 提供了一个基本过程 reverse，但是让我们看看如何自定义这个过程。一种容易想到但却并不高效的算法是不断在末端添加新元素来构建结果列表：

```
(define (postpend new ls)
  ((fold-list (create (list new)) prepend) ls))

(define reverse (fold-list list postpend))
```

由于每次这样的添加都涉及遍历所有先前添加的项（在另一个 fold-list 调用中），因此反转列表所需的步骤数是列表长度的二次函数。对于使用长列表的应用程序而言，我们希望 reverse 过程的运行时间是列表长度的线性函数。使用进程 process-list 递归可以实现这个目标：

```
(define reverse (process-list list prepend))
```

给定列表开始处的元素是第一个要添加（prepend）的元素，因此该元素成为结果列表的最后

一个元素，而在给定列表结束处的元素是最后一个要添加的元素，因此它是结果列表的第一个元素。process-list 的要点是管理好其背后的机制：要让处理的元素以正确的顺序出现。每个元素只处理一次，处理过程中的每个步骤都需要固定时间，因此这确实是一种只需线性时间的算法。

3.6.6 展开

折叠一个列表就是在构造某些结果的同时逐个处理它的每个元素，*展开*（unfold）一个列表就是在处理某些给定值的同时逐个构造它的每个元素。完成的列表便是展开过程的结果。类似地，这里也可以粗略地与自然数类比：展开一个列表就像计数，因为我们每次生成一个元素，连续调用 prepend，就像连续调用 add1 来计数一样。（有人可能会说，unfold-natural 是 tally 过程的更好名称，或者至少是一个能够更清楚地表达这种类比的名称。）

回顾一下列表的定义，列表要么是空值，要么是一个包含一个数据和另一个列表的有序对，我们发现展开器过程很自然地依赖于三个过程，每个过程都在（需要说明的）给定参数上执行某些操作：

- final?，用于判断结果列表是否为空。
- producer，当结果列表不为空时，该过程可以生成结果列表的初始元素。
- step，当结果列表不为空时，该过程将给定参数转换为递归调用的合适参数，从而展开列表的剩余部分。

当然，只有当给定参数不满足 final? 时，我们才会调用 producer 和 step。

在 tally 过程的定义中，我们不需要 producer 过程，因为 add1 计算下一个值时不需要除计数器的前一个值以外的任何其他值，而 prepend 则需要将新值放入已构造列表部分的前面。

下面是 unfold-list 工具的定义：

```
(define (unfold-list final? producer step)
  (build final? (constant (list)) producer step prepend))
```

为了说明它的用法，我们定义一个过程 pairs-with-given-sum，它可以构造并返回一个包含所有自然数对的列表，使得每个自然数对的和都等于给定的自然数 partiend。例如，调用‘(pairs-with-given-sum 6)’的值是 (list(cons 0 6)(cons 1 5)(cons 2 4)(cons 3 3)(cons 4 2)(cons 5 1)(cons 6 0))（或者是其他具有相同元素的列表）。

为了一次性建立这一有序对列表，我们可以从两个计数器开始，一个从 0 开始的递增计数器和一个从 partiend 开始的递减计数器。展开器在生成列表元素时管理这些计数器：在每一步，我们将 add1 应用到递增计数器，sub1 应用到递减计数器（所以我们的步进过程是 (cross add1 sub1)）。此外，在每一步中，我们都可以根据两个计数器的值构造一个合适的有序对（因此我们的 producer 过程是 cons）。当第一个计数器超过 partiend 时，列表构造完毕，因此停止谓词应使用 >initial 选择第一个计数器，并将其与 partiend 进行比较。将这些部件组装起来可以得到以下定义：

```
(define (pairs-with-given-sum partiend)
  ((unfold-list (pipe >initial (sect < partiend <>))
                cons
                (cross add1 sub1))
   0 partiend))
```

下面是另一个例子：给定一个至少包含一个元素的列表 ls，adjacent-pairs 过程可以返回一个包含有序对的列表，每个有序对都包含 ls 中的两个相邻元素。例如，调用

'(adjacent-pairs(list 2 5 7 9))' 的值是 (list(cons 2 5)(cons 5 7)(cons 7 9))。

这里给定的参数只有 ls 本身，我们将 ls 中的两个相邻元素配对来构造结果列表的每个元素。我们每一步都应用 cdr，逐步取得列表的剩余部分，直到它只包含一个元素为止：

```
(define adjacent-pairs
  (unfold-list (pipe rest empty-list?)
               (pipe (dispatch first (pipe rest first)) cons)
               cdr))
```

通常，人们从反方向看问题可以获得看上去完全不同的解。从输入驱动的问题来看，可以通过折叠其中某个参数来解决；从输出驱动的问题来看，可以通过一点点展开所需的结果来解决。例如，定义一个过程，接受自然数参数 *n*，返回前 *n* 个正整数平方的列表，我们可以选择按自然数折叠，在基本情况下提供一个空列表，并在每一步添加下一个数的平方：

```
(ply-natural list (pipe (~initial square) prepend))
```

另一种方法是展开所需的列表，使用 square 作为生产者过程，sub1 作为步进过程：

```
(unfold-list zero? square sub1)
```

这两个不同的方法之间的表面差异大于实际差异。将 ply-natural 和 unfold-list 进行比较，我们可以发现，它们都采用了相同的递归模式。如果我们抛开这个处理多值的结构（在这种特定情况下不需要处理多值），两种计算的内部结构都可以归结为：

```
(rec (helper counter)
  (if (zero? counter)
      (list)
      (prepend (square counter) (helper (sub1 counter)))))
```

ply-natural 过程包括对 zero? 和 sub1 的调用，但需要了解 list 和 prepend 的作用。而 unfold-list 过程则是反过来——list 和 prepend 在内部，zero? 和 sub1 则是参数。但不管是哪种方法，思路基本是一致的。

使用列表展开的方法的一个常见变体是，当给定参数不满足某些条件时，省略该元素的生成，返回递归调用的结果而不加更改。这个变体对 unfold-list 的关系和 conditionally-tally 对 tally 的关系一样，所以我们称之为 conditionally-unfold-list。就像 conditionally-tally 一样，它接受一个额外的参数，condition-met?：

```
(define (conditionally-unfold-list final? condition-met? producer step)
  (build final?
         (constant (list))
         (^if condition-met? (pipe producer box) (constant #f))
         step
         (conditionally-combine box? (pipe (~initial debox) prepend))))
```

这个设计用到了 3.5 节中提出的惯例，以表明值生产操作的成功或失败。当展开器的参数满足 condition-met? 时，它将 producer 应用于这些参数，并将结果打包起来；否则，它将构造一个未打包的失败指示器，#f。然后，集成过程检查局部计算是否产生打包的值。若是，它将该值解包，并将其前置到由递归调用产生的列表中；否则，集成过程将丢弃失败指示器并返回该列表，而不做任何修改。

例如，我们可以构造一个小于 10 的自然数中奇数平方的降序列表。

```
((conditionally-unfold-list zero? odd? square sub1) 10)
```

当计数器的值为偶数时，测试失败，不会调用 square，并且递归调用不会向列表中添加任何内容。

---

list? (scheme base)
any → *Boolean*
something
确定 something 是否为列表

list-ref (scheme base)
list(α), natural-number → *α*
ls position
返回ls中 position 处的元素
前提: position小于ls 的长度

first (afp lists)
list(α) → *α*
ls
返回ls 的第一个元素
前提: ls 非空

rest (afp lists)
list(α) → *list(α)*
ls
返回一个类似于ls的列表，但是不包含ls的第一个元素
前提: ls 非空

empty-list? (afp lists)
list(any) → *Boolean*
ls
判断ls是否为空列表

non-empty-list? (afp lists)
list(any) → *Boolean*
ls
判断ls是否非空

prepend (afp lists)
α, list(α) → *list(α)*
something ls
构造一个新列表，列表的第一个元素是something ，其他元素是ls 的元素（保留顺序）

deprepend (afp lists)
list(α) → *α, list(α)*
ls
返回ls 的第一个元素和不包含ls的第一个元素的尾部列表
前提: ls非空

list=? (afp lists)
list(any), list(any) → *Boolean*
left right
确定left和right 是否等长且对应元素相同

list-of (afp lists)
(any → Boolean) → *(any → Boolean)*
right-type-of-element? something
构造一个谓词，该谓词判断something 是否为一个列表且列表中的每个元素都满足right-type-of-element?.
前提: right-type-of-element?可以接受任意值

list-of= (afp lists)
(α, β → Boolean), → *(list(α), list(β) → Boolean)*
element=? left right
构造一个谓词，该谓词判断 left和right 是否等长且对应元素满足 element=?
前提: element=? 可以接受left和right的任意元素

length (scheme base)
list(any) → *natural-number*
ls
计算ls包含的元素个数

sum (afp lists)
list(number) → *number*
ls
计算ls所有元素之和

catenate (afp lists)

list(α), list(α) → *list(α)*
left　right
构建一个列表，该列表包含left和right 的所有元素，元素的顺序保持不变，right 的元素在left的元素的后面

(afp lists)
fold-list
(→ α ...), (β, α ... → α ...) → *(list(β)* → *α ...)*
base　combiner　ls
构建一个过程，若ls为空，则该过程返回调用base的结果，若ls非空，则构建的过程将其递归应用到 ls 的尾列表并返回将combiner 应用于ls 第一个元素和递归调用结果的结果
前提：若ls非空，则 combiner 可以接受除ls最后一个元素外的所有元素以及 combiner调用的结果

(afp lists)
process-list
(→ α ...), (β, α ... → α ...) → *(list(β)* → *α ...)*
base　combiner　ls
构建一个过程，该过程不断地将combiner应用于ls的一个元素和上一次迭代的结果上（或者应用在调用base的结果上，如果是第一次迭代的话），构建的过程返回最后一次应用combiner的结果
提前：若ls非空，则combiner可以接受ls的第一个元素以及base调用的结果
提前：若ls非空，则ls combiner可以接受ls第一个元素外的所有元素以及combiner调用的结果

(scheme base)
reverse
list(α) → *list(α)*
ls
构建一个包含ls所有元素的列表，但是元素排列顺序与ls中的排列顺序相反

(afp lists)
unfold-list
(α ... → Boolean), (α ... → β), (α ... → α ...) → *(α ...* → *list(β))*
final?　producer　step　arguments
构建一个过程，该过程首先确定arguments 是否满足final?。若是，则该构造过程返回空列表。否则，它返回一个非空列表：将producer 应用于arguments 各个元素的结果为该列表的第一个元素；首先将step应用于arguments的各个元素，然后再将该过程递归应用于step的结果，由此得到列表的其他元素
前提：final? 可以接受 arguments 的各个元素
前提：final? 可以接受调用step得到的结果
前提：如果arguments的元素不满足final? 那么 producer 可以接受这些元素
前提：如果调用step 的结果不满足final? 那么producer 可以接受它们
前提：如果arguments的元素不满足final? 那么 step 可以接受这些元素
前提：如果调用step 的结果不满足final? 那么 step 可以接受它们

(afp lists)
adjacent-pairs
list(α) → *list(pair(α, α))*
ls
构建一个包含ls 中相邻元素有序对的列表
前提：ls非空

(afp lists)
conditionally-unfold-list
(α ... → Boolean), (α ... → β), (β → Boolean), (α ... → α ...) →
final?　producer　condition-met?　step
(α ... → *list(β))*
arguments
构建一个过程，该过程首先确定arguments 是否满足final?。若是，则该构造过程返回空列表。否则，它返回一个非空列表：该列表的第一个元素是调用producer 的结果，剩余元素是首先应用step到 arguments各个元素然后再将该过程递归应用于上一步结果的结果，如果调用producer的结果不满足condition-met?，那么该过程直接返回以上递归调用的结果
前提：final? 可以接受 arguments的各个元素
前提：final? 可以接受调用 step得到的结果
前提：如果arguments 的元素不满足final? 那么 producer 可以接受这些元素
前提：如果调用step 的结果不满足 final? 那么producer 可以接受它们
前提：condition-met? 可以接受调用producer 的结果
前提：如果arguments的元素不满足final? 那么 step 可以接受这些元素
前提：如果调用step 的结果不满足final? 那么 step 可以接受它们

◉ 习题

3.6-1　使用fold-list 定义过程 count-evens，该过程可以接受任何整数列表并返回一个自然数，表

示列表中偶数的个数。(例如，调用‘(count-evens(list 7 3 12 9 4 15))’的值是2。)

3.6-2 一个数值列表的交替和(alternating sum)是从0开始，然后交替加或减列表的各个元素，首先从加法开始。例如，(list 7 2 4 6 1)的交替和为7 - 2 + 4 - 6 + 1，也就是4。空列表的交替和为0。定义过程alternating-sum，该过程接受任意数字列表并返回其交替和。(提示：考虑如何递归地定义交替和。)

3.6-3 如果list?谓词不是基本过程，那么我们可以自定义它。请使用check定义该谓词。

3.6-4 如果list-ref过程不是基本过程，那么我们可以自定义它。请使用recur或fold-natrual定义该过程。

3.6-5 定义一个make-list过程，该过程接受两个参数，其中第一个参数是自然数，并返回包含若干个第二个参数副本的列表，副本的数量由第一个参数决定。例如，调用‘(make-list 7 'foo)’的值是(list 'foo 'foo 'foo 'foo 'foo 'foo 'foo)。

3.6-6 如果你在上一题的解答中用到了unfold-list，那么使用调用fold-natural编写该过程的另一种定义。否则，使用调用unfold-list编写另一个定义。

3.6-7 定义一个过程(传统上称为iota)，它接受一个自然数参数，并按升序返回所有较小自然数的列表。例如，调用‘(iota 5)’的值是(list 0 1 2 3 4)，调用‘(iota 0)’的值是空列表。

3.7 列表算法

列表是一种非常灵活和方便的结构。利用前文中开发的工具，我们可以表达各种各样的常用算法。

3.7.1 元数扩展

fold-list过程可用于元数扩展，将任何单值二元过程转换为变元过程。例如，使用fold-list和catenate，可以很容易地定义变元连接器append。[⊖]此过程可以接受任意多个参数，每个参数都必须是列表，并将所有列表连接成一个长列表，然后返回连接后的列表：

```
(define append (pipe list (fold-list (create (list)) catenate)))
```

此处list过程有两种用法：首先，作为适配器，将变元过程的参数收集成列表中的一个列表，然后生成折叠列表的基本情况(空列表)。fold-list返回的过程在列表中的列表上折叠，依次将参数的列表连接到初始为空的列表后。

append过程与catenate的关系就如同变元加法过程“+”与(大多数编程语言中的)二元加法运算的关系一样。从任意一个有单位元的二元过程开始，我们都可以使用fold-list将其转换为变元过程。例如，2.8节中的^et过程是一个具有单位元values?的二元过程，通过折叠参数列表，我们可以定义任意多个谓词的合取：

```
(define ^and (pipe list (fold-list (create values?) ^et)))
```

我们将这个变元扩展模式抽象出来，并将其命名：

```
(define (extend-to-variable-arity id combiner)
  (pipe list (fold-list (create id) combiner)))
```

这里id是运算的单位元(例如，catenate的单位元是空列表，^et的单位元是values?)，combiner是运算本身。

⊖ Scheme提供了基本过程append。

例如，正如从 ^et 中扩展出 ^and，可以从 ^vel 中扩展出 ^or，只是我们可能需要找到 ^vel 的单位元：

```
(define run (extend-to-variable-arity values pipe))
```

同样地，我们可以扩展 pipe 过程，得到一个可以接受任意多个过程作为参数的高阶工具：这个高阶工具组合了所有这些参数过程的作用，它将每个过程的结果提供给下一个过程作参数。按照液压机的比喻，我们将该过程称为 run，表示“管道流（a run of pipe）”：

```
(define run (extend-to-variable-arity values pipe))
```

实际上，即使在基值并不是扩展的二元过程的单位元的情况下，我们仍然可以使用 extend-to-variable-arity 过程。如果在扩展元数过程未接受任何参数时返回基值是有意义的，并且在扩展元数过程确实接收到参数启动计算，如果该值可以作为二元过程的第二个参数，则扩展元数过程可能以某些潜在的有用方法推广二元过程。

在前面的每一个例子中，涉及 (catenate，^et，^vel，pipe) 的二元过程都满足结合律；但是如果扩展元数过程可以接受二元过程右结合，那么这一限制条件是不必要的。例如，如果我们改变了 1.4 节中考虑和拒绝的 expt 变元版本的看法，我们现在就可以将其定义为 (extend-to-variable-arity 1 expt)，它将按照数学家喜欢的方式，指数按右结合进行：

```
> ((extend-to-variable-arity 1 expt) 2 3 3)
134217728     ;; = 2^27 = (expt 2 (expt 3 (expt 3 1))),
              ;;              not (expt (expt (expt 2 3) 3) 1),
              ;;              not (expt (expt (expt 1 2) 3) 3)
```

在有些情况下，只有在至少有一个参数的情况下，我们想要定义的过程才是真正有意义的。例如，我们要扩展 1.9 节中的二元 lesser 过程，创建一个 min 过程，接受一个或多个数值参数，并返回其中最小的一个。在没有给出任何参数的情况下，执行这样一个过程是没有意义的——lesser 没有单位元，在这种情况下，无法返回任何一个明显合理的候选值。

我们可以定义 extend-to-variable-arity 的一个变体，调整其接口以提供我们需要的工具。我们将使用相同的预处理适配器 list，将所有给定的参数收集到一个列表中。然后我们用这个列表作为简单递归中的引导值，如 recur 的构造。为了检测基本情况（单个参数值），我们自然地使用 (pipe rest empty-list?)。我们假设，当只提供一个参数时，调用递归过程应该返回该参数，不加修改作为其结果，所以终止过程是 first。对于非基本情况，引导值的简化器（将其拆分为局部使用的值和递归调用的值）显然是 deprepend，并且将第一个参数与递归调用的结果结合起来的集成过程是我们要推广的二元过程。

以下是 extend-to-positive-arity 的定义：

```
(define (extend-to-positive-arity combiner)
  (pipe list (recur (pipe rest empty-list?) first deprepend combiner)))
```

例如，min 是 (extend-to-positive-arity lesser)。⊖

我们在 1.4 节中看到，基本算术过程“-”和“/”的变元方式各不相同：它们至少需要一个参数。但是，与输入两个或多个参数相比，只有一个参数输入时，它们表示完全不同的运算。最后，它们表示的变元运算将参数隐式地左结合而不是右结合。我们可以编写一个高阶过程来表示这种模式的抽象。由于 fold-list 偏向于右结合运算，我们将使用 process-

⊖ Scheme 提供基本过程 min 过程和对应的 max 过程，max 过程可以确定一个或多个数值中的最大值。

list 来处理左结合运算。

给定一元过程（处理单参数情况）和二元过程（在多参数情况下重复应用），extend-like-subtraction 生成一个可以接受一个或多个参数的过程。如果它只有一个参数（因此剩余参数 others 的值是空列表），则将一元过程应用于初始参数。否则，它迭代地处理整个列表，将初始参数作为开始值，然后将二元过程将依次应用于目前的累积结果与 others 的下一个元素。

还有一点困难，特别是当二元过程不满足交换律时，这一点就更明显了：从左到右的结合模式假定“目前的累积结果”将作为二元过程的第一个参数，而 others 的新操作数将是第二个操作数。但是，process-list 递归管理器假定的顺序与此相反。所以我们需要一个适配器：当调用 process-list 时，我们将使用二元运算的*逆运算*作为组合器过程，而非二元运算本身。

将这些组件组合起来，由此得到 extend-like-subtraction 过程的定义：

```
(define (extend-like-subtraction unary binary)
  (lambda (initial . others)
    (if (empty-list? others)
        (unary initial)
        ((process-list (create initial) (converse binary)) others))))
```

例如，如果我们使用的 Scheme 实现只提供了一个求比率的二元过程，那么我们可以用以下调用创建自己的变元除法运算符：

```
(extend-like-subtraction (sect / 1 <>) /)
```

3.7.2 筛选和划分

筛选（filter）一个列表指的是从列表中选出满足某些条件的元素并创建一个新的列表。例如，给定包含自然数 918、653、531、697、532 和 367 的列表，我们可以从中筛选出偶数。筛选的结果是一个仅包含 918 和 532 的列表。一般来说，保持元素相对顺序的筛选过程非常有用。利用我们已经开发的工具，特别是 fold-list，我们可以定义一系列筛选操作。让我们看看其中的几个定义。

筛选过程接受一个表示要满足条件的谓词和一个列表，从列表中选出满足条件的元素。它返回筛选后的列表：

```
(define (filter keep? ls)
  ((fold-list list (conditionally-combine keep? prepend)) ls))
```

其思想是折叠原始列表，如果某个元素满足给定谓词，则将该元素添加到结果列表中。（回想一下，根据 2.8 节的 conditionally-combine 构造的过程仅在满足 keep? 时才应用 prepend 来添加元素。）

有时，我们需要过滤掉满足给定条件的列表元素，保留不满足条件的元素。remp 过程通过在筛选前对测试取反来实现这一点：

```
(define remp (pipe (~initial ^not) filter))
```

还有些情况，我们希望同时得到这两个列表：满足测试谓词的元素构成的列表（“ins”列表），另一个不满足测试谓词的元素构成的列表（“outs”列表）。我们仍然可以通过折叠列表来实现这一点。在基本步中，ins 和 outs 都是空的。在接下来每一步中，对列表的每个元素，根据元素是否满足测试谓词，要么添加到 ins，要么添加到 outs。归纳步过程如下：

```
(lambda (candidate ins outs)
  (if (condition-met? candidate)
      (values (prepend candidate ins) outs)
      (values ins (prepend candidate outs))))
```

将以上部件组装起来，我们可以得到 partition 的定义：

```
(define (partition condition-met? ls)
  ((fold-list (create (list) (list))
              (lambda (candidate ins outs)
                (if (condition-met? candidate)
                    (values (prepend candidate ins) outs)
                    (values ins (prepend candidate outs)))))
   ls))
```

对列表进行筛选或划分可以收集满足给定谓词的所有列表元素。在某些情况下，我们只想取出在遍历列表时遇到的第一个元素。如果这是我们需要的唯一结果，那么我们可以使用 (pipe filter first)。但是，如果使用这种策略，我们仍然会遍历整个列表，即使要查找的元素接近列表首端。最好的方法是避免那些不需要的计算。此外，很多时候需要两个结果——我们要查找的元素，以及给定列表中剩余元素的列表。所以我们需要找到一种不同的方法。

在某些情况下，另外一个困难是给定列表的元素都不满足给定的谓词。(对于 filter 来说这不是问题，它只返回空列表。) 在这种情况下，我们的过程 (称之为 extract) 应该返回什么？一种解决方案是采用这样的约定：当 extract 无法找到满足谓词的任何列表元素时，它应该返回某个任意值，例如返回 #f 或 null 作为其第一个结果。然而，这一约定导致了一种歧义：无论我们选择什么值来表明搜索失败，在某些情况下，这个值都有可能是某个列表搜索成功的结果

相反，我们将使用 3.5 节中提到的约定：当 extract 成功地确定一个满足谓词的值时，它将该值放入一个盒中，然后返回装盒的值。当搜索失败时，extract 将返回未打包的 #f 作为第一个结果。无论哪种情况，第二个结果都是一个列表，其中包含给定列表中所有未选的值。(换句话说，如果搜索失败了，那么 extract 会将未经修改的给定列表作为第二个结果返回。)

即使成功搜索的结果本身是一个盒，此约定也不会导致任何歧义，extract 过程将该盒放入另一个盒中，然后返回。调用者可以判断搜索是否成功，如果判断搜索成功，第一个结果是一个盒，并且可以打开盒得到实际的列表元素。从调用者端来说，不管盒中包含的值是什么类型 (即使结果是另一个盒)，我们都以相同的方式处理调用结果。

下面是 extract 过程的实现：

```
(define (extract condition-met? ls)
  ((rec (extracter sublist)
     (if (empty-list? sublist)
         (values #f sublist)
         (receive (chosen others) (deprepend sublist)
           (if (condition-met? chosen)
               (values (box chosen) others)
               (receive (sought relicts) (extracter others)
                 (values sought (cons chosen relicts)))))))
   ls))
```

3.7.3　子列表

扩展 first 和 rest 操作的一种方法是考虑将列表进一步向后拆分，用自然数指定从列表开头应提取多少元素。take 和 drop 过程实现了这个想法。两者都接受一个列表参数和一

个自然数参数。take 返回拆分位置前的元素列表（给定列表的前缀），drop 则返回拆分位置后的元素列表（给定列表的后缀）。

drop 过程的定义非常简单：自然数参数告诉我们将 rest 过程应用到列表参数的次数。fold-natural 工具是管理递归的显然选择：

```
(define (drop ls count)
  ((fold-natural (create ls) rest) count))
```

也可以使用 fold-natural 来定义 take（见本节习题），但如果从我们希望 take 过程生成的结果开始并考虑如何使用 unfold-list 每次添加一个元素来构造该列表，那么我们会得到一个更简单的定义。参数也是列表 ls 和自然数 count。我们需要考虑三件事：

- 在什么情况下，过程应该返回空列表？也就是说，stop? 谓词是什么？
- 如果我们需要展开结果列表的元素，如何根据给定的参数计算它？也就是说，producer 过程是什么？
- 展开元素后，如何转化给定值，从而为生成结果列表剩余元素的递归调用做准备？也就是说，step 过程是什么？

自然数参数 count 是递归的指引，它表示在生成结果列表时要生成的元素数量。所以 stop? 谓词很明显：它应该测试计数是否为 0。由于 count 是第二个参数，我们可以将这个谓词写成 (pipe >next zero?)。

如果计数不为 0，我们需要为结果列表展开一个元素。非空的结果列表的第一个元素与给定列表的第一个元素相同。所以生产者过程是 (pipe >initial first)。

最后，为了准备递归调用的列表和计数，我们需要从计数中减去 1（因为要生成的剩余元素的数量要小一），并且我们需要从列表中除去第一个元素，以便结果列表的剩余元素来自原始列表的其他剩余元素。因此，归纳步过程是 (cross rest sub1)。

此处不需要预处理或后处理，因此 take 的定义是：

```
(define take (unfold-list (pipe >next zero?)
                          (pipe >initial first)
                          (cross rest sub1)))
```

每一个过程都有一个前提：列表参数的长度大于或等于自然数参数的值。（如果长度等于自然数，则 take 返回整个列表，drop 返回空列表。）

利用 take 和 drop，我们可以定义一个 sublist 过程，该过程在两个位置（start 和 finish）划分列表，并返回两个划分位置之间的元素列表：

```
(define (sublist ls start finish)
  (take (drop ls start) (- finish start)))
```

同样，这一过程也有前提：start 和 finish 是自然数，start 小于或等于 finish，finish 小于或等于列表的长度。

3.7.4 位置选择

如 3.6 节所述，Scheme 程序员通常避免按位置访问列表元素。但是，当列表较短或者其他计算方法非常烦琐时，list-ref 可能是最好的工具。Scheme 将其定义为基本过程，尽管定义非常容易：

```
(define list-ref (pipe drop first))
```

作为恰当使用 list-ref 的一个示例，让我们创建一个用于构建自定义适配器的过程，这些适配器可以按照（比我们在 2.5 节中定义的）更复杂的方式来选择、排列和复制它们的参数。其核心思想是用自然数作适配器构建过程的参数，这些自然数表示所需适配器输入参数的位置。给定这些位置编号，适配器可以使用 list-ref 来逐个挑选结果。

下面是适配器构建过程的定义，我们用到了 adapter：

```
(define (adapter . positions)
  (lambda arguments
    (delist (map (sect list-ref arguments <>) positions))))
```

由于 list-ref 的位置索引是从零开始的，(adapter 0) 等价于我们调用的适配器 >initial，(adapter 1) 则是 >next。converse 过程与 (adapter 1 0) 非常相似，只是 converse 可以传递任意个额外参数作为其结果，而 (adapter 1 0) 只返回前两个结果（以相反的顺序排列）。

如要一个适配器选择它的一些参数并排除其他参数，我们为 adapter 提供要保留的参数位置。例如，以下调用的值是符号 alpha、delta 和 zeta。

```
((adapter 0 3 5) 'alpha 'beta 'gamma 'delta 'epsilon 'zeta)
```

如果希望适配器重新排列其参数，在调用适配器时提供想要实现的排列，重新排列小于参数列表长度的自然数，以反映我们希望适配器执行的操作。例如，以下调用的值依次是 beta，delta，alpha 和 gamma。

```
((adapter 1 3 0 2) 'alpha 'beta 'gamma 'delta)
```

最后，如果希望适配器重复其中一个或多个参数，可以将同一个自然数重复多次。例如，以下调用的值是 gamma、gamma、alpha 和 alpha。

```
((adapter 2 2 0 0) 'alpha 'beta 'gamma 'delta)
```

3.7.5　列表元素上的谓词扩展到列表

假设我们想写一个过程 all-even?，该过程可以判断给定自然数列表中的所有元素是否都是偶数。一个简单的思路是，尝试使用列表映射来获取布尔结果列表，然后尝试将它们用 and 结合起来：

```
(define all-even? (run (sect map even? <>) delist and))
```

然而，由于两个原因，这一方法并不可行，也不令人满意。一个原因是，‘and’是关键字，而不是过程的名称；合取表达式不是过程调用，其子表达式不是操作数。另一个原因是，即使 and 是一个过程，如果给定的列表很长且在列表开头处包含奇数，那么这样的定义效率并不高。我们希望一步一步地遍历列表，找到奇数后立即停止并返回 #f，以免浪费时间，毫无意义地测试列表后面的数字。

一个更好的方法是使用 check 来管理递归：

```
(define all-even? (check empty-list? (pipe first even?) rest))
```

即如果给定的列表为空，则立即返回 #t。否则，确定其第一个元素是否为偶数；如果不是，则立即返回 #f。否则，检查列表的其余部分是否都是偶数（通过递归调用）。

这种模式在实践中经常出现，因此将其抽象为一个高阶过程是非常有用的。这个高阶过程可以构建（并立即应用）任何给定谓词的“提升”版本，也就是说，一个能够有效地确定列表中是否每个元素都满足该谓词的过程，如：

```
(define (for-all? condition-met? ls)
  ((check empty-list? (pipe first condition-met?) rest) ls))
```

比如说，all-even? 可以定义为 (sect for-all? even? <>)

我们还可以确定一个具有相同接口的对偶过程 exists?。如果给定列表中有一个元素满足这一谓词，则返回 #t；如果所有元素都不满足这一谓词，则返回 #f。为此，我们对该谓词取反，再应用 for-all，最后取结果的否定。（当且仅当不是列表中所有值都满足谓词的否定时，该列表存在满足该谓词的元素。）

```
(define exists? (pipe (~initial ^not) (pipe for-all? not)))
```

基于这一思想更多应用，我们将看到更直接的一元谓词扩展方式。对于一个一元谓词，every 过程返回一个变元谓词，当且仅当该谓词所有参数都满足给定谓词时才返回 #t：

```
(define (every condition-met?)
  (lambda arguments
    (for-all? condition-met? arguments)))
```

例如，调用‘((every even?) 6 2 0 4 8)’的值是 #t，因为 6、2、0、4 和 8 都是偶数。但是‘((every positive?) 6 2 0 4 8)’的值是 #f，因为 0 不是正数。

对偶过程 at-least-one 构造一个变元谓词，该谓词可以判断其参数中是否至少有一个参数满足给定谓词：

```
(define (at-least-one condition-met?)
  (lambda arguments
    (exists? condition-met? arguments)))
```

3.7.6 转置、压缩和解压缩

当非空列表中的元素本身也是列表，且它们的长度相同时，有时人们将列表元素的元素想象成按行和列排列的：

```
(list (list #\o #\m #\e #\n)   ; row 0
      (list #\r #\a #\v #\e)   ; row 1
      (list #\a #\r #\e #\a)   ; row 2
      (list #\l #\e #\n #\t))  ; row 3
; column    0   1   2   3
```

要转置（transpose）这种类型的列表，需要将其列转换为行，反之亦然。要获取第 0 列的元素，我们取每行的第一个元素并做成一个列表；这一列表将成为结果列表的第 0 行，以此类推。例如，转置上面所示列表的结果是

```
(list (list #\o #\r #\a #\l)
      (list #\m #\a #\r #\e)
      (list #\e #\v #\e #\n)
      (list #\n #\e #\a #\t))
```

transpose 过程的定义非常简单，我们将列表应用于行中相应位置的元素组，从而形成每一列的列表，并将这些列方向上的列表收集到一个大列表中：

```
(define transpose (sect apply map list <>))
```

拉链[1]（zip）一个或多个等长的列表就是由这些列表构造一个元素是列表的列表，使原列

[1] 设想一个拉链（zipper）将两排链对应到一起。——译者注

表成为与上面所示结构类似的列。结果列表的每个元素都是原列表中相同对应位置元素的列表。从一个例子中很容易理解这个想法，以下调用：

```
(zip (list 0 1 2 3) (list 4 5 6 7) (list 8 9 10 11))
```

的值是 (list(list 0 4 8)(list 1 5 9)(list 2 6 10)(list 3 7 11))。

unzip 过程执行反向操作，它将一个元素是列表的列表拆分为一个或多个等长的列，作为单独列表返回。例如，以下调用：

```
(unzip (list (list 1 4 7) (list 2 5 8) (list 3 6 9)))
```

返回三个值：(list 1 2 3)、(list 4 5 6) 和 (list 7 8 9)。

容易看出，zip 就是 transpose 加上一个收集列表的预处理器：

```
(define zip (pipe list transpose))
```

更令人惊讶的是，unzip 也只是 transpose 加上一个拆解列的后处理器，以便将它们作为单独的值返回：

```
(define unzip (pipe transpose delist))
```

3.7.7 聚合多个结果

map 是 Scheme 提供的基本过程，它要求其应用的过程是单值的，这源于它构造结果的方式。map 可以定义为

```
(define (map procedure initial-list . other-lists)
  (if (null? initial-list)
      (list)
      (prepend (apply procedure (first initial-list)
                                (map first other-lists))
               (apply map procedure (rest initial-list)
                                    (map rest other-lists)))))
```

对 prepend 过程的调用是限制的来源。与任何过程调用一样，它的所有子表达式都必须是单值的。

但是，我们现在可以定义一个类似的高阶过程 collect-map，它将多值过程映射到一个或多个列表时获得的所有结果组合成一个大列表：

```
(define collect-map
  (run (~initial (sect pipe <> list)) map delist append))
```

适配器 (~initial(sect pipe <> list)) 将 collect-map 的第一个参数多值过程转换为将结果收集成一个列表并返回的过程。map 过程现在可以将这个给定过程的返回列表版本应用于对应的列表参数，返回结果列表的一个列表。delist 过程将元素是列表的列表分解为一个个列表，append 过程将它们组合成一个列表。

即使在映射的过程对不同参数返回不同数量值的情况下，也可以使用 collect-map 过程。

类似地，可以定义一个 dispatch 过程的一个版本，它构造调度器，将给定过程应用于它收到的任意给定参数的结果返回，还可以定义一个类似的 cross 版本，它将不同的一元过程应用于它接受的每个参数，并返回所有应用的结果：

```
(define dispatch-return-all
  (run (~each (sect pipe <> list)) dispatch (sect run <> append delist)))
```

```
(define cross-return-all
  (run (~each (sect pipe <> list)) cross (sect run <> append delist)))
```

在每种情况下，预处理器 (~each(sect pipe <> list)) 将每一个给定的多值过程转换为返回列表的单值过程，后处理器（sect run<>append delist）将结果列表串接成一个列表，然后将列表拆分为独立的结果。

---

append　　(scheme base)
$list(\alpha)\ \ldots \rightarrow list(\alpha)$
lists
构建一个包含lists中各个列表的各个元素的列表，同时保留lists 中各个列表的相对顺序和各个列表中各个元素的相对顺序

^and　　(afp lists)
$(\alpha\ \ldots \rightarrow Boolean)\ \ldots \rightarrow (\alpha\ \ldots \rightarrow Boolean)$
predicates　　arguments
构建一个谓词，该谓词判断是否arguments的元素均满足predicates的各个元素
前提：predicates的各个元素都可以接受arguments的元素

extend-to-variable-arity　　(afp lists)
$\alpha,\ (\beta, \alpha \rightarrow \alpha), \rightarrow (\beta\ \ldots \rightarrow \alpha)$
id combiner　　arguments
构建一个变元过程，当arguments不包含任何元素时该过程返回id，否则将combiner应用于arguments的第一个结果和该过程递归应用到arguments剩余元素的结果，并返回该结果
前提：combiner可以接受arguments的任意元素作为其第一个参数
前提：combiner可以接受id作为其第二个参数
前提：combiner可以接受combiner的任意结果作为其第二个参数

^or　　(afp lists)
$(\alpha\ \ldots \rightarrow Boolean)\ \ldots \rightarrow (\alpha\ \ldots \rightarrow Boolean)$
predicates　　arguments
构建一个谓词，该谓词判断arguments的元素是否满足predicates中至少一个元素
前提：predicates的各个元素都能接受arguments的元素

run　　(afp lists)
$(\alpha\ \ldots \rightarrow \alpha\ \ldots)\ \ldots \rightarrow (\alpha\ \ldots \rightarrow \alpha\ \ldots)$
sequence　　arguments
构建一个过程，若sequence不包含任何元素，则该过程返回arguments的元素，否则将其本身递归应用于sequence中除第一个元素外的所有元素，以及sequence第一个元素应用于arguments元素的结果，返回最后一次调用的结果
前提：如果sequence有任何元素，那么它的第一个元素可以接受arguments的元素
前提：如果sequence有任何元素，那么sequence中除第一个元素外的每个元素都能接受调用sequence中前一个元素的结果

extend-to-positive-arity　　(afp lists)
$(\alpha, \alpha \rightarrow \alpha) \rightarrow (\alpha,\ \alpha\ \ldots) \rightarrow \alpha$
combiner　　initial others
构建一个过程，如果给定一个参数，则该过程返回initial，否则该过程返回应用combiner到initial和递归应用自身到others的结果的结果
前提：如果others非空，那么combiner可以接受initial作为其第一个参数
前提：如果others非空，那么combiner可以接受others除最后一个元素外的其他任何一个元素作为其第一个参数
前提：如果others非空，那么combiner可以接受others的最后一个元素作为其第二个参数
前提：combiner可以接受combiner调用的结果作为其第二个参数

extend-like-subtraction　　(afp lists)
$(\alpha \rightarrow \alpha),\ (\alpha, \beta \rightarrow \alpha) \rightarrow (\alpha,\ \beta\ \ldots \rightarrow \alpha)$
unary　binary　　initial others
构建一个过程，当给定一个参数时，该过程应用unary到给定参数上并返回结果；当给定两个或多个参数时，构造过程迭代地应用binary，每次都将binary过程应用于上一次迭代的结果（或者在initial上，如

果之前还没有进行迭代）和others的下一个元素

前提：如果others不包含任何元素，则unary可以接受initial

前提：如果others包含至少一个元素，那么binary可以接受initial作为其第一个参数

前提：如果others包含至少一个元素，那么binary可以接受调用binary的结果作为其第一个参数

前提：如果others包含至少一个元素，那么binary可以接受others的任意元素作为其第二个参数

min　(scheme base)

number, number ... → *number*

initial　others

返回initial和others所有元素中的最小元素

max　(scheme base)

number, number ... → *number*

initial　others

返回initial和others所有元素中的最大元素

filter　(afp lists)

$(\alpha \to Boolean)$, $list(\alpha)$ → $list(\alpha)$

keep?　ls

构建一个列表，列表元素是ls中满足keep?的所有元素

前提：keep?可以接受ls的任意元素

remp　(afp lists)

$(\alpha \to Boolean)$, $list(\alpha)$ → $list(\alpha)$

exclude?　ls

构建一个列表，列表中元素是ls中不满足exclude?的所有元素

前提：exclude?可以接受ls的任意元素

partition　(afp lists)

$(\alpha \to Boolean)$, $list(\alpha)$ → $list(\alpha)$, $list(\alpha)$

condition-met?　ls

构建两个列表，其中一个列表的元素是ls中满足condition-met?的所有元素，另一个列表是ls中不满足该谓词的所有元素

前提：condition-met?可以接受ls的任意元素

extract　(afp lists)

$(\alpha \to Boolean)$, $list(\alpha)$ → $box(\alpha)$ | *Boolean*, $list(\alpha)$

condition-met?　ls

在ls中搜索一个满足condition-met?的元素。当找到满足要求的元素时，返回一个包含该元素的盒和一个包含ls剩余元素的列表；否则，搜索失败，返回#f和ls

前提：condition-met?可以接受ls的任意元素

drop　(afp lists)

$list(\alpha)$, *natural-number* → $list(\alpha)$

ls　count

返回一个不包含ls中前count个元素的列表

前提：count小于或等于ls的长度

take　(afp lists)

$list(\alpha)$, *natural-number* → $list(\alpha)$

ls　count

构建一个包含ls前count个元素的列表，保留ls中的原始顺序

前提：count小于或等于ls的长度

sublist　(afp lists)

$list(\alpha)$, *natural-number*, *natural-number* → $list(\alpha)$

ls　start　finish

构建ls的子列表，子列表的元素包含索引从start到finish的左闭右开区间上的所有元素，索引是从零开始的

前提：start小于或等于finish

前提：finish小于或等于ls的长度

adapter　(afp lists)

natural-number ... → $(\alpha\ ...\ \to \alpha\ ...)$

positions　arguments

构建一个适配器过程，该过程返回arguments中索引为positions处的值，索引从零开始

前提：arguments元素的个数大于positions中的每一个元素

for-all?　(afp lists)

$(\alpha \to Boolean),\ list(\alpha)\ \ \to Boolean$
condition-met? ls
判断ls的元素是否都满足condition-met?
前提：condition-met? 可以接受ls的任意元素

exists? (afp lists)
$(\alpha \to Boolean),\ list(\alpha)\ \ \to Boolean$
condition-met? ls
判断ls中是否至少有一个元素满足condition-met?
前提：condition-met?可以接受ls的任意元素

every (afp lists)
$(\alpha \to Boolean)\ \to (\alpha \ldots\ \ \to Boolean)$
condition-met? arguments
构建一个谓词，判断arguments中是否每个元素都满足condition-met?
前提：condition-met?可以接受arguments的任意元素

at-least-one (afp lists)
$(\alpha \to Boolean)\ \to (\alpha \ldots\ \ \to Boolean)$
condition-met? arguments
构建一个谓词，判断arguments中是否至少一个元素满足condition-met?
前提：condition-met?可以接受arguments的任意元素

transpose (afp lists)
$list(list(\alpha))\ \ \to list(list(\alpha))$
ls
构建ls的转置
前提：ls非空
前提：ls的元素的长度都相同

zip (afp lists)
$list(\alpha),\ list(\alpha) \ldots\ \ \to list(list(\alpha))$
initial others
构建一个元素是列表的列表，每个列表元素都包含了initial和others中各元素的对应位置元素
前提：initial的长度与others中各元素的长度相等

unzip (afp lists)
$list(list(\alpha))\ \ \to list(\alpha),\ list(\alpha) \ldots$
ls
前提：ls非空
前提：ls各元素的长度都相同

collect-map (afp lists)
$(\alpha, \beta \ldots \to \gamma \ldots),\ list(\alpha),\ list(\beta) \ldots\ \ \to list(\gamma)$
procedure initial others
应用procedure到一个或多个列表（initial和others的各个元素）的对应元素上，并将应用结果收集到一张列表上
前提：initial和others各元素的长度都相同
前提：procedure可以接受initial和others各元素的对应元素

dispatch-return-all (afp lists)
$(\alpha \ldots \to \beta \ldots) \ldots\ \ \to (\alpha \ldots\ \ \to \beta \ldots)$
procedures arguments
构建一个过程，该过程将procedures的各个元素应用到arguments的元素上，
返回所有应用的结果
前提：procedures的各个元素都可以接受arguments的元素

cross-return-all (afp lists)
$(\alpha \to \beta \ldots)\ \to (\alpha \ldots\ \ \to \beta \ldots)$
procedures arguments
构建一个过程，该过程将procedures的各个元素应用到arguments的对应元素上，返回所有应用的结果
前提：procedures的各个元素都可以接受arguments的元素

◉ 习题

3.7-1 设计和实现 3.4 节定义的可变元版本的 new-+ 和 new-= 过程。

3.7-2　设计和实现一个可变元版本的 gcd 过程，该过程可以找出所有参数的最大公约数（所有参数都是正整数）。(Scheme 提供了这个基本过程。本习题不允许使用该基本过程！)

3.7-3　调用‘(extend-to-variable-arity null cons)’的值是什么过程？

3.7-4　定义一个可以接受一个或多个参数的过程 multidiv，该过程的每个参数必须是整数，除第一个参数外，所有参数必须为非零。使用数论除法将第一个数依次除以所有其他数字，丢弃余数。例如，调用‘(multidiv 360 5 3 2)’的值是 12，因为 360 除以 5 等于 72，72 除以 3 等于 24，24 除以 2 等于 12。同样，调用‘(multidiv 17016 7 11 13 17)’的值是 0（连续数论除法的最后一个商）。如果 multidiv 只接收到一个参数，它应该直接返回该参数。

3.7-5　定义接受两个参数的过程 double-divisors，第一个参数是正整数列表，第二个参数是自然数，该过程返回给定列表中那些其平方是给定自然数因子的元素。(这个过程命名的含义是，此过程产生的列表元素不仅能整除给定自然数，而且能整除第一个除法的商。) 例如，调用‘(double-divisors(list 2 5 8 11 14 17 20)3628800)’的值 (list 2 5 8 20)，因为 2、5、8 和 20 的平方（即 4、25、64 和 400）是 3628800 的因子，而 11、14 和 17 的平方则不是。

3.7-6　一种常见的编程模式是将调用 map 的结果立即用作 filter 的参数。例如，如果一个 ls 是一个整数有序对列表，要求得有序对中第二个部件是负数构成的列表，我们可以编写

```
(filter negative? (map cdr ls))
```

然而，如上所示，显式调用 filter 和 map 来实现此模式可能相当低效。map 过程必须构建完整的包含有序对第二个部件的列表，即使其中只有几个是负数，filter 也必须重新构建它的整个结果列表。如果将 filter 和 map 合并到一个可以一次性建立结果的过程中，那么整个过程将更高效，方法是在生成映射过程的每个结果后，立即判断是否将其包括在结果列表中。

定义一个实现这种更有效策略的 filtermap 过程。它应该接受一元谓词、单值过程和一个或多个列表，其中过程的参数数量与列表数匹配。它应该像 map 一样将该过程应用于列表的对应元素，但随后应该将一元谓词应用于该应用的每个结果，返回满足谓词的列表。

3.7-7　定义接受一个列表并返回两个列表（作为单独结果）的 unshuffle 过程，两个结果列表分别包含源列表偶数位置的元素和奇数位置的元素。在各个结果列表中保留元素的相对顺序。

3.7-8　以下是使用 fold-natural 定义 take 的失败尝试：

```
(define (take ls count)
  ((pipe (fold-natural (create (list) ls)
                       (dispatch (pipe (~next first) prepend)
                                 (pipe >next rest)))
         >initial)
   count))
```

其核心思想是，每次调用 fold-natural 构造的递归过程都会返回两个列表，具体来说，是已经从 ls 开头取出的元素的“结果列表”和尚未测试的元素的“剩余列表”。当 count 为 0 时，基本步过程生成初始值：空的结果列表，而 ls 作为剩余列表。当 count 为正数时，它指示要将元素从剩余列表转移到结果列表的次数。递归步过程则执行这种转移。

测试此定义，并根据本书中定义的 take 过程（使用 unfold-list）说明以上定义过程的问题。找出这一定义中的缺陷，并提供可行的修改措施。

3.7-9　定义一个适配器，它接受三个参数，并依次返回最后一个参数和第一个参数。

3.7-10　当且仅当一组参数中不是所有值都满足互补谓词 (^not condition-met?) 时，在这组参数中至少有一个值满足 condition-met? 谓词。根据这一观察，给出 at-least-one 的另一种定义。

3.7-11 定义接受两个参数的过程 matrix-map，这两个参数分别是一元过程和一个包含等长非空列表的非空列表，并返回一个类似结构的非空列表，其中每个元素都是将一元过程应用于给定列表的相应行和列中元素的结果。

3.8 源

列表通用且灵活，它们几乎可以作为所有数据结构的模型。但是，它们有两个局限性，有时会限制它的适用性：

- 列表中的所有元素都实际存在于列表中，因此，即使应用程序只需要用到其中的一部分元素，我们也需要计算出列表中的所有元素。
- 每个列表都是有穷的，它包含一定数量的元素。

第一个限制也隐含了第二个限制，因为如果数据结构包含无穷多个实际存在的值，那么任何算法都无法构建出来，任何物理存储设备都无法存储下这个列表。

例如，考虑一下如果以升序构造一个包含所有自然数的列表会发生什么。下面是一个看似合理的尝试：

```
(define natural-number-list
  ((unfold-list (constant #f) identity add1) 0))
```

展开器首先判断 0 不满足 (constant #f)——当然，任何元素都不满足该条件，并得出结论，它应该返回一个非空列表。它将 identity 应用于 0，得到第一个元素 0。要生成列表的其余部分，它将步骤过程 add1 应用于 0，并对结果 1 递归调用自身。因为 1 不满足 (constant #f)，因此得到另一个元素 (identity 1)，也就是 1，以及另一个递归调用，这个调用接受 (add1 1)，也就是 2，以其作参数…如此类推，没有尽头。展开器的每次调用都会启动另一个调用，但没有一个调用返回值，因为它们中没有一个能完成列表的构建。

由于算法必须终止，因此该定义不能表达一个真正的算法。实际上，如果将 natural-number-list 的定义提交给 Scheme 处理器，它将不断地调用展开器，直到耗尽可用的存储空间，引起系统崩溃，或者直到观察者的耐心不在，直接中断程序。无论什么情况，我们都无法得到有用的结果。

源（source）是一种数据结构，它隐式地包含无穷多个元素。任何算法都不能生成或用尽源的所有元素（因为需要无穷多步的进程不是算法），但同时，算法可以生成和使用的元素数量没有固定的上限，就像列表一样。

但是，任何类型的数据结构如何“隐式地”包含其元素呢？答案是，数据结构包含一种在需要时生成或构造元素的方法，以代替元素本身。自然地，生成器是一个零元过程，每次被调时计算所需的元素。

然而，如果每个元素都被这种单独的生成过程替换，并且每一个生成过程都实际存在于数据结构中，那么事情仍然没有任何进展。过程也需要一些时间来构造，而且也会占用存储，因此我们不能在数据结构中实际存储无穷多个过程。

解决这个问题的方法是，将有序对与列表的关系应用到过程与源的关系。一个源隐式地包含它的第一个元素和另一个源，后者又隐式包含另一个元素和另一个源，以此类推。

现在，我们可以看到一个更有用的实现源的策略：把一个源表示为一个零元过程，当调用该过程时，它返回两个值，其中第一个值是源的初始元素，第二个值是生成源的“剩余”元素的另一个源。为了支持这一策略，(afp primitives) 库提供了一个新的关键字 source。

源表达式（source-expression）包含此关键字和一个子表达式，这个子表达式是用括号将其组件围起来的式子。对子表达式求值时可以得到两个值，其中第二个值是一个源。

例如，如果 all-zeros 是一个源，则以下表达式

```
(source (values 0 all-zeroes))
```

的值是下面的过程

```
(lambda ()
  (values 0 all-zeroes))
```

这个过程也是一个源。

请注意，source 关键字本身并不标明一个过程，并且对源表达式进行计算不会立即引发对成为零元过程主体的子表达式的计算。因此，像下面这样编写递归定义不会引起“未绑定标识符”错误：

```
(define all-zeroes (source (values 0 all-zeroes)))
```

在实际执行 0 元过程之前，定义体中标识符 all-zeroes 的值是不需要的，因为在定义完成之前不可能执行过程。

为了隐藏实现，让我们在参数是源的情况下使用 tap[㊀]作为 invoke 的别名：

```
(define tap invoke)
```

例如，调用‘(tap all-zeroes)’有两个值：0 和源 all-zeroes。tap 过程之于源就像 deprepend 过程之于列表，从这个角度理解 tap 或许会有帮助。

注意，不能保证 tap 操作在常数时间内运行完成。与列表不同，源并非准备好它的第一个元素且在一个存储位置等待访问，而且一个源计算它的第一个元素所需的计算量是没有上限的。

现在可以用一种很好地反映自然数类型定义的方式定义 natural-number-source 过程：

```
(define natural-number-source
  ((rec (up-from nat)
     (source (values nat (up-from (add1 nat)))))
   0))
```

up-from 过程给出了以 nat 开头的自然数的源。使用这个源可以得到 nat 和一个源，后一个源从‘(add1 nat)’开始且一直延续下去。以上定义给标识符‘natural-number-source’绑定的值是当 nat 为 0 时由 up-from 构造的源。

使用过程建模源的一个缺点是没有令人满意的分类谓词。有人可能会想写出类似于下面的定义：

```
(define (source? something)
  (and (procedure? something)
       (receive results (something)
         (and (= (length results) 2)
              (source? (first (rest results)))))))
```

但是，此过程对给定源不会返回 #t，因为它根本不会返回任何值。每次递归调用 source? 都会得到另一个递归，没有一个返回任何结果。（另一个问题是当 something 恰好是一个需要至少一个参数的过程时，该过程会崩溃，而不会返回 #f。）

㊀ 按压水龙头之意。译文用术语“访问”表达 tap 之意。——译者注

类似地，源有无穷多个元素使得定义源的相等谓词成为不可能的事情。一种尝试可能是这样的：

```
(define (source=? left right)
  (receive (left-starter left-followers) (tap left)
    (receive (right-starter right-followers) (tap right)
      (and (equal? left-starter right-starter)
           (source=? left-followers right-followers)))))
```

这一过程反复执行两个源，比较两个源的元素，直到出现不同的元素，此时返回 #f。问题是，如果两个源确实相同（在每个源的对应位置都有相同的元素），它将永远运行下去。

因此，源上的基本过程是非常有限的：只有源表达式（充当构造函数）和 tap 过程（选择器）。令人惊讶的是，利用这些资源可以做许多事情。列表上的许多操作都有源上的对应过程。

例如，很容易定义 source-ref 过程，该过程在给定源中的给定位置处选择元素。（位置可以用任意自然数来表示。）

```
(define (source-ref src position)
  (receive (initial others) (tap src)
    (if (zero? position)
        initial
        (source-ref others (sub1 position)))))
```

source->list 过程从源中收集指定数量的元素，并将它们组装成一个列表，返回列表和包含原始源中剩余元素的源：

```
(define (source->list src number)
  (if (zero? number)
      (values (list) src)
      (receive (initial others) (tap src)
        (receive (rest-of-list depleted)
                 (source->list others (sub1 number))
          (values (prepend initial rest-of-list) depleted)))))
```

如果只想删除源开始的一些元素，可以使用更简单的版本：反复地访问源，使用 number 来记录访问的次数，并返回最后一次访问的源。

```
(define (source-drop src number)
  ((fold-natural (create src) (pipe tap >next)) number))
```

给定任意值，可以构造一个源，使得它的每个元素都是给定的值，就像 all-zeros 隐式地包含无穷多个零一样。constant-source 过程概括了上述过程：

```
(define (constant-source element)
  (rec repeater (source (values element repeater))))
```

更普遍地用 cyclic-source 过程构造一个源，其元素是给定单个或多个值的循环：

```
(define (cyclic-source initial . others)
  ((rec (cycler ls)
     (source (if (empty-list? ls)
                 (values initial (cycler others))
                 (values (first ls) (cycler (rest ls))))))
   (prepend initial others)))
```

例如，调用‘(cyclic-source 1 2 3)’返回由元素 1，2，3，1，2，3，1，…构成的源。每次这些值作为参数被耗尽时，循环便从头开始继续。

可以交错两个给定源的元素，交替地从不同的源中获取元素。

```
(define (interleave left right)
  (source (receive (initial new-right) (tap left)
            (values initial (interleave right new-right)))))
```

例如，可以将自然数与负整数交错，由此得到包含所有整数的源：

```
(define integer-source
  (interleave natural-number-source
              ((rec (down-from number)
                 (source (values number (down-from (sub1 number)))))
               -1)))
```

反过来，也可以把一个源拆分成两个源，把在给定源中偶数位置的元素分成一个源，奇数位置的元素分成另一个源。为此，首先定义 alternator 过程，用于从给定源中舍弃奇数位置的元素：

```
(define (alternator src)
  (source (receive (initial others) (tap src)
            (receive (next still-others) (tap others)
              (values initial (alternator still-others))))))
```

为了拆分一个源，我们可以构造两个交替源，一个从给定源的第一个元素开始，另一个从第二个元素开始：

```
(define (disinterleave src)
  (values (alternator src)
          (source (tap (alternator (source-drop src 1))))))
```

disinterleave 过程的机制说明了使用源的一个严重局限性。假设使用 disinterleave 返回的两个源（称之为 evens 和 odds）。例如，计算‘(source->list evens 7)’的目标是得到 evens 的前七个元素，但是这一过程涉及处理给定源中前十三个元素，而且要丢弃几乎一半的元素。再比如，计算‘(source->list odds 9)’时，原始源的前面那些元素都要重复计算，另外多计算五个元素。(只是这次保留了前一个计算中丢弃的元素，并丢弃了先前保留的元素)。

因此，除 evens 的第一个元素外，获取 evens 和 odds 的每个元素都需要计算 src 的两个元素。此外，每个源都必须进行基本上相同的底层计算。创建许多来自相同基础源的重复项和派生项，以及反复地从相同基础源计算相同的元素，这些不必要的操作会浪费源的大部分优势：源允许不必计算不需要的元素，由此带来的优势被计算需要元素的大量重复计算所抵消。仅计算一次并将结果保存下来是更明智的选择。[⊖]

因此，我们将避免使用像 disinterleave 这样的源拆分器，并且在组织计算时永远不会出现计算同一个元素要执行两次源：我们丢弃这个元素，然后继续使用 tap 返回的第二个结果源。同样，如果使用 source->list 一次获取了多个元素，我们将不再使用这个源，这样就避免了重新计算这些元素，接着继续使用 source->list 返回的第二个结果作为源。

如果严格遵守这一规则，那么几乎不再有需要使用 source-ref 过程的情况，因为要访问第 n 个位置的元素，必须先访问前 $n-1$ 个位置的所有元素。另外，在编写类似于 map 过程的源时需要格外小心。当调用 map-source 过程时，它实际上不应该进行任何访问，而是应该构建并返回一个源，在它本身被访问之前推迟访问的过程。即便如此，访问 map-

⊖ 有一种数据结构称为流（stream），它在某些方面与源相似，但它在计算元素时能自动保存元素。在 Scheme 实现要求 41（http://srfi.schemers.org/srfi-41/）中可以找到流的完整实现，作者是 Philip L.Bewig。本书没有介绍流的原因是因为实现它们的结构具有可变状态：第一次使用流会有一个副作用，新的值可能会覆盖掉底层数据结构以前包含的一些值。

source 返回的源只需要完成足够的计算，生成第一个元素，以及可以计算剩余元素的源。

让我们看看实践中是如何做的。给定 n 元过程和 n 个源，map-source 返回一个新的源，其中每个元素都是将给定过程应用于这 n 个源的相应元素的结果。核心思想是，当新的源被访问时，通过一次性访问各个给定源，收集它们生成的元素，并将 procedure 应用于这些元素，由此计算出新源的各个元素。然而，对每个给定源的访问不仅生成一个元素，还会生成一个新的源，我们需要保留返回的这些源，以便在递归调用时用作参数。

这表明我们需要构建一个数据结构来保存所有访问的结果：一个有序对的列表，每个有序对对应一个源，其中第一个部件是该源的第一个元素，第二个部件是包含剩余元素的源。map-source 定义显示这个数据结构（称之为 tap-pairs）是如何一对一对构建起来，然后并且通过解拉链将有序对的第一个部件与第二个部件分开：

```
(define (map-source procedure . sources)
  ((rec (mapper srcs)
     (source (let ((tap-pairs (map (pipe tap cons) srcs)))
               (values (apply procedure (map car tap-pairs))
                       (mapper (map cdr tap-pairs))))))
   sources))
```

例如，以下调用：

```
(map-source + (cyclic-source 0 1)
              (cyclic-source 0 0 2 2)
              (cyclic-source 0 0 0 0 4 4 4 4))
```

的结果是 0 到 7 之间整数循环的源，计算方式是 0+0+0，1+0+0，0+2+0，1+2+0，0+0+4，以此类推。

注意关键字 source 在 map-source 过程定义中的位置。当执行 mapper 时，srcs 上的任何操作实际上都不会发生，因为此时并不会计算源表达式的主体。mapper 过程只是构建了一个源（一个 0 元过程），并返回这个源。Tap-pairs 的实际计算和使用被推迟到 map-source 返回的源被访问之时。对于 mapper 的每一次递归调用执行也是如此：没有任何实质性的计算是在执行时完成。一切都推迟到调用返回的源被访问之时，这是因为需要源的另一个元素。

为了说明 map-source 的力量，以下是 natural-number-source 的另一个定义。这个源的第一个元素是 0，每个后续元素都是自然数加 1 的结果。要得到包含所有非零自然数的源，可以将 add1 映射到正在构建的源！

```
(define natural-number-source
  (source (values 0 (map-source add1 natural-number-source))))
```

这种定义是递归的，但不是恶性循环的，因为源表达式的再次使用意味着在完成源的定义之后，它才会对 natural-number-source 进行计算。

源没有类似于 fold-list 的过程，这是因为没有任何算法可以将无穷多个的元素折叠在一起来生成结果，并且因为它的递归没有基本情况——每个源被访问时都会产生另一个源。但是，可以从左到右处理源的元素，通过新的源逐个释放结果值。要实现这个过程，base 过程和 combiner 过程都必须是单值的。新源的第一个元素是调用 base 的结果；第二个元素是对该基值和给定源的第一个元素应用 combiner 的结果；第三个元素是对该结果和给定源的第二个元素应用 combiner 的结果；以此类推：

```
(define (process-source base combiner)
  (lambda (src)
```

```
    (source (let ((base-value (base)))
              (values
                base-value
                ((rec (processor src previous)
                   (source (receive (initial others) (tap src)
                             (let ((new (combiner initial previous)))
                               (values new (processor others new))))))
                 src base-value))))))
```

例如，调用‘(process-source(create 1)*)’返回一个过程，该过程将任何数字源转换为这些数字的累积部分积的源。将此过程应用于‘(constant-source 7)’将得到一个包含7的幂的源；将此过程应用于‘(map-source add1 natural-number-source)’，即正整数的源，可以得到一个包含按升序排列的阶乘的源！

源也可以展开。既然源是无穷无尽的，unfold-source不需要final?谓词，但producer和step过程的操作与unfold-list中的操作仍然相同：

```
(define (unfold-source producer step)
  (rec (unfolder . arguments)
    (source (values (apply producer arguments)
                    (apply (pipe step unfolder) arguments)))))
```

例如，调用‘(unfold-source square add1)’的值是一个过程，该过程接受一个整数，并返回一个包含从指定的整数开始的后续整数的平方的源。

如示例所示，许多无穷序列可方便地用源表示。例如，构建斐波那契序列0、1、1、2、3、5、8、13、21、…，有几种方法。在斐波那契数列中，每个元素都是前两个元素之和。一种简单的构建方法是展开序列。首先显式地提供序列的前两个值。要生成一个元素，源只需返回两个值中的第一个，步进过程生成下一个源的元素，即将接收到的两个值中的第二个值提升到第一个位置，并将这两个值相加生成序列的下一个元素：

```
(define Fibonacci
  ((unfold-source >initial (dispatch >next +)) 0 1))
```

unfold-source过程提供了只有需要新元素才进行计算的机制。

有限源

选择源而不是列表的原因之一是，应用程序可以访问源来获取计算所需的元素，而永远不会计算在实际计算中不需要的元素。这一原理也适用于元素数量有限但较大的某些情况。此外，即使在可能使用列表的应用程序中，我们也可能更喜欢使用源，因为它隐式地（而非显式地）存储其元素，因此比长列表占用更少的存储空间。

有几种调节源的方法，使它们既能表示有限长度的序列，也能表示无限长度的序列。关键的设计选择是如何表示一个已经耗尽了要返回元素的序列，即一个空的源。如果继续使用过程来实现源，那么一个空源被调用时应该返回什么？

一种可能是让表示空源的过程返回零个值，而非两个值，明确表示它无法从其存储中提供更多信息。另一种方法是，根据惯例，返回未打包的#f以表示正常操作的失败信号，并修改其他源的操作，让非空源以打包的形式返回其元素。

然而，这两种设计都不能很好地与现有的无穷源的设计相匹配。第三种设计几乎不用做太多改变就可以使用上面开发的过程：一个空的源可以通过返回一个哨兵（sentinel）（一个约定好的、指定的值）来表示它没有更多的元素，这个哨兵仅用于此单一目的，类似于用于终止列表的空值。(afp primitives)库提供这样一个值，源终止(end-of-source)类型的唯一值，以及使用它的两个基本过程：零元过程 end-of-source（构造器）和分类谓词 end-of-source?（用于区分要哨兵值与其他类型的值）。

如果一个源被访问时返回哨兵，那么这个源被看成是空源，因此，可以通过访问并测试第一个结果来确定给定源是否为空：

```
(define empty-source? (run tap >initial end-of-source?))
```

然而，在大多数情况，这是一个需要谨慎使用的过程。如果源不是空的，通常希望继续访问它以获得它的第一个元素——这个值与 empty-source? 为了判断获得的值是否是源终止类型而计算得到的值相同。一种更好的方法是，先访问源而不测试源是否为空，如果走得太远，则在稍后采取适当的措施。

一个粗心大意编写的应用程序可能构造一个源，它的第一个元素是源终止类型的值，但第二个元素可能包含了其他有用的值。事实上，很容易构造这样一个源：

```
(source (values (end-of-source) natural-number-source))
```

我们将把这些源均视为空的。一般来说，如果某个源包含源终止类型的元素，那么其后元素都被忽略，被视为有限源。上面 empty-source? 的定义与该约定是一致的。

list->finite-source 过程将列表转换为具有相同元素的有限源。它用到了 unfold-source。生产者过程获得给定列表的第一个元素，并使其成为源的第一个元素；步进过程将列表的剩余部分交给递归，以构建包含这些剩余元素的源。如果给定的列表为空，则生产者过程将返回源终止值，步进过程将不执行任何操作（这样哨兵将占据结果源中的所有后续位置）：

```
(define list->finite-source
  (unfold-source (^if empty-list? (constant (end-of-source)) first)
                 (^if empty-list? identity rest)))
```

借助 list->finite-source，容易定义一个有限源构造函数，它接受任意数量参数，并将这些参数作为其元素：

```
(define (finite-source . elements)
  (list->finite-source elements))
```

另一方面，finite-source->list 过程计算有限源中的所有元素，并将它们组装成一个列表。不使用 unfold-list 或其他递归模式，相反，可以组织好计算，使得访问源在前，测试源是否为空在后：

```
(define (finite-source->list src)
  (receive (initial others) (tap src)
    (if (end-of-source? initial)
        (list)
        (prepend initial (finite-source->list others)))))
```

catenate 和 append 的类似过程对于无限源不是很有用，因为不管访问多少次源，都无法跨过第一个源去访问第二个源！但是，如果源是有限的，当第一个源生成哨兵值时，我们便可以切换到第二个源：

```
(define (catenate-sources left right)
  ((rec (advancer rest-of-left)
     (source (receive (initial others) (tap rest-of-left)
               (if (end-of-source? initial)
```

```
                (tap right)
                (values initial (advancer others))))))
  left))
```

只要应用程序能够完成刚才提到的行为（除非 left 是有限的，否则永远不会访问到 right 中的元素），那么在应用程序中给 catenate-sources 提供非有限参数不一定是错误的。

可以扩展 catenate-sources 的参数数量得到 append-sources 过程，以空源作为正确标识的 catenate 源：

```
(define append-sources
  (extend-to-variable-arity (constant-source (end-of-source))
                            catenate-sources))
```

从上面可以看出，对于无限源来说，折叠是没有意义的。另一方面，可以像列表一样处理有限的源，将空源作为基本情况。因为每个元素的获取都只需访问一次源，所以递归过程在结构上与用于定义 fold-list 过程的结构略有不同，访问源在先，基本情况的测试在后：

```
(define (fold-finite-source base combiner)
  (rec (folder src)
    (receive (initial others) (tap src)
      (if (end-of-source? initial)
          (base)
          (receive recursive-results (folder others)
            (apply combiner initial recursive-results))))))
```

尽管上面定义的 map-source 过程也可用于处理有限源，但更方便的是定义一个单独的 map-finite-source 过程，该过程不会尝试将映射过程应用到源终止对象：

```
(define (map-finite-source procedure src)
  ((rec (mapper subsource)
     (source (receive (chosen others) (tap subsource)
               (if (end-of-source? chosen)
                   (values (end-of-source) subsource)
                   (values (procedure chosen) (mapper others))))))
  src))
```

---

tap (afp sources)
source(α) → *α, source(α)*
src
返回src的第一个元素和一个包含src剩余元素的源

natural-number-source (afp sources)
source(natural-number)
一个隐式包含自然数的源（按升序排列）

source->list (afp sources)
source(α), natural-number → *list(α), source(α)*
src number
构建一个包含src前number个元素的列表，返回该列表和一个包含src剩余元素的源

source-drop (afp sources)
source(α), natural-number → *source(α)*
src number
舍弃src的number个元素，并返回一个包含src剩余元素的源

constant-source (afp sources)
α → *source(α)*
element
构建一个源，该源的每个元素都是element

cyclic-source (afp sources)
α, α ... → *source(α)*
initial others

构建一个包含initial和others的元素的源，当源中所有元素都出现后，从initial重新开始

interleave (afp sources)
source(α), *source*(α) → *source*(α)
left right
构建一个源，该源的元素交替取自left和right

integer-source (afp sources)
source(*integer*)
一个隐式包含所有整数的源，元素按照绝对值从小到大排列

map-source (afp sources)
(α ... → β), *source*(α) ... → *source*(β)
procedure sources
构建一个源，该源的每个元素都是将procedure应用到sources中对应元素的结果
前提：procedure可以接受sources的对应元素

process-source (afp sources)
(→ α), (β, α → α) → (*source*(β) → *source*(α))
base combiner src
构建一个过程，该过程迭代地将combiner应用于src的一个元素和上一次迭代的结果（或者应用于调用base的结果，如果是第一次迭代）。该过程返回一个包含了连续迭代结果的源
前提：combiner可以接受src的第一个元素和调用base的结果
前提：combiner可以接受src中除第一个元素外的所有元素和调用combiner的结果

unfold-source (afp sources)
(α ... → β), (α ... → α ...) → (α ... → *source*(β))
producer step arguments
构建一个过程，该过程构造一个源，其第一个元素是应用producer到arguments元素的结果，剩余部分是首先应用step 到arguments元素，然后将该过程递归应用该结果的源
前提：producer可以接受arguments的结果
前提：producer可以接受调用step的结果
前提：step 可以接受arguments的元素
前提：step 可以接受调用step 的结果

end-of-source (afp primitives)
→ *end-of-source*
返回源终止的哨兵值

end-of-source? (afp primitives)
any → *Boolean*
something
判断something是否为源终止哨兵值

list->finite-source (afp sources)
list(α) → *source*(α)
ls
构建一个以ls元素为内容的有限源

finite-source (afp sources)
α ... → *source*(α)
elements
构建一个以elements为内容的有限源

finite-source->list (afp sources)
source(α) → *list*(α)
src
构建一个以src元素为内容的列表
前提：src是一个有限源

catenate-sources (afp sources)
source(α), *source*(α) → *source*(α)
left right
构建一个按序包含left(哨兵值前)所有元素和right所有元素的源

append-sources (afp sources)
source(α) ... → *source*(α)
sources
构建一个按序包含sources元素的元素的源，保留sources中每个元素的相对顺序及其每个元素中元素的相对顺序

fold-finite-source (afp sources)

$(\rightarrow \alpha \ldots)$, $(\beta, \alpha \ldots \rightarrow \alpha \ldots)$ $\rightarrow$ $(source(\beta) \rightarrow \alpha \ldots)$
base combiner src
构建一个过程，如果src为空，则该过程返回调用base的结果。如果src非空，则该过程递归应用自身到访问src的结果源，并返回应用combiner到src的第一个元素和递归调用结果的结果
前提：combiner可以接受src（哨兵值之前）的最后一个元素和调用base 的结果
前提：combiner可以接受除src（哨兵值之前）最后一个元素外的所有元素和调用combiner的结果
前提：src是一个有限源

map-finite-source (afp sources)
$(\alpha \rightarrow \beta)$, $source(\alpha)$ $\rightarrow$ $source(\beta)$
procedure src
构建一个源（若src是有限的，则这个源也是有限源），该源包含了应用procedure到src中连续元素的结果
前提：procedure可以接受src中的任意元素

◉ 习题

3.8-1 定义一个包含 2 的负幂的源，其元素按降序排列。(第一个元素应为 1/2，第二个元素应为 1/4，以此类推。)

3.8-2 定义一个 merge-sources 过程，该过程接受两个源，每个源分别包含单调非递减顺序的数值，构造一个包含两个源的所有元素的源，其中元素按单调非递减顺序排列。(如果某个数值在任一给定源中重复出现，或者同时在两个源中出现，那么该值也应该在新构造的源中重复出现。) 假设两个源都不是有限源。

3.8-3 定义一个 finite-source-length 过程，计算一个有限源有多少个元素 (不包括哨兵或哨兵后续的任何元素)。

3.8-4 定义一个 conditionally-unfold-source 过程，该过程与 unfold-source 的关系与 conditionally-unfold-list 与 unfold-list 过程的关系相同；conditionally-unfold-source 过程应该接受一个额外的参数 (一个谓词)，且只有当指引参数满足谓词时才令源生成一个元素。

3.8-5 定义一个 unfold-finite-source 过程，该过程类似于前文定义的 unfold-source 程序，但它除了 producer 过程和 step 过程之外还接受一个 final? 谓词，并且构造一个新的过程，当指引参数满足 final? 谓词时，这个新的过程返回空有限源。

3.9 多元组

用一个不同角度理解乘积类型，可以设想每个组件具有不同的意义和作用。列表中的元素通常在某种程度上来说是彼此相似的，或者至少可以说，元素之间的差异不在于其在列表中的位置。相反，一个*多元组*（tuple）的每个分量（或者组件）的意义至少部分地取决于它在多元组中的位置。为了标记它们的意义，多元组中的每个位置都有一个名称，多元组的选择过程将使用这些名称。

例如，在一个天文学程序中，可以设计一个多元组来保存恒星的各种信息。假设这个多元组的分量中包含一个用于表示恒星名称的字符串，一个表示恒星的视星等 (即从地球上观察的恒星亮度)，一个用来指示恒星到太阳距离的数字 (单位是秒差距)，以及一个表示恒星光谱等级的符号。那么，*恒星*（star）类型的类型理论视图归纳为以下方程组。

$$name = string$$
$$magnitude = number$$
$$distance = number$$
$$spectral\text{-}class = symbol$$

$$star = star\text{-}name \times magnitude \times distance \times spectral\text{-}class$$

star 类型值的构造函数接受这四个单独的值，并返回由它们构成的四元组。这里需要四个独立的选择器过程，每个过程接受一个恒星类型多元组参数，并返回一个特定的分量；此外，另外一个有用的选择过程可以分解多元组，将所有分量作为单独的值返回。因为还需要一个分类谓词和一个相等谓词，所以恒星类型多元组的基本过程一共包括八个过程：

```
(define (make-star name magnitude distance spectral-class) ...)
(define (star-name star) ...)
(define (star-magnitude star) ...)
(define (star-distance star) ...)
(define (star-spectral-class star) ...)
(define (destar star) ...)
(define (star? something) ...)
(define (star=? star-0 star-1) ...)
```

在这些基本过程的基础上，可以构建天文程序可能用到的一些方法，例如：

```
(define brighter? (compare-by star-magnitude <))
(define (filter-by-spectral-class sc catalog)
  (filter (pipe star-spectral-class (sect symbol=? <> sc)) catalog))
(define nearest-star
  (extend-to-positive-arity (^if (compare-by star-distance <=)
                                 >initial
                                 >next)))
```

3.9.1 建立模型

对恒星类型建模的一种方法是将其表示为一个包含四个值的列表。所有的过程都很直接：构造函数将 list 应用于其组件。分量选择器调用 list-ref，分别应用于每个元素对应的索引，返回所有分量的选择器则调用 delist。分类谓词检查给定值是否为列表，若是，则继续检查列表长度是否正确，以及每个元素的类型是否正确。相等谓词访问整个列表，检查各个元素是否匹配，如果发现不匹配，则返回 #f，否则返回 #t：

```
(define make-star (sect list <> <> <> <>))
(define star-name (sect list-ref <> 0))
(define star-magnitude (sect list-ref <> 1))
(define star-distance (sect list-ref <> 2))
(define star-spectral-class (sect list-ref <> 3))
(define destar delist)
(define star? (^and list?
                    (pipe length (sect = <> 4))
                    (pipe star-name string?)
                    (pipe star-magnitude number?)
                    (pipe star-distance number?)
                    (pipe star-spectral-class symbol?)))
(define star=? (^and (compare-by star-name string=?)
                     (compare-by star-magnitude =)
                     (compare-by star-distance =)
                     (compare-by star-spectral-class symbol=?)))
```

参照上面的模式，可以为任何类型的多元组编写类似的定义。

3.9.2 记录类型

Scheme 为程序员提供了一种创建新多元组类型的方法，程序员无须重新建模。其基本思想是用一个称为 define-record-type 的特殊形式来描述多元组，然后由该形式生成相应的构造函数，分类谓词和选择器，如下所示：

```
(define-record-type star
  (make-star name magnitude distance spectral-class)
  proto-star?
  (name star-name)
  (magnitude star-magnitude)
  (distance star-distance)
  (spectral-class star-spectral-class))
```

在 define-record-type 关键字之后，第一个子表达式必须是一个符号，标明类型的名称。第二个子表达式必须是非空的符号列表，其中第一个符号将成为构造函数的名称，随后的所有符号将成为构造函数的参数。第三个子表达式是一个用于指定分类谓词名称的符号。其余所有子表达式都是列表——在记录类型定义中，它们都是两个元素的列表——第一个元素指定记录字段的名称，第二个元素指定该字段的选择器名称。

上面显示的记录类型定义有效地定义了六个过程：make-star，proto-star?，star-name，star-magnitude，star-distance，以及 star-spectral-class。Scheme 的记录类型定义没有自动定义分解器或相等谓词，因此必须另外给出自定义。

由 define-record-type 定义的多元组对各个域的存储值类型没有任何限制。这就是为什么它没有相等谓词。Scheme 通过扩展各种类型的 equal? 来处理记录类型上的相等，并假定该谓词足以表达相等。类似地，分类谓词 proto-star? 判断它接受的值是否确实是一个记录，并且具有正确的字段数，不过它没有对其中的元素类型施加任何约束。这就是为什么这里给它起了不同名称的原因。真正的分类谓词 star? 将以 proto-star? 为起点。

出于我们目的，分类谓词和相等谓词确实应该考虑到每个元素的类型。幸运的是，这很简单。使用记录，将 star 定义为多元组类型的完整定义如下：

```
(define-record-type star
  (make-star name magnitude distance spectral-class)
  proto-star?
  (name star-name)
  (magnitude star-magnitude)
  (distance star-distance)
  (spectral-class star-spectral-class))

(define destar
  (dispatch star-name star-magnitude star-distance star-spectral-class))

(define star? (^and proto-star?
                    (pipe star-name string?)
                    (pipe star-magnitude number?)
                    (pipe star-distance number?)
                    (pipe star-spectral-class symbol?)))

(define star=? (^and (compare-by star-name string=?)
                     (compare-by star-magnitude =)
                     (compare-by star-distance =)
                     (compare-by star-spectral-class symbol=?)))
```

◉ 习题

3.9-1　使用 define-record-type 实现多元组类型 song，表示音乐表演的数字录音。多元组的分量应包含歌曲名称、表演艺术家或乐队的名称、发行年份、播放时间（秒）、录制的文件格式和文件大小（字节）。

3.9-2　使用上一习题中的实现，定义一个过程 total-ogg-playing-time，该过程接受 song 类型值的列表，并返回列表中所有歌曲的播放时间之和（假定所有歌曲都是以 Ogg 文件格式存储的）。

3.9-3　基于以上实现，定义一个过程 how-many-by，该过程接受表演者或乐队的名称以及一个 song 列表，返回列表中该表演者或乐队表演的曲目数。

3.10　树

线性数据结构的递归定义表明，该结构的非空实例直接包含恰好一个相同类型的子结构。例如，列表数据结构是线性的：非空列表包含一个列表作为其剩余部分。线性结构的递归管理器体现了这一点定义，因为它们构造单递归过程。

有时将需要处理的值安排在一个具有非线性结构的数据容器中，即它直接包含两个或更多相同类型的子结构（甚至这些子结构的数目是可变的），由此可以为特定问题设计更有效的算法。非线性结构的组成部分通常隐含着有关其他组成部分和子结构的信息，这些信息可用于简化其他组成部分的处理或消除多余的计算。通常，这种隐式信息的形式是一个不变量，该结构通过构造（by construction）而来的每个实例都满足这个不变量。我们在编写这种数据结构的基本过程时，将使得由基本过程返回的数据类型的值都满足该不变量。

将线性结构扩展的自然思路是考虑列表可能的扩展。回想一下，指定列表类型的公式是

$$list = null \mid (any \times list)$$

也就是说，一个列表要么是空的，要么包含一个值和另一个列表。因此，很自然地，可以用下列方程定义一种称为*二叉树*（binary tree）的结构，在本书中简称为树（tree）：

$$tree = null \mid (any \times tree \times tree)$$

也就是说，一棵树要么是空的，要么包含一个值和另外两棵树，称之为*左子树*和*右子树*。

在 Scheme 中有多种建模树类型的好方法。本书采用的方法将用到两种多元组，一种多元组表示空树（empty-tree），另一种多元组用于表示非空树（non-empty-tree）。（本节末尾的习题中提供了另一种建模的方法。）

```
(define-record-type empty-tree
  (make-empty-tree)
  empty-tree?)
(define de-empty-tree black-hole)
(define empty-tree=? (constant #t))
```

这种看似奇怪的记录类型定义了一个没有组件的多元组类型。由于对域没有类型限制，因此在这种情况下不需要使用 “proto-” 技术来获得分类谓词，define-record-type 生成的谓词已经足够了。定义包含构造函数 make-empty-tree，它不接受任何参数，并且总是返回一棵空树；一个相当无意义的分解器 de-empty-tree，它接受一个空树，不返回任何值；一个分类谓词 empty-tree? 和一个相等谓词 empty-tree=? 也毫无意义，因为它总是返回 #t。

非空树类型的定义更有意思：

```
(define-record-type non-empty-tree
  (make-non-empty-tree root left right)
  proto-non-empty-tree?
  (root non-empty-tree-root)
  (left non-empty-tree-left)
```

```
  (right non-empty-tree-right))

(define de-non-empty-tree (dispatch non-empty-tree-root
                                    non-empty-tree-left
                                    non-empty-tree-right))
(define (non-empty-tree? something)
  (and (proto-non-empty-tree? something)
       (tree? (non-empty-tree-left something))
       (tree? (non-empty-tree-right something))))
(define (non-empty-tree=? tr-0 tr-1)
  (and (equal? (non-empty-tree-root tr-0) (non-empty-tree-root tr-1))
       (tree=? (non-empty-tree-left tr-0) (non-empty-tree-left tr-1))
       (tree=? (non-empty-tree-right tr-0)
               (non-empty-tree-right tr-1))))
```

在分类谓词中省略了对树根（root）的测试，这表明该位置可以是任何值。像有序对和列表一样，树类型是通用结构。

non-empty-tree? 的定义用到了未定义的分类谓词 tree?。类似地，non-empty-tree=? 依赖于树的一般相等谓词 tree=?。但是，因为树是空树类型和非空树类型的和类型（这两个类型之间没有重合），因此可以直接将树类型定义如下：

```
(define tree? (^vel empty-tree? non-empty-tree?))
(define tree=? (^vel (every empty-tree?)
                     (^et (every non-empty-tree?)
                          non-empty-tree=?)))
```

对于经常出现的 make-non-empty-tree 中两棵子树都为空的特殊情况，起个名称是很方便的：

```
(define singleton-tree
  (sect make-non-empty-tree <> (make-empty-tree) (make-empty-tree)))
```

构成树 T 的单结点树称为 T 的*叶子*（leaf），而作为 T 的一部分但有自己的非空子树的树称为 T 的*内部结点*（internal node）。

与列表一样，有时希望指定树只包含特定类型的值。对于这类同构的树，分类谓词和相等谓词分别是 tree? 和 tree=? 的简单变体：

```
(define (tree-of-numbers? something)
  (or (empty-tree? something)
      (and (non-empty-tree? something)
           (number? (non-empty-tree-root something))
           (tree-of-numbers? (non-empty-tree-left something))
           (tree-of-numbers? (non-empty-tree-right something)))))

(define (tree-of-numbers=? left right)
  (or (and (empty-tree? left)
           (empty-tree? right))
      (and (non-empty-tree? left)
           (non-empty-tree? right)
           (= (non-empty-tree-root left)
              (non-empty-tree-root right))
           (tree-of-numbers=? (non-empty-tree-left left)
                              (non-empty-tree-left right))
           (tree-of-numbers=? (non-empty-tree-right left)
                              (non-empty-tree-right right)))))
```

同样地，可以将模式的公共之处抽象为更高阶的工具：tree-of，它根据树中元素类型的分类谓词为该类同构树构造一个新的分类谓词；tree-of=，它根据树中元素类型的相等谓词为该类同构树构造一个新的相等谓词：

```
(define (tree-of right-type-of-element?)
  (rec (ok? something)
    (or (empty-tree? something)
        (and (non-empty-tree? something)
             (right-type-of-element? (non-empty-tree-root something))
             (ok? (non-empty-tree-left something))
             (ok? (non-empty-tree-right something))))))
(define (tree-of= element=?)
  (rec (equivalent? left right)
    (or (and (empty-tree? left)
             (empty-tree? right))
        (and (non-empty-tree? left)
             (non-empty-tree? right)
             (element=? (non-empty-tree-root left)
                        (non-empty-tree-root right))
             (equivalent? (non-empty-tree-left left)
                          (non-empty-tree-left right))
             (equivalent? (non-empty-tree-right left)
                          (non-empty-tree-right right))))))
```

3.10.1 树归纳原理

树的类可以递归定义为满足以下要求的最小递归类 C：

- 空树是 C 的成员。
- 左、右子树都是 C 成员的非空树也是 C 的成员。

这一定义直接导出了*树归纳原理*（principle of tree induction），如果空树是某个类 C' 的成员，并且左、右子树也是 C' 成员的非空树也是 C' 的成员，那么每个树都是 C' 的成员。

下面通过一个例子展示树归纳原理，证明 tree-size 过程的正确性，该过程计算存储在树中的值的总数（重复值重复计数）：

```
(define (tree-size tr)
  (if (empty-tree? tr)
      0
      (add1 (+ (tree-size (non-empty-tree-left tr))
               (tree-size (non-empty-tree-right tr))))))
```

令 C' 是 tree-size 正确计数并返回元素数的树的类。

- 基本情况。给定空树，tree-size 立即返回 0，这是正确的结果。
- 归纳步。假设 tree-size 对某个给定非空树的左子树和右子树返回正确的结果，这样这两个子树都属于 C'。对这棵给定树本身，tree-size 将子树计数结果相加，再加 1。这一操作可以得到正确的答案，因为树包含其子树中的所有元素，此外还包含其根元素。所以这棵树也是 C' 的成员。

由这两步，根据树归纳原则，每棵树都是 C' 的成员，换句话说，tree-size 总是能返回正确的计数结果。

3.10.2 树递归管理

树的概念是列表概念的扩展。在设计树的递归管理工具时，自然会考虑管理列表递归的基本工具 fold-list 的类似工具。

回顾 fold-list 过程，它接受两个参数，第一个参数是当要折叠的列表为空时调用的过程，第二个参数是当列表不为空时调用的过程。第一个过程是零元过程，返回基本情况下的结果。第二个过程将列表的第一个元素和递归调用的结果合成得到新结果，其中，递归调用折叠列表的剩余部分。

fold-tree 过程具有类似的接口。同样地，它接受一个（为空树）生成基本情况下结果的零元过程，以及一个为非空树返回结果的合成过程。然而，这一次，合成过程必须收集和处理两个递归调用的结果，每个结果对应一棵子树：

```
(define (fold-tree base combiner)
  (rec (folder tr)
    (if (empty-tree? tr)
        (base)
        (apply combiner
               (non-empty-tree-root tr)
               (collect-map folder
                            (list (non-empty-tree-left tr)
                                  (non-empty-tree-right tr)))))))
```

不难看出此代码与 tree-size 定义是非常相似的，而且确实很容易使用 fold-tree 定义 tree-size。（这个定义留作本节的习题。）

另一种度量树的方法考虑到树的形状和组件的数量，树的高度是从根开始沿子树连续下降直到空树所遇到的最大结点数。它可以递归定义如下：

1. 空树的高度为 0。
2. 非空树的高度等于其左、右子树高度较大者加 1。

这种递归定义可以直接转换为使用折叠的算法：

```
(define tree-height
  (fold-tree (create 0) (run >all-but-initial max add1)))
```

另一个例子是 detree，它按前序排序（首先是根，然后是左子树中的值，然后是右子树中的值）返回给定树中的所有值：

```
(define detree (fold-tree (create) values))
```

存在许多情况，一个或两个递归调用对过程的结果没有任何贡献，因此可以忽略它们。只有在后续调用中需要两个调用的结果时才使用 fold-tree。

但有时无法提前确定是否需要递归调用结果。例如，下面是一个谓词，它判断是否给定树的每个元素都满足给定的一元谓词：

```
(define (for-all-in-tree? condition-met? tr)
  ((rec (ok? subtree)
     (or (empty-tree? subtree)
         (and (condition-met? (non-empty-tree-root subtree))
              (ok? (non-empty-tree-left subtree))
              (ok? (non-empty-tree-right subtree)))))
   tr))
```

只要到达的每棵子树的根都满足 condition-met? 谓词，for-all-in-tree? 就会递归地不断下降。但是，当遇到一个不满足谓词的根时，无论递归进行到了树上的哪个位置，所有递归调用都会立即终止。

像列表一样，树可以展开也可以折叠。换句话说，可以编写“输出导向”的递归过程，以构建一棵树作为递归的结果，条件是可以解释在每个阶段要做什么。

先看一个有用的示例，一个 list->ordered-tree 过程接受一个数值列表并返回一个包含这些数值的树，另外满足一个附加的除非树为空的约束，否则其左子树中的所有数值都小于或等于根的数值，而根的数值又小于其右子树中的所有数值：

```
(define (list->ordered-tree ls)
  (if (empty-list? ls)
      (make-empty-tree)
      (make-non-empty-tree (first ls)
        (list->ordered-tree (filter (sect <= <> (first ls))
                                    (rest ls)))
        (list->ordered-tree (filter (sect < (first ls) <>)
                                    (rest ls))))))
```

递归的使用顺带保证了约束不仅适用于此构造产生的整个树，而且适用于嵌套在其中的每个子树。

一般地说，展开一个树需要根据参数确定：是否返回一棵空树；如果不返回空树，那么如何构造结果树的根；如何简化给定的参数，给生成结果树的左子树和右子树的递归调用提供合适的参数。unfold-tree 过程接受执行这些计算部分的四个过程，并返回在合适的时机应用它们的过程：

```
(define (unfold-tree final? producer left-step right-step)
  (rec (unfolder . arguments)
    (if (apply final? arguments)
        (make-empty-tree)
        (make-non-empty-tree (apply producer arguments)
                             (apply (pipe left-step unfolder) arguments)
                             (apply (pipe right-step unfolder)
                                    arguments)))))
```

例如，用 2.5 节中从给定非空列表中筛选子列表过程的一些适配器，可以定义 list->ordered-tree 过程如下：

```
(define list->ordered-tree
  (unfold-tree empty-list?
               first
               (run deprepend (~initial (curry (converse <=))) filter)
               (run deprepend (~initial (curry <)) filter)))
```

---

make-empty-tree (afp trees)
→ *tree(any)*
返回一棵空树

de-empty-tree (afp trees)
tree(any) →
tr
不返回任何值（空树的组件）

empty-tree? (afp trees)
any → *Boolean*
something
判断 something 是否为一棵空树

empty-tree=? (afp trees)
tree(any), *tree(any)* → *Boolean*
left right
判断 left 和 right 是否为相同的空树（也就是说，它总是返回 #t）
前提：left 是一棵空树
前提：right 是一棵空树

(afp trees)

make-non-empty-tree
α, *tree*(α), *tree*(α) $\to$ *tree*(α)
root left right
构建一棵非空树，根是root，左子树是left，右子树是right

(afp trees)

non-empty-tree-root
tree(α) $\to$ α
tr
返回tr的左子树
前提：tr不是空树

(afp trees)

non-empty-tree-left
tree(α) $\to$ *tree*(α)
tr
返回tr的根
前提：tr不是空树

(afp trees)

non-empty-tree-right
tree(α) $\to$ *tree*(α)
tr
返回tr的右子树
前提：tr不是空树

(afp trees)

de-non-empty-tree
tree(α) $\to$ α, *tree*(α), *tree*(α)
tr
返回tr的根、左子树和右子树
前提：tr不是空树

(afp trees)

non-empty-tree?
any $\to$ *Boolean*
something
判断something是否为一棵非空树

(afp trees)

non-empty-tree=?
tree(any), *tree(any)* $\to$ *Boolean*
left right
判断left和right是否具有相同的结构且在对应位置有相同的元素
前提：left是非空树
前提：right是非空树

(afp trees)

tree?
any $\to$ *Boolean*
something
判断something是否为一棵树

(afp trees)

tree=?
tree(any), *tree(any)* $\to$ *Boolean*
left right
判断left和right是否具有相同的结构且在对应位置有相同的元素

(afp trees)

singleton-tree
α $\to$ *tree*(α)
element
构建一棵将element作为其根和唯一元素的树

(afp trees)

tree-of
(*any* $\to$ *Boolean*) $\to$ (*any* $\to$ *Boolean*)
right-type-of-element? something
构建一个谓词，判断something是否为一棵仅包含满足right-type-of-element?的值的树
前提：right-type-of-element?可以接受任意值

(afp trees)

tree-of=
(α, β $\to$ *Boolean*) $\to$ (*tree*(α), *tree*(β) $\to$ *Boolean*)
element=? left right
构建一个谓词，该谓词判断left和right是否具有相同的结构且在对应位置都包含满足element=?的元素
前提：element=?可以分别接受left和right的任意元素

(afp trees)

tree-size
tree(any) $\to$ *natural-number*
tr
计算tr中元素的数目

fold-tree (afp trees)

$(\rightarrow \alpha \ldots)$, $(\beta, \alpha \ldots \rightarrow \alpha \ldots)$ $\rightarrow$ $(tree(\beta)$ $\rightarrow \alpha \ldots)$
base combiner tr

构建一个过程，如果tr为空，那么该过程返回调用base的结果。如果tr非空，那么该过程将自身递归应用于tr的左子树和右子树，返回combiner应用于tr的根和递归调用结果的结果

前提：combiner可以接受tr任意叶子的根和调用base的两个结果

前提：combiner可以接受tr任意内部结点的根和调用combiner的结果，或者在调用combiner的结果之后调用base的结果，或在调用base之后调用combiner的结果

tree-height (afp trees)

tree(any) $\rightarrow$ *natural-number*
tr

计算tr的高度

detree (afp trees)

$tree(\alpha)$ $\rightarrow \alpha \ldots$
tr

返回tr包含的所有值

for-all-in-tree? (afp trees)

$(\alpha \rightarrow Boolean)$, $tree(\alpha)$ $\rightarrow Boolean$
condition-met? tr

确定tr中包含的所有值是否都满足condition-met?

前提：condition-met?可以接受tr的任意元素

unfold-tree (afp trees)

$(\alpha \ldots \rightarrow Boolean?)$, $(\alpha \ldots \rightarrow \beta)$, $(\alpha \ldots \rightarrow \alpha \ldots)$, $(\alpha \ldots \rightarrow \alpha \ldots)$ $\rightarrow$
final? producer left-step right-step

$(\alpha \ldots$ $\rightarrow tree(\beta))$
arguments

构建一个过程，该过程首先确定arguments的元素是否满足final?。若是，则该过程返回一棵空树。否则，该过程返回一棵非空树，其中根元素是应用producer到arguments元素的结果，左子树是首先应用left-step到arguments元素随后递归应用该过程到上一步结果的结果，右子树是首先应用right-step到arguments元素随后递归应用该过程到上一步结果的结果

前提：final?可以接受arguments的元素

前提：final?可以接受调用left-step 的结果

前提：final?可以接受调用right-step的结果

前提：如果arguments的元素不满足final?，则producer可以接受它们

前提：如果left-step调用的结果不满足final?，则producer可以接受它们

前提：如果right-step调用的结果不满足final?，则producer可以接受它们

前提：如果arguments的元素不满足final?，则left-step可以接受它们

前提：如果left-step调用的结果不满足final?，则left-step可以接受它们

前提：如果right-step调用的结果不满足final?，则left-step可以接受它们

前提：如果arguments的元素不满足final?，则right-step可以接受它们

前提：如果left-step调用的结果不满足final?，则right-step可以接受它们

前提：如果right-step调用的结果不满足final?，则right-step可以接受它们

◉ 习题

3.10-1 通过 fold-tree 管理递归，定义 tree-size。

3.10-2 定义 mirror-tree 过程，该过程接受一棵树，并返回一个包含相同值但左右颠倒的树。例如，以下调用：

```
(mirror-tree (make-non-empty-tree 2
               (make-non-empty-tree 0
                 (make-empty-tree)
                 (make-non-empty-tree 1
                   (make-empty-tree)
                   (make-empty-tree)))
               (make-non-empty-tree 3
```

```
                (make-non-empty-tree 4
                  (make-empty-tree)
                  (make-empty-tree))
                (make-non-empty-tree 5
                  (make-empty-tree)
                  (make-empty-tree)))))
```

的值应该是：

```
(make-non-empty-tree 2
  (make-non-empty-tree 3
    (make-non-empty-tree 5
      (make-empty-tree)
      (make-empty-tree))
    (make-non-empty-tree 4
      (make-empty-tree)
      (make-empty-tree)))
  (make-non-empty-tree 0
    (make-non-empty-tree 1
      (make-empty-tree)
      (make-empty-tree))
    (make-empty-tree)))
```

3.10-3 定义计算给定树中叶数的过程 leaf-count。

3.10-4 定义与列表 map 过程类似的过程 tree-map：它接受两个或多个参数，其中第一个参数是单值过程，其他所有参数都是大小相同、形状相同的树，它返回另一个大小和形状相同的树。结果树中的每个值都应该是将给定过程应用于给定树的对应元素的结果。

例如，以下调用：

```
(tree-map *
          (make-non-empty-tree 2
            (make-non-empty-tree 0
              (make-empty-tree)
              (make-non-empty-tree 1
                (make-empty-tree)
                (make-empty-tree)))
            (make-non-empty-tree 3
              (make-non-empty-tree 4
                (make-empty-tree)
                (make-empty-tree))
              (make-non-empty-tree 5
                (make-empty-tree)
                (make-empty-tree))))
          (make-non-empty-tree 8
            (make-non-empty-tree 6
              (make-empty-tree)
              (make-non-empty-tree 7
                (make-empty-tree)
                (make-empty-tree)))
            (make-non-empty-tree 9
              (make-non-empty-tree 10
                (make-empty-tree)
                (make-empty-tree))
              (make-non-empty-tree 11
                (make-empty-tree)
                (make-empty-tree)))))
```

的值应该是：

```
(make-non-empty-tree 16
  (make-non-empty-tree 0
```

```
        (make-empty-tree)
        (make-non-empty-tree 7
          (make-empty-tree)
          (make-empty-tree)))
      (make-non-empty-tree 27
        (make-non-empty-tree 40
      (make-empty-tree)
      (make-empty-tree))
    (make-non-empty-tree 55
      (make-empty-tree)
      (make-empty-tree))))
```

3.10-5 定义一个扩展版本的 for-all-in-tree? 谓词，该谓词接受一个 n 元过程和 n 个大小和形状相同的树，n 是任意正整数，如果给定树中相应位置的值都满足谓词，则返回 #t。

3.10-6 深度为 0 的 foo-tree 为空。对于任意正整数 n，深度 n 的 foo-tree 的都有一个包含符号 foo 的根和深度为 n-1 的 foo-tree 子树。使用 unfold-list 定义接受一个自然数并返回指定深度的 foo-tree 树。

3.11 灌木

在数据结构中，扩展线性结构的下一步是将一个元素与三个子结构结合起来，形成三元树（ternary tree）。然后可以继续扩展成四元树、五元树、六元树，由此不断扩展下去。然而，仔细思考发现这样的结构在使用上可能会越来越专门化，于是我们得到了灌木（bush）的概念：一个类似于列表或树的数据结构，但没有固定的分支数。灌木要么是空的，要么包含一个元素（根）和零个或多个灌木（子灌木）。正式地来说，以下方程式定义了灌木类型：

$$bush = null \mid (any \times bush^*)$$

列表为灌木提供了一个很好的模型：一个空的灌木由一个空列表表示，一个较大的灌木由一个列表表示，其中第一个元素是灌木的根，剩余元素是它的子灌木。

对于空灌木和非空灌木，定义一个统一的构造函数 bush 会带来方便。如果没有给定参数，它返回一个空灌木；给定一个或多个参数，其中除第一个参数外，其余参数都是灌木，此时它返回一个非空灌木，该灌木第一个参数是根，其他参数是根的子灌木。由此得到灌木构造函数的一个优雅定义：

```
(define bush list)
```

选择器的定义也很容易。每个选择器都有一个前提：它们的参数必须是一个非空灌木。事实证明，把灌木的子灌木放在同一个列表里几乎总是比把他们拆分成单独的值要方便得多。因此，bush-children 选择器的实现返回这个列表：

```
(define bush-root first)
(define bush-children rest)
```

有时需要同时用到根和子灌木：

```
(define debush deprepend)
```

区分谓词是 empty-bush? 和 non-empty-bush?，它们区分两个和类型的组件：

```
(define empty-bush? empty-list?)
(define non-empty-bush? non-empty-list?)
```

分类谓词 bush? 遵循类型模型描述：要表示一个灌木，它的值必须是空列表或一个非空列表，其中除第一个元素以外的每个元素都是灌木：

```
(define (bush? something)
  (and (list? something)
       (or (empty-list? something)
           (and (non-empty-list? something)
                (for-all? bush? (rest something))))))
```

同样，如果两个灌木都是空的，或者都不是空的，并且它们具有相同的根和相等的灌木，则两个灌木是相等的：

```
(define (bush=? left right)
  (or (and (empty-bush? left) (empty-bush? right))
      (and (non-empty-bush? left)
           (non-empty-bush? right)
           (equal? (bush-root left) (bush-root right))
           (let ((lefts (bush-children left))
                 (rights (bush-children right)))
             (and (= (length lefts) (length rights))
                  (for-all? (pipe delist bush=?)
                            (zip lefts rights)))))))
```

bush-of 和 bush-of= 过程为同构灌木构建了定制的分类谓词和相等谓词：

```
(define (bush-of right-type-of-element?)
  (rec (ok? something)
    (or (empty-list? something)
        (and (non-empty-list? something)
             (right-type-of-element? (first something))
             (for-all? ok? (rest something))))))
(define (bush-of= element=?)
  (rec (equivalent? left right)
    (or (and (empty-bush? left)
             (empty-bush? right))
        (and (non-empty-bush? left)
             (non-empty-bush? right)
             (element=? (bush-root left) (bush-root right))
             (let ((lefts (bush-children left))
                   (rights (bush-children right)))
               (and (= (length lefts) (length rights))
                    (for-all? (pipe delist equivalent?)
                              (zip lefts rights)))))))))
```

3.11.1 灌木归纳原理

现在，应该毫不惊奇地发现，关于灌木相关过程的证明常常会用到*灌木归纳法原理*（principle of bush induction），该原理基于灌木的递归定义，它是满足以下要求的最小类 C：

- 空灌木是 C 的成员。
- 每个子灌木都是 C 成员的非空灌木也是 C 的成员。

灌木归纳法的原理是，如果空灌木是某个类 C' 的成员，且每个子灌木都是 C' 成员的非空灌木也是 C' 的成员，那么每个灌木都是 C' 的成员。

3.11.2 灌木递归管理

一个遵循灌木结构并在其上折叠的递归过程首先要做的是测试灌木是否为空。若是，则返回给定基本过程的结果。否则，该过程将递归地应用于灌木中的每个子灌木，合并过程将应用于灌木的根元素和递归调用的所有结果。合并过程返回的结果是递归过程的原始调用的值。

fold-bush 过程接受基本过程和合并过程，并返回折叠给定灌木的递归过程：

```
(define (fold-bush base combiner)
  (rec (folder arbusto)
    (if (empty-bush? arbusto)
        (base)
        (apply combiner (bush-root arbusto)
                        (collect-map folder (bush-children arbusto))))))
```

作为一个应用例子，构建一个过程 bush->list，它接受任意灌木并返回其值的列表。

如果灌木是空的，那么该过程应该返回一个空列表，因此我们的基本过程将生成值：(create (list))。

对于其他情况，我们需要一个合并程序，它将接受灌木的根和递归地将 bush->list 应用到灌木的所有子灌木的结果。每一个结果都是一个子灌木所包含的值的列表。将这些元素通过 append 结合起来，然后在结果列表开头用 prepend 加上根，从而获得整个灌木的值。

将这些部件组装起来，可以得到以下定义：

```
(define bush->list
  (fold-bush (create (list))
             (lambda (root . recursive-results)
               (cons root (apply append recursive-results)))))
```

for-all-in-bush? 过程可以判断给定灌木中是否每个值都满足给定谓词，该过程具有不同的结构，它一旦找到不满足谓词的元素就可以退出递归：

```
(define (for-all-in-bush? condition-met? arbusto)
  ((rec (ok? subbush)
     (or (empty-bush? subbush)
         (and (condition-met? (bush-root subbush))
              (for-all? ok? (bush-children subbush)))))
   arbusto))
```

我们还可以为灌木设计一个展开器，尽管与列表和树的类似过程相比，它的灵活性要低一些，因为它返回的过程总是一元的：

```
(define (unfold-bush final? producer step)
  (rec (unfolder guide)
    (if (final? guide)
        (bush)
        (receive step-results (step guide)
          (apply bush (producer guide) (map unfolder step-results))))))
```

给定指引参数，final? 谓词判断是否终止递归并返回空灌木。如果不满足 final? 谓词，producer 将应用于指引参数以获得结果灌木的根，step 参数用于调整递归调用的指引参数，该过程可以重新返回任意数量的结果。最后，将 unfolder 递归地应用于 step 调用的各个结果，调用得到的灌木都会成为结果的子灌木。

要求灌木展开器是一元过程的限制在实践中并不是很局限，因为在最初需要多参数灌木展开器的情况下，使用 list 和 delist 作为适配器。

下面是一个使用 unfold-bush 的例子。对于任意自然数 n，一个规模为 n 的小灌木（iota-bush）指的是以 n 为根且包含 n 个子灌木的灌木，每个子灌木本身都是小灌木。规模为 n 的小灌木的子灌木的规模分别是 $n-1$，$n-2$，…，1，0。iota-bush 过程构造并返回其参数指定规模的小灌木，该参数必须是自然数。

```
(define iota-bush
  (unfold-bush (constant #f)
               identity
               (lower-ply-natural black-hole values)))
```

---

bush　(afp bushes)
$\rightarrow$ *bush(α)*
返回一棵空灌木

bush　(afp bushes)
any, bush(α) ... $\rightarrow$ *bush(α)*
root children
返回一棵灌木，该灌木的根是root，子灌木是children

bush-root　(afp bushes)
bush(α) $\rightarrow$ *α*
arbusto
返回arbusto的根
前提：arbusto非空

bush-children　(afp bushes)
bush(α) $\rightarrow$ *bush(α)*
arbusto
返回arbusto的子灌木
前提：arbusto非空

debush　(afp bushes)
bush(α) $\rightarrow$ | *α, bush(α) ...*
arbusto
返回arbusto的所有组件

empty-bush?　(afp bushes)
bush(any) $\rightarrow$ *Boolean*
arbusto
判断arbusto是否为空

non-empty-bush?　(afp bushes)
bush(any) $\rightarrow$ *Boolean*
arbusto
判断arbusto是否非空

bush?　(afp bushes)
any $\rightarrow$ *Boolean*
something
判断something是否为一棵灌木

bush=?　(afp bushes)
bush(α), bush(β) $\rightarrow$ *Boolean*
left right
判断left和right是否相等，即它们是否有相同的结构且在对应位置包含相同的元素

bush-of　(afp bushes)
(any $\rightarrow$ *Boolean)* $\rightarrow$ *(any* $\rightarrow$ *Boolean)*
right-type-of-element? something
构建一个谓词，判断something是否为一棵灌木且只包含满足right-type-of-element?的元素
前提：right-type-of-element?可以接受任意元素

bush-of=　(afp bushes)
(α, β $\rightarrow$ *Boolean)* $\rightarrow$ *(bush(α), bush(β)* $\rightarrow$ *Boolean)*
element=? left right
构建一个谓词，该谓词判断left和right是否相等，即，它们是否有相同的结构且在对应位置包含满足element=?的元素
前提：element=? 可以接受left的任意元素作为其第一个参数， right的任意元素作为其第二个参数

fold-bush　(afp bushes)
($\rightarrow$ *α ...), (β, α ...* $\rightarrow$ *α ...)* $\rightarrow$ *(bush(β)* $\rightarrow$ *α ...)*
base combiner arbusto
构建一个过程，如果arbusto为空，则返回调用base的结果。如果arbusto不为空，那么该过程递归应用自身到arbusto的每个子灌木，返回应用combiner到arbusto的根和递归调用

结果的结果
前提：combiner可以接受arbusto任意叶子的根和调用base的结果
前提：combiner可以接受arbusto任意内部结点的根和调用base或combiner任意次的结果

bush->list
$bush(\alpha) \rightarrow list(\alpha)$ (afp bushes)
arbusto
构建一个包含arbusto中所有值的列表

for-all-in-bush?
$(\alpha \rightarrow Boolean), bush(\alpha) \rightarrow Boolean$ (afp bushes)
condition-met? arbusto
判断arbusto中是否每个值都满足condition-met?
前提：condition-met?可以接受arbusto中的任意值

unfold-bush
$(\alpha \rightarrow Boolean), (\alpha \rightarrow \beta), (\alpha \rightarrow \alpha \ldots) \rightarrow (\alpha \rightarrow bush(\beta))$ (afp bushes)
final? producer step guide
构建一个过程，该过程首先确定guide是否满足final?。若是，则该过程返回空灌木。否则，该过程返回一棵非空灌木，其中根元素是应用producer到guide的结果，子灌木是首先应用step到guide随后递归应用该过程到上一步结果的结果
前提：final?可以接受guide
前提：final?可以接受调用step的结果
前提：如果guide不满足final?，那么producer可以接受它
前提：如果调用step的结果不满足final?，那么producer可以接受它
前提：如果guide不满足final?，那么step可以接受它
前提：如果调用step的结果不满足final?，那么step可以接受它

◉ 习题

3.11-1 定义一个过程 bush-sum，计算给定灌木包含的值的总和。

3.11-2 定义一个过程 bush-size，计算一个给定灌木包含多少个值（重复值重复计数）。

3.11-3 定义一个过程 bush-map，该过程可以接受两个或更多个参数，其中第一个参数是单值过程，其他参数是大小和形状相同的灌木，返回另一个大小和形状相同的灌木。结果灌木中的每个值应是将给定过程应用于给定灌木的相应元素的结果。

3.11-4 称一个灌木是计数灌木（counter bush），如果灌木是空的（在这种情况下，它的深度是 0），或者对于某个自然数 *n*，它的根是 *n*（在这种情况下，它的深度是 n），并且有 *n* - 1 个子灌木，每个子灌木都是深度为 *n* - 1 的计数灌木。例如，深度为 4 的计数灌木如下所示：

```
(bush 4 (bush 3 (bush 2 (bush 1))
                (bush 2 (bush 1)))
        (bush 3 (bush 2 (bush 1))
                (bush 2 (bush 1)))
        (bush 3 (bush 2 (bush 1))
                (bush 2 (bush 1))))
```

使用unfold-bush，定义一个过程 counter-bush，该过程接受一个自然数作为参数，并返回指定深度的计数灌木。

3.12 包

包（bag）是一种数据结构，它可以包含任意数量的值，但不会像列表那样对它们施加顺序。想象一个布袋，里面的东西可以在内部自由地晃动，没有固定的排列。可以把东西放进去，也可以把东西拿出来，但是不能把“第一件”东西拿出来，也不能用自然数作为位置索引。

Scheme 并不显式地支持包，但通常将包建模为列表，忽略元素的顺序。某些情况下可以通过为包操作提供新名称和（在某些情况下）新定义，更显式地表达这种数据抽象。

在这个模型中，表示形式不是一对一的，因为一个包可以由具有相同元素、不同排列的列表表示。例如，一个只包含符号 alpha、符号 beta 和符号 alpha 的包同样可以用以下三个值中的任意一个来表示：(list 'alpha 'alpha 'beta)，(list 'alpha 'beta 'alpha)，和 (list 'beta 'alpha 'alpha)。可以说这些值“作为包是一样的”，把它们当作包来对待的时候不加区分。（因为 equal? 谓词确实区分了它们，因此不能使用 equal? 作为判断包相同性的标准。）

3.12.1　基本包过程

作为包的基本过程清单，首先考虑一个分类谓词，它判断给定值是否为包。在本模型中，每个包都是一个列表，每个列表代表一个包，因此 bag? 谓词是 list? 的一个新名称：

```
(define bag? list?)
```

同样，可以得到任意同构包类型的分类谓词 bag-of，它只是 list-of 的别名：

```
(define bag-of list-of)
```

其次，需要能够建造包。同样地，模型的选择使得这个任务变得很简单：bag 过程是 list 的别名，它可以接受任意数量的参数并返回包含这些参数的包：

```
(define bag list)
```

相应的分解器是 debag。将其作为 delist 实现是正确的，但在这种情况下，使用不同的名称尤为重要，因为 debag 的后置条件与 delist 的后置条件不同：delist 过程保证其结果的顺序与给定列表中元素的顺序相对应。debag 程序不能做出这样的保证，因为它的参数是一个包，而包中包含的值并没有固定的排列顺序：

```
(define debag delist)
```

像列表一样，包通常是逐步构建的，而不是像 bag 过程那样一次性构建完毕。因此，有一个类似于 prepend 的过程将会很有用，该过程将一个新值添加到一个包的内容中。可以使用 bag 和 debag 来定义这一程序：

```
(define (put-into-bag new aro)
  (receive aro-contents (debag aro)
    (apply bag new aro-contents)))
```

然而，我们在实践中将采取模型所提供的更高效的捷径：

```
(define put-into-bag prepend)
```

同样地，有时也需要逆过程，它接受一个非空的包，从中提取一个值，并返回这个值和一个包含剩余内容的包。这是一个类似于 deprepend 的过程，只是它的后置条件不能保证从包中取出的是哪个值——因为包是无序的，所以没有“第一个”元素。同样，可以将其定义为

```
(define take-from-bag
  (pipe debag (dispatch >initial (pipe >all-but-initial bag))))
```

但我们选择走捷径：

```
(define take-from-bag deprepend)
```

谓词 empty-bag? 可以区分不包含任何值的包和其他包：

```
(define empty-bag? empty-list?)
```

最后，需要一个相等谓词 bag=?，以及一个用于构造同构包相等谓词的 bag-of= 过程。我们的策略是使用按顺序遍历两个给定的包（即列表）中的其中一个，使用 extract 从另一个包中移除前一个包的每个元素。如果 extract 发出失败信号，则两个包不相等。当遍历到达第一个包的末端时，检查另一个包是否为空。如果是，则两个包是相等的。以下是 bag=? 的实现：

```
(define (bag=? left right)
  (if (empty-list? left)
      (empty-list? right)
      (receive (first-of-left rest-of-left) (deprepend left)
        (receive (sought rest-of-right)
                 (extract (equal-to first-of-left) right)
          (and (box? sought)
               (bag=? rest-of-left rest-of-right))))))
```

bag-of= 构造的谓词使用相同的逻辑，但调用特定的谓词（而不是一般的 equal?）来比较元素：

```
(define (bag-of= element=?)
  (rec (equivalent? left right)
    (if (empty-list? left)
        (empty-list? right)
        (receive (first-of-left rest-of-left) (deprepend left)
          (receive (sought rest-of-right)
                   (extract (sect element=? first-of-left <>) right)
            (and (box? sought)
                 (equivalent? rest-of-left rest-of-right)))))))
```

bag-of= 有一个复杂的前提。因为无法控制从 left 获取值和从 right 匹配值的顺序，所以 element=? 谓词必须是与排序无关的。一些二元谓词以微妙的方式关联两个包中的值，除非 element=? 符合下列条件，否则可能会获得错误的结果：

对于任意值 left-0、left-1、right-0 和 right-1，如果 left-0 和 right-0 满足 element=?，left-1 和 right-0 满足 element=?，而且 left-0 和 right-1 满足 element=?，那么 left-1 和 right-1 满足 element=?。

调用者应确保 element=? 满足这个前提。幸运的是，对于相等谓词来说，很容易确保这一点。

接下来的包操作将不再定义为列表上操作的别名，而是将前面的包操作定义为基本操作，其他包操作在这些基本操作上定义，因此将操作与具体模型分离开来。下面看看其他操作的构造方法。

3.12.2 包操作

take-from-bag 过程无法控制从包中取出的值的性质或身份。一个更有用的过程 extract-from-bag 可以用来选择一个具有某种特征的值，这个特征以一元谓词的形式给出。

实际上，extract-from-bag 所做的是，在这个包中找到满足给定条件的值，返回这个值以及一个包含所有未选择值的包。

这种设计的一个缺点是，它似乎需要一个谓词，且包中恰好有一个值满足这个谓词。通常无法确保这样的前提成立。因此可以降低期望来应对这种困难。如果给 extract-from-bag 提供一个谓词，而包里有若干个元素满足该谓词，那么允许它返回这些元素中的任何一个作为结果。

现在很明显，extract-from-bag 与列表的 extract 过程非常相似——可以直接使用相同的策略，将过程中列表基本过程替换成包基本过程。还可以循环使用将成功搜索的结果打包的想法。如果搜索失败，则返回 #f 作为第一个结果：

```
(define (extract-from-bag condition-met? aro)
  ((rec (extracter areto)
     (if (empty-bag? areto)
         (values #f areto)
         (receive (chosen others) (take-from-bag areto)
           (if (condition-met? chosen)
               (values (box chosen) others)
               (receive (sought relicts) (extracter others)
              (values sought (put-into-bag chosen relicts)))))))
   aro))
```

当然，在我们的模型中，extract-from-bag 不仅与 extract 类似，而且与它相同：我们定义了相同的过程两次，这两次的区别只是它调用的一些过程用了不同的名称。然而，在包的任何模型下，extract-from-bag 的定义在不需要修改（这些模型支持 put-into-bag，take-from-bag 和 empty-bag?）的情况下都可以正常工作。这一模块化特征是这个实现的重点。

包的基数（cardinality）是指它包含的值的数目（将重复项重复计数）。它类似于一个列表的长度，可以通过调整 length 的定义来计算它，但是这里将采用另一个策略：使用 tally 将结果展开为一个自然数，计算不断地从包中取值，直到包为空的取值次数：

```
(define bag-cardinality (tally empty-bag? (pipe take-from-bag >next)))
```

包的 for-all? 和 exists? 的对应谓词定义如下：

```
(define (for-all-in-bag? condition-met? aro)
  ((rec (ok? areto)
     (or (empty-bag? areto)
         (receive (chosen others) (take-from-bag areto)
           (and (condition-met? chosen) (ok? others)))))
   aro))
(define exists-in-bag? (run (~initial ^not) for-all-in-bag? not))
```

3.12.3 包递归管理

我们常常希望从一个基值开始，逐个合并从包中提取的值，累积生成一个结果。fold-bag 过程是一个递归管理器，它抽象了对包成员进行折叠的模式，就像 fold-list 抽象了对列表元素的折叠模式一样：

```
(define (fold-bag base combiner)
  (recur empty-bag? (pipe black-hole base) take-from-bag combiner))
```

不过，在使用 fold-bag 时需要相当小心，因为我们不希望结果取决于从包中取出元素

的顺序。用作合并器的过程应该满足顺序无关条件（order-independence condition），要求

```
(receive results (apply combiner alpha starters)
  (apply combiner beta results))
```

以及

```
(receive results (apply combiner beta starters)
  (apply combiner alpha results))
```

返回相同的结果，不管 alpha 和 beta 的值和 starters 的元素是什么。

例如，可以构造一个包含两个给定包内容的包，将其中一个包作为起点并折叠另一个包，并将其中的每个成员放入结果包中：

```
(define (bag-union left right)
  ((fold-bag (create right) put-into-bag) left))
```

请注意，put-into-bag 符合上述顺序无关条件（前提是将其结果视为包，而不是列表！）。

再举一个例子，可以使用 fold-bag 来构建一个类似于 map 的过程，它将一个过程应用到一个包中的每个成员，并将结果收集到一个新的包中：

```
(define (map-bag procedure aro)
  ((fold-bag (create (bag)) (pipe (~initial procedure) put-into-bag))
   aro))
```

尽管列表的 map 过程是可变元的，但以这种方式推广 map-bag 并没有用处，因为我们无法在两个或多个包中标识出“对应元素”。

有了 fold-list 的类似过程 fold-bag，现在可以通过将对列表过程的调用替换为对包的相应过程的调用来定义包的 filter，remp 和 partition 过程：

```
(define (filter-bag keep? aro)
  ((fold-bag bag (conditionally-combine keep? put-into-bag)) aro))
(define remp-bag (pipe (~initial ^not) filter-bag))
(define (partition-bag condition-met? aro)
  ((fold-bag (create (bag) (bag))
             (lambda (candidate ins outs)
               (if (condition-met? candidate)
                   (values (put-into-bag candidate ins) outs)
                   (values ins (put-into-bag candidate outs)))))
   aro))
```

还可以使用类似于 unfold-list 过程的 unfold-bag 过程来递归地构造包：

```
(define (unfold-bag final? producer step)
  (build final? (constant (bag)) producer step put-into-bag))
```

---

bag? (afp bags)
any → *Boolean*
something
判断something是否为一个包

bag-of (afp bags)
(any → Boolean) → *(any → Boolean)*
right-type-of-value? something
构建一个谓词，判断something 是否为一个包且包中每个元素都满足right-type-of-value?
前提：right-type-of-value?可以接受任意元素

bag (afp bags)
α ... → $bag(\alpha)$

arguments
构建一个包含arguments元素的包

debag　(afp bags)
$bag(\alpha) \rightarrow \alpha \ldots$
aro
返回aro包含的所有元素（不限顺序）

put-into-bag　(afp bags)
$\alpha,\ bag(\alpha) \rightarrow bag(\alpha)$
new aro
构建一个包含new和aro中所有元素的包

take-from-bag　(afp bags)
$bag(\alpha) \rightarrow \alpha,\ bag(\alpha)$
aro
返回aro中的其中一个元素和一个包含aro中剩余元素的包
前提：aro非空

empty-bag?　(afp bags)
$bag(any) \rightarrow Boolean$
aro
判断aro是否为空包

bag=?　(afp bags)
$bag(any),\ bag(any) \rightarrow Boolean$
left right
判断left和right是否为相同的包，即两个包是否包含完全相同的元素（包中元素的排序没有影响，但是重复值视为不同元素）

bag-of=　(afp bags)
$(\alpha, \beta \rightarrow Boolean) \rightarrow (bag(\alpha),\ bag(\beta) \rightarrow Boolean)$
element=? left right
构建一个过程，判断是否对于left中的每个值，都能在right中找到对应值，且这两个值满足element=?，反之亦然
前提：element=?可以接受left中的任意元素作为第一个参数以及right中的任意元素作为第二个参数
前提：对于任意值left-0，left-1，right-0和right-1，如果left-0和right-0满足element=?，left-1和right-0满足element=?，且left-0和right-1满足element=?，那么left-1和right-1满足element=?

extract-from-bag　(afp bags)
$(\alpha \rightarrow Boolean),\ bag(\alpha) \rightarrow (box(\alpha) \mid Boolean),\ bag(\alpha)$
condition-met? aro
在aro中查找一个满足condition-met?的值。若找到该值，则返回一个包含该值的盒和一个包含aro中剩余元素的包；否则返回#f和aro
前提：condition-met?可以接受aro的任意元素

bag-cardinality　(afp bags)
$bag(any) \rightarrow natural\text{-}number$
aro
计算aro包含的元素数量

for-all-in-bag?　(afp bags)
$(\alpha \rightarrow Boolean),\ bag(\alpha) \rightarrow Boolean$
condition-met? aro
判断是否aro中所有元素都满足condition-met?
前提：condition-met?可以接受aro的任意元素

exists-in-bag?　(afp bags)
$(\alpha \rightarrow Boolean),\ bag(\alpha) \rightarrow Boolean$
condition-met? aro
判断aro中是否至少包含一个满足condition-met?的元素
前提：condition-met?可以接受aro的任意元素

fold-bag　(afp bags)
$(\rightarrow \alpha \ldots),\ (\beta, \alpha \ldots \rightarrow \alpha \ldots) \rightarrow (bag(\beta) \rightarrow \alpha \ldots)$
base combiner aro
构建一个过程，如果aro为空，则该过程返回调用base的结果。如果aro非空，则该过程从aro中取出一个元素，将其自身递归应用到一个包含aro剩余元素的包，返回应用combiner到取出的值

和递归调用结果的结果
前提：combiner可以接受aro的任意元素和调用base的结果
前提：combiner可以接受aro的任意元素和调用combiner的结果
前提：combiner满足顺序无关条件

bag-union
$bag(\alpha)$, $bag(\alpha)$ $\to bag(\alpha)$ (afp bags)
left right
构建一个包含left和right中所有元素的包

map-bag
$(\alpha \to \beta)$, $bag(\alpha)$ $\to bag(\beta)$ (afp bags)
procedure aro
构建一个包含将procedure应用于aro中各元素结果的包
前提：procedure可以接受aro中的任意元素

filter-bag
$(\alpha \to Boolean)$, $bag(\alpha)$ $\to bag(\alpha)$ (afp bags)
keep? aro
构建一个包含aro中所有满足keep?的元素的包
前提：keep?可以接受aro中的任意元素

remp-bag
$(\alpha \to Boolean)$, $bag(\alpha)$ $\to bag(\alpha)$ (afp bags)
exclude? aro
构建一个包含aro中所有不满足exclude?的元素的包
前提：exclude?可以接受aro 中的任意元素

partition-bag
$(\alpha \to Boolean)$, $bag(\alpha)$ $\to bag(\alpha)$, $bag(\alpha)$ (afp bags)
condition-met? aro
构建两个包，一个包含aro中所有满足condition-met?的元素，另一个包含剩余元素
前提：condition-met?可以接受aro的任意元素

unfold-bag
$(\alpha \ldots \to Boolean)$, $(\alpha \ldots \to \beta)$, $(\alpha \ldots \to \alpha \ldots)$ $\to (\alpha \ldots \to bag(\beta))$ (afp bags)
final? producer step arguments
构建一个过程，该过程首先确定arguments的元素是否满足final?。若是，则该过程返回一个空包。否则，它返回一个包，其中包含应用producer到arguments元素的结果，还有通过首先应用step 到arguments元素随后递归应用该过程到上一步结果的结果
前提：final?可以接受arguments的元素
前提：final?可以接受调用step的结果
前提：如果arguments的元素不满足final?，那么producer可以接受它们
前提：如果调用step 的结果不满足final?，那么producer可以接受它们
前提：如果arguments的元素不满足final?，那么step可以接受它们
前提：如果调用step 的结果不满足final?，那么step可以接受它们

◉ 习题

3.12-1 定义一个过程 bag-sum，该过程计算给定数值包中所有成员之和。

3.12-2 包 b 中 v 值的多重性是指 b 包含的与 v 值相同的值的数目。(使用 equal? 来测试两个值是否“相同”）定义一个过程 multiplicity，计算给定包中给定值的多重性。例如，调用‘(multiplicity 'foo(bag 'bar 'foo 'quux 'foo 'bar 'wombat 'foo))’的值是 3，因为包中有三个值是符号 foo。(提示：使用 conditionally-tally。)

3.12-3 习题 3.7-6 提到了列表的 filtermap 过程，请设计并实现包的对应过程。

3.12-4 定义一个过程 iota-bag，它接受任意自然数参数，并返回一个包含所有小于给定自然数的包。

3.12-5 正整数 n 的质数因子分解是一个包含了乘积是 n 的所有质数的包。例如，120 的质数因子分解结果是 (bag 2 2 2 3 5)，1 的质数因子分解是空包。定义一个过程 prime- factorization，它

计算并返回给定正整数的质数因子分解结果。

3.12-6　使用 unfold-bag 定义一个过程 make-bag，该过程接受两个参数，其中第一个参数是自然数，它返回一个包含第一个参数指定数目的值的包，包中的每个值都等于第二个参数。例如，调用（make bag 5‘foo’）的值为（bag‘foo’foo‘foo’foo’）。

3.12-7　定义一个过程 bag-of-ratios，该程序接受两个数值包，其中第二包不含 0，并返回一个包含将第一包中的值除以第二包中的值的包。例如，调用 '(bag-of-ratios(bag 4 -7 -12 9)(bag -5 15 8))' 的结果是 (bag -4/5 4/15 1/2 7/5 -7/15 -7/8 12/5 -4/5 -3/2 -9/53/5 9/8)。（请注意，结果包中的值 –4/5 的多重性为 2，它一次显示为 4 与 –5 的比值，另一次显示为 –12 与 15 的比值。）

3.12-8　定义一个过程 without-duplicates，接受任何包并返回去除其中重复值的包。（换言之，without-duplicates 返回的包中的每个值在该包中的多重性都为 1。）

3.13　等价关系

在许多算法中，我们常常需要测试一个值 v 是否等于另一个值 w，或者是否与 w 相同，或者简单地说是否就是 w。这些表达式的确切含义并不总是显而易见的，在不同的上下文中，相同的值可能被视为相等或不相等，相同或不相同。例如，我们已经看到，(list 0 1) 和 (list 1 0) 作为列表是不同的，但作为包的表示，它们是相同的。是否把 v 和 w 看成相同的值，通常是在特定的上下文中，算法设计者考虑哪个选项更有用或更方便之后做出的决定。

一般来说，在一个设计良好的算法中，当 v 和 w 在考虑的抽象级别上或预期的上下文中不可区分时，它们可以看成是相同的。例如，处理字母数字字符串的程序员在为某些环境设计接口时，可能会使用执行不区分大小写比较的谓词来测试两个字符串是否相同，在这种环境中，用户将看不到大写字母与其对应的小写字母之间的区别。而在另一个应用中，用户可能需要将 A 与 a 区分开来，此时程序员则会采用区分大小写的字符串相等标准。

为了适应这些不同的比较标准，许多算法都要求调用者提供一个二元等价谓词（equivalence predicate），每当需要决定两个值是否相同时，算法都可以调用这个谓词。实践中通常有一个明显的选择，因此我们将试图让等价谓词的说明不太显眼。另一方面，使用一个比通常所用谓词更宽泛的等价谓词——即使程序员能够区分这些值，这种等价谓词也将不同的值视作是“相同的”，——有时是一种强大而简洁的技术，在做出决定之前应该考虑仔细。

我们将始终假定，并将此作为一个前提：任何判断相等的二元谓词都是等价关系（equivalence relation）。此关系的域（与之相关的值的类）必须包括二元谓词应用的所有值。域 D 的关系 R 是等价关系，当且仅当它具有以下三个特征：

1. R 是自反的（reflexive）：对于 D 的任何元素 a，a 到自身有关系 R。

2. R 是对称的（symmetric）：对于 D 的任何元素 a 和 b，a 到 b 有关系 R，当且仅当 b 到 a 有关系 R。

3. R 是传递的（transitive）：对于 D 的任何元素 a、b 和 c，如果 a 到 b 有关系 R 且 b 到 c 有关系 R，则 a 到 c 有关系 R。

例如，谓词 same-in-parity？（见 2.5 节）表示整数域上的一个等价关系：当两个整数具有相同的奇偶性时（也就是说，如果它们都是偶数或都是奇数），两个整数是“相等的”；如果一个是偶数而另一个是奇数，则它们是“不同的”。这种关系是自反的，因为每个整数与其自身都具有相同的奇偶性。它是对称的，因为如果 a 与 b 具有相同的奇偶性，那么 b 与 a 具有相同的奇偶性。它是传递的，因为如果 a 与 b 具有相同的奇偶性，而 b 与 c 具有相同的奇偶性，那么 a 与 c 具有相同的奇偶性。

前面引入的所有相等谓词（例如 symbol=? 和 tree=?，以及如 list-of= 相等谓词构造函数的构造的谓词）都表示等价关系，Scheme 也提供了几个基本相等谓词。例如，一个与上面关于区分大小写的讨论有关的是 char-ci=?，它接受两个字符，并在忽略它们大小写的情况下确定它们是否相同。

我们借此机会定义构造有序对和盒的相等谓词和分类谓词的过程，在 3.4 节和 3.5 节中没有提供的谓词定义。

在处理某个特定类型的有序对时，通常以不同的方式特定化第一个部件（car）和第二个部件（cdr）。为这种特定化的有序对生成分类谓词和相等谓词的元过程将有两个参数，一个用于有序对的第一个部件，另一个用于有序对的第二个部件。对于构造特定类型分类谓词的过程，这些参数是有序对各个部件的分类谓词：

```
(define (pair-of car-tester? cdr-tester?)
  (^et pair? (^et (pipe car car-tester?) (pipe cdr cdr-tester?))))
```

对于构造特定类型相等谓词的过程，这些参数应该是比较各个对应组件的等价谓词：

```
(define (pair-of= same-car? same-cdr?)
  (^et (compare-by car same-car?) (compare-by cdr same-cdr?)))
```

因此，可以使用 pair-of= 来构造一般的 pair=? 过程：(pair-of= equal? equal?)。

但是请注意，谓词 same-car? 和 same-cdr? 不必是所涉及数据类型的“自然”相等谓词。例如，如果有序对实现的一种新类型，新类型的第一个部件始终是一个整数，而第二个部件始终是一个列表，可能定义新类型的相等谓词为 (pair-of= same-in-parity?(pipe (compare-by length =)))，而不是 (pair-of= = list=?)。如何选择不同的谓词，需要根据算法如何定义“相同”来决定。

类似地，盒的专用分类谓词将给定的分类谓词应用于其内容：

```
(define (box-of contents-tester?)
  (^et box? (pipe debox contents-tester?)))
```

盒的相等谓词将一个等价谓词应用于其内容：

```
(define box-of= (sect compare-by debox <>))
```

因此，box=? 可以定义为 (box-of= equal?)。

扩展等价关系

为了检验关于一个特定的等价关系，是否有两个以上的值相互等价，可以扩展该关系的元数。all-alike 过程构造了给定等价关系的多参数扩展版本：

```
(define (all-alike equivalent?)
  (lambda arguments
```

```
(or (empty-list? arguments)
    (receive (initial remaining) (deprepend arguments)
      (for-all? (sect equivalent? initial <>) remaining)))))
```

如果没有要比较的值（即列表为空），那么“它们都相同”的断言是“空真”——也就是说，断言是真的，因为找不到反例。如果列表包含至少一个值，则判断第一个值是否与其他值等价。如果是，那么根据对称性，其他元素中的每一个都等价于第一个；再根据传递性，可以得出所有其他元素都相互等价。

`all-different` 过程判断它们的所有参数在给定的等价关系下是否都互不相同。这一过程并不简单。由于等价关系的补关系不具有传递性，因此必须将每一个参数相互比较，以确保不存在两个参数是等价的：

```
(define (all-different equivalent?)
  (pipe list
        (check empty-list?
               (run deprepend (~initial (curry equivalent?)) exists? not)
               rest)))
```

例如，以下调用返回的谓词判断其所有参数除以 10 时得到的余数是否互不相同

```
(all-different (compare-by (sect mod <> 10) =))
```

(scheme char)

char-ci=?
character, character, character ... → *Boolean*
left right others
判断left、right和others的元素在“大小写无关”的情况下是否相同（即，在忽略大小写的情况下，left、right和others的元素是否相同）

(afp pairs)

pair-of
(any → Boolean), (any → Boolean) → *(any → Boolean)*
car-tester? cdr-tester? something
构建一个谓词，判断something是否是一个有序对，其中第一个元素满足car-tester? 且第二个元素满足cdr-tester?
前提：car-tester? 可以接受任何值
前提：cdr-tester? 可以接受任何值

(afp pairs)

pair-of=
(α, α → Boolean), (β, β → Boolean) → *(pair(α, β), pair(α, β) → Boolean)*
same-car? same-cdr? left right
构建一个谓词，该谓词通过检查left和right 的第一个元素是否满足same-car?且第二个元素是否满足same-cdr? 来确定它们是否相同
前提：same-car? 是一个等价关系
前提：same-car? 可以接受left 的第一个元素和right的第一个元素
前提：same-cdr? 是一个等价关系
前提：same-cdr? 可以接受left 的第二个元素和right的第二个元素

box-of
(any → Boolean) → *(any → Boolean)*
contents-tester? something
(afp boxes)
构建一个谓词，该谓词判断something 是否为一个包含满足contents-tester?的值的盒
前提：contents-tester?可以接受任意值

(afp boxes)

box-of=
(α, α → Boolean) → *(box(α), box(α) → Boolean)*
same-contents? left right
构建一个谓词，该谓词通过检查left和right的内容是否满足same-contents?来确定left和right是否相同
前提：same-contents?是一个等价关系

前提：same-contents?可以接受left的内容和right的内容

all-alike (afp lists)
$(\alpha, \alpha \to Boolean) \to (\alpha \ldots \to Boolean)$
equivalent? arguments

构建一个谓词，arguments满足该谓词，当且仅当arguments中任意两个元素都满足equivalent?
前提：equivalent?是一个等价关系
前提：equivalent? 可以接受arguments的任意元素

all-different (afp lists)
$(\alpha, \alpha \to Boolean) \to (\alpha \ldots \to Boolean)$
equivalent? arguments

构建一个谓词，arguments 满足该谓词，当且仅当arguments中任意两个元素都不满足equivalent?
前提：equivalent? 是对称的
前提：equivalent? 可以接受arguments的任意元素

◉ 习题

3.13-1 谓词 <= 是整数域上的等价关系吗？证明你的回答是正确的。

3.13-2 谓词 (pipe(~each(sect div <> 10))=) 是整数域上的等价关系吗？证明你的回答是正确的。

3.13-3 谓词 (constant #f) 在符号域上是等价关系吗？证明你的回答是正确的。

3.13-4 定义一个谓词 disjoint-bags，它接受两个包，如果不存在它们都包含的值，则返回 #t；如果它们至少包含一个相同的值，则返回 #f。举一个反例来说明 disjoint-bags 不是等价关系。

3.13-5 定义谓词 disjoint-bags 的多参数扩展版本，该版本的谓词可以接受任意数量的包作参数，如果不存在一个值，使得两个或多个包都包含该值，则返回 #t；如果存在一个值，使得至少有两个包包含该值，则返回 #f。

3.14 集合

集合（set）是可以包含任意多个值的数据结构。集合中的值是无序的，就像包一样。然而，与包不同的是，集合不能包含某个值“多于一次”。集合中的任何两个成员都是不同的值，因此集合中没有多重性的概念（见习题 3.12-2）——一个值要么是集合的成员，要么不是集合的成员，这便是集合的概念。

将集合类型的值建模为满足约束条件的包是很自然的，即要求包中的任意两个值都不相同。然而，这里又一次遇到了“相同性”的问题。因为这个问题的答案取决于使用的上下文，并且，出于实际考虑，取决于正在开发的应用程序的性质，没有一个等价关系能普遍适用于所有情况。

因此，在构造一个集合时，需要提供一个二元谓词，一个表示相等标准的等价关系。对于一般集合，可以使用 equal? 作等价关系。但是，请注意，同一个值在某一等价标准下可能被视为一个集合，但在其他标准下则不被视为集合。例如，值 (bag 0 1) 和 (bag 1 0) 满足谓词 bag=?，所以一个使用 bag=? 作为等价标准的集合不能同时包含这两个值。然而，根据 3.12 节中开发的包的实现，像 list=? 或 equal? 的谓词可以区分 (bag 0 1) 和 (bag 1 0)，因此如果使用这些谓词中的其中一个作为等价标准，那么它们可以出现在同一个集合中。

因此，集合的分类谓词不是一个，而是对各种可能的等价标准定义一个分类谓词。set-classification 过程接受一个二元谓词并构造一个适当的分类谓词：

```
(define (set-classification equivalent?)
  (^et bag? (pipe debag (all-different equivalent?))))
```

我们用‘set?’这个名称表示一般集合的分类谓词：

```
(define set? (set-classification equal?))
```

类似地，set-of 过程需要一个表示等价标准的参数，以及集合成员类型的分类谓词：

```
(define (set-of right-type-of-member? equivalent?)
  (^et bag? (pipe debag (^et (every right-type-of-member?)
                             (all-different equivalent?)))))
```

put-into-bag 过程的对应过程也有不同的等价标准。同时在设计中遇到了另一个问题：当调用者试图添加一个与已经存在于集合中的值相同的值时，会发生什么？这样做违反前提，会导致错误吗？这种情况应该当作失败来处理，像 extract-from-bag 一样返回类似的结果接口吗？结果发现第三种方法更有用：丢弃重复的值并返回原集合。

set-adjoiner 过程接受一个等价关系并返回一个过程，该过程基于丢弃重复项的策略给集合添加一个值：

```
(define (set-adjoiner equivalent?)
  (^if (pipe (~initial (curry equivalent?)) exists-in-bag?)
       >next
       put-into-bag))
```

同样，通用版本使用一个单独的名称：

```
(define put-into-set (set-adjoiner equal?))
```

set-adjoiner 构造的过程的运行时间随着集合参数中成员数的增加而增加，因为每个准备新添加的元素都必须与集合中已有的所有元素进行比较。但是，在某些情况下可以添加一个前提：准备添加到集合中的值与集合已有的任意值都不等价。对于这种情况，可以使用 fast-put-into-set 过程：

```
(define fast-put-into-set put-into-bag)
```

set-maker 过程接受一个等价关系并返回集合的变元构造函数，将给定的等价关系作为

其等价标准：

```
(define (set-maker equivalent?)
  (extend-to-variable-arity (bag) (set-adjoiner equivalent?)))
```

一般集合的变元构造函数称为 set：

```
(define set (set-maker equal?))
```

其余的集合基本过程不需要集合的等价标准，因此它们可以与包的对应过程保持一致：

```
(define deset debag)

(define take-from-set take-from-bag)

(define empty-set? empty-bag?)

(define set=? bag=?)

(define set-of= bag-of=)
```

3.14.1　集合递归管理

集合递归管理工具类似于包的相应工具。fold-set 是其中最常见的过程。它接受一个

集合，返回一个过程。如果集合为空，则返回的过程调用基本过程生成其结果；否则，返回的过程从集合中取出一个成员，对集合的其余部分继续递归调用，并将合并器过程应用于从集合的提取出的成员和递归调用的结果。

```
(define (fold-set base combiner)
  (recur empty-set? (pipe black-hole base) take-from-set combiner))
```

事实上，在集合的这种实现中，fold-set 与 fold-bag 的过程是相同的（因为是 empty-set? 就是 empty-bag? 的别名，take-from-set 是 take-from-bag 的别名）。

由于映射和展开过程返回新构造的集合，为此定义一个更高阶的过程，返回在构造中使用特定等价关系的映射器和展开器：

```
(define (set-mapper equivalent?)
  (lambda (procedure aro)
    ((fold-set (set-maker equivalent?)
               (pipe (~initial procedure) (set-adjoiner equivalent?)))
     aro)))
(define (set-unfolder equivalent?)
  (lambda (final? producer step)
    (build final?
           (constant ((set-maker equivalent?)))
           producer
           step
           (set-adjoiner equivalent?))))
```

如果只需要一般集合，可以使用更简单的 map-set 和 unfold-set：

```
(define map-set (set-mapper equal?))

(define unfold-set (set-unfolder equal?))
```

在某些情况下，如果可以保证生成和放进集合的所有值都是互不相同的，不需要将各项进行比较，因此可以使用 map-set 的一个快速版本：

```
(define (fast-map-set procedure aro)
  ((fold-set set (pipe (~initial procedure) fast-put-into-set)) aro))
```

3.14.2 筛选和划分

筛选和划分过程不需要显式的等价关系参数，虽然它们也构造集合，但是其结果都是给定集合的子集。在构造给定集合时，显式测试已经排除了重复项。因此，给定集合的子集不会包含重复值（满足等价关系的值）。出于同样的原因，可以使用 fast-put-into-set 在结果集上添加值。（检查添加元素是否已经是结果集合的成员是毫无意义的，因为可以证明添加的元素不在结果集合中。）

```
(define (filter-set keep? aro)
  ((fold-set set (conditionally-combine keep? fast-put-into-set)) aro))

(define remp-set (pipe (~initial ^not) filter-set))

(define (partition-set condition-met? aro)
  ((fold-set (create (set) (set))
             (lambda (candidate ins outs)
               (if (condition-met? candidate)
```

```
                    (values (fast-put-into-set candidate ins) outs)
                    (values ins (fast-put-into-set candidate outs)))))
   aro))
```

3.14.3 其他集合运算

基于前面的过程，现在定义集合上的一些常见运算的算法。

集合的基数是它拥有的成员数量。可以通过计数器来计算给定集合的基数，正如3.12节中对包的技术一样，但这里使用 fold-set 来描述一个思路上基本相同的递归方法。如果给定集合为空，则生成0并返回它。否则，取出一个成员，舍弃之，并给集合其余部分的基数加1：

```
(define cardinality (fold-set (create 0) (pipe >next add1)))
```

选择器 extract-from-set 从给定集合中删除满足给定谓词的成员，类似于 extract-from-bag。与 extract-from-bag 一样，如果删除成功，extract-from-set 将返回包含满足条件的成员的盒，如果删除失败，则返回（未打包的）#f：

```
(define (extract-from-set condition-met? aro)
  ((rec (extracter areto)
     (if (empty-set? areto)
         (values #f areto)
         (receive (chosen others) (take-from-set areto)
           (if (condition-met? chosen)
               (values (box chosen) others)
               (receive (sought relicts) (extracter others)
                 (values sought (fast-put-into-set chosen relicts)))))))
   aro))
```

在许多情况下，删除集合的成员的唯一目的是获得删除元素后的集合。remove-from-set 过程执行此操作，只返回删除后的集合：

```
(define (remove-from-set delend aro)
  ((rec (remover areto)
     (receive (chosen others) (take-from-set areto)
       (if (equal? delend chosen)
           others
           (fast-put-into-set chosen (remover others)))))
   aro))
```

for-all-in-set 谓词测试给定集合中的各个成员是否都满足给定的一元谓词，它的定义和 for-all-in-bag? 类似。

```
(define (for-all-in-set? condition-met? aro)
  ((rec (ok? areto)
     (or (empty-set? areto)
         (receive (chosen others) (take-from-set areto)
           (and (condition-met? chosen) (ok? others)))))
   aro))
```

类似地，exists-in-set? 测试给定集合中是否至少有一个成员满足给定的一元谓词：

```
(define exists-in-set? (run (~initial ^not) for-all-in-set? not))
```

exists-in-set? 的一个简单应用是 member?，该谓词判断给定值是否是给定集合的成员。

```
(define member? (pipe (~initial (curry equal?)) exists-in-set?))
```

实际上，member? 谓词仅用于一般集合。set-membership 过程接受一个等价关系参数，并返回一个使用该等价关系作为其等价标准的集合的成员谓词：

```
(define (set-membership equivalent?)
  (pipe (~initial (curry equivalent?)) exists-in-set?))
```

subset? 谓词判断一个给定集合是否为另一个集合的子集，也就是说，它的每个成员是否也是另一个集合的成员：

```
(define (subset? left right)
  (for-all-in-set? (sect member? <> right) left))
```

同样地，subset? 适用于一般集合。如果需要不同的等价标准，可以通过 set-subsethood 过程来生成定制的版本：

```
(define (set-subsethood equivalent?)
  (let ((mem? (set-membership equivalent?)))
    (lambda (left right)
      (for-all-in-set? (sect mem? <> right) left))))
```

如果两个集合互为子集，那么这两个集合包含了完全相同的成员。因此，将 set=? 定义为 (^et subset?(converse subset?)) 是可行的，但是实际上我们会采用更有效的策略。

3.14.4 并集、交集和差集

两个集合的并集（union）是包含两个集合所有成员的集合。可以从两个集合中的任意一个集合开始，然后在另一个集合上折叠，逐个将其成员添加到前一个集合中。由于合并依赖于等价标准，这里先给出 set-unioner 元过程：

```
(define (set-unioner equivalent?)
  (lambda (left right)
    ((fold-set (create right) (set-adjoiner equivalent?)) left)))
```

于是，union 过程就是一般集合的并集：

```
(define (union left right)
  ((fold-set (create right) put-into-set) left))
```

当已知这两个集合没有共同成员时，可以使用并集的快速版本：

```
(define (fast-union left right)
  ((fold-set (create right) fast-put-into-set) left))
```

两个集合的交集（intersection）的成员是这两个集合的公共成员。要构建交集，可以从任一集合开始，然后对另一个集合的成员进行筛选得到：

```
(define (intersection left right)
  (filter-set (sect member? <> right) left))

(define (set-intersectioner equivalent?)
  (let ((mem? (set-membership equivalent?)))
    (lambda (left right)
      (filter-set (sect mem? <> right) left))))
```

如果两个集合的交集为空，则它们是不相交的。

```
(define disjoint? (pipe intersection empty-set?))

(define (set-disjointness equivalent?)
  (pipe (set-intersectioner equivalent?) empty-set?))
```

两个集合的差集（difference）是那些属于第一个集合但不属于第二个集合的成员构成的集合：

```
(define (set-difference left right)
  (remp-set (sect member? <> right) left))

(define (set-differencer equivalent?)
  (let ((mem? (set-membership equivalent?)))
    (lambda (left right)
      (remp-set (sect mem? <> right) left))))
```

---

set-classification　(afp sets)
$(\alpha, \alpha \rightarrow Boolean) \rightarrow (any \rightarrow Boolean)$
equivalent?　something
构建一个谓词，判断something是否为一个集合，使用equivalent?作为判断该集合成员是否相等的等价标准
前提：equivalent?是对称的
前提：equivalent?可以接受任意值

set?　(afp sets)
$any \rightarrow Boolean$
something
判断something是否为一个集合，使用equal?作为判断该集合成员是否相等的等价标准

set-of　(afp sets)
$(any \rightarrow Boolean), (\alpha, \alpha \rightarrow Boolean) \rightarrow (any \rightarrow Boolean)$
right-type-of-member? equivalent?　something
构建一个谓词，该谓词判断something是否为一个只包含满足right-type-of-member?的元素的集合，使用equivalent?作为判断该集合成员是否相等的等价标准
前提：right-type-of-member?可以接受任意值
前提：equivalent?可以接受满足right-type-of-member?的任意值
前提：equivalent?是对称的

set-adjoiner　(afp sets)
$(\alpha, \alpha \rightarrow Boolean) \rightarrow (\alpha, set(\alpha) \rightarrow set(\alpha))$
equivalent?　new aro
构造一个过程，该过程构建一个包含aro成员和new的集合（假设aro中没有成员与new满足equivalent?）
前提：equivalent?是一个等价关系
前提：equivalent?可以接受new和aro的任意成员

put-into-set　(afp sets)
$\alpha, set(\alpha) \rightarrow set(\alpha)$
new aro
构造一个包含aro的成员和new的集合（假设new不是aro的成员）

fast-put-into-set　(afp sets)
$\alpha, set(\alpha) \rightarrow set(\alpha)$
new aro
构造一个包含new和aro的成员的集合
前提：new不是aro的成员

set-maker　(afp sets)
$(\alpha, \alpha \rightarrow Boolean) \rightarrow (\alpha \ldots \rightarrow set(\alpha))$
equivalent?　arguments
构造一个过程，该过程构造一个以arguments的元素作为成员的集合，舍弃其中的重复项（通过equivalent?确定）
前提：equivalent?是一个等价关系
前提：equivalent?可以接受arguments的任意成员

set　(afp sets)

$\alpha \ldots \quad \to set(\alpha)$
arguments
构造一个以arguments的元素作为成员的集合，舍弃其中的重复项

deset (afp sets)
$set(\alpha) \quad \to \alpha \ldots$
aro
返回aro的所有成员

take-from-set (afp sets)
$set(\alpha) \quad \to \alpha,\ set(\alpha)$
aro
返回aro的一个成员以及一个除该成员外其他成员构成的集合
前提：aro非空

empty-set? (afp sets)
$set(any) \quad \to Boolean$
aro
判断aro是否为空集合

set=? (afp sets)
$set(any),\ set(any) \quad \to Boolean$
left right
判断left和right是否为相同的集合

set-of= (afp sets)
$(\alpha,\ \beta \to Boolean) \quad \to (set(\alpha),\ set(\beta) \quad \to Boolean)$
member=? left right
构造一个谓词，该谓词判断left和right是否包含相同的成员，使用member=? 作为等价标准
前提：member=?可以接受left的任意成员作为其第一个参数以及right的任意成员作为其第二个参数
前提：对于任意值left-0，left-1，right-0和right-1，如果left-0和right-0满足member=?，left-1和right-0满足member=?，left-0和right-1满足member=?，那么left-1和right-1满足member=?

fold-set (afp sets)
$(\to \alpha \ldots),\ (\beta,\ \alpha \ldots \to \alpha \ldots) \quad \to (set(\beta) \quad \to \alpha \ldots)$
aro
构造一个过程，若aro为空则该过程返回调用base的结果。若果aro不为空，则该过程从aro取出一个成员，将自身递归应用于包含aro剩余成员的集合，返回combiner应用于取出的值和递归调用结果的结果
前提：combiner可以接受aro 的任意元素和调用base的结果
前提：combiner可以接受aro 的任意元素和调用combiner的结果

set-mapper (afp sets)
$(\alpha,\ \alpha \to Boolean) \quad \to ((\beta \to \alpha),\ set(\beta) \quad \to set(\alpha))$
equivalent? procedure aro
构造一个过程，该过程构造一个集合，其成员是应用procedure到aro成员的结果。等价标准是equivalent?
前提：equivalent? 可以接受调用procedure的结果
前提：equivalent? 是一个等价关系
前提：equivalent? 可以接受aro的任意成员

set-unfolder (afp sets)
$(\alpha,\ \alpha \to Boolean) \quad \to ((\beta \ldots \to Boolean),\ (\beta \ldots \to \alpha),\ (\beta \ldots \to \beta \ldots) \quad \to$
equivalent? final? producer step
$(\beta \ldots \quad \to set(\alpha)))$
arguments
构造一个过程，该过程首先确定arguments的元素是否满足final?。若是，则该过程返回空集。否则，该过程返回一个集合，该集合包含应用producer到arguments元素的结果，还有通过首先应用step 到arguments 元素随后递归应用该过程到上一步结果的结果，重复项被舍弃。等价标准是equivalent?
前提：equivalent? 可以接受调用producer的结果
前提：equivalent? 是一个等价关系
前提：final? 可以接受arguments的结果
前提：final? 可以接受调用step 的结果

前提：如果arguments的元素不满足final?，那么producer可以接受它们
前提：如果调用step的结果不满足final?，那么producer可以接受它们
前提：如果arguments的元素不满足final?，那么step 可以接受它们
前提：如果调用step的结果不满足final?，那么step 可以接受它们

map-set (afp sets)
$(\alpha \to \beta),\ set(\alpha) \ \to set(\beta)$
procedure aro
构建一个集合，该集合包含应用procedure到aro中各个值的结果，重复项被舍弃
前提：procedure可以接受aro的任意成员

unfold-set (afp sets)
$(\alpha \ldots \to Boolean),\ (\alpha \ldots \to \beta),\ (\alpha \ldots \to \alpha \ldots) \ \to (\alpha \ldots \ \to set(\beta))$
final? producer step arguments
构造一个过程，该过程首先确定arguments的元素是否满足final?。若是，则该过程返回一个空集。否则，该过程返回一个集合，该集合包含应用producer到arguments元素的结果，还有通过首先应用step到arguments元素随后递归应用该过程到上一步结果的结果，重复项被舍弃
前提：final?可以接受arguments的结果
前提：final?可以接受调用step的结果
前提：如果arguments的元素不满足final?，那么producer可以接受它们
前提：如果调用step的结果不满足final?，那么producer可以接受它们
前提：如果arguments的元素不满足final?，那么step可以接受它们
前提：如果调用step的结果不满足final?，那么step可以接受它们

fast-map-set (afp sets)
$(\alpha \to \beta),\ set(\alpha) \ \to set(\beta)$
procedure aro
构建一个集合，该集合包含应用procedure到aro中各个元素的结果
前提：procedure 可以接受aro的任意元素
前提：应用procedure到aro的各个元素的结果互不相同

filter-set (afp sets)
$(\alpha \to Boolean),\ set(\alpha) \ \to set(\alpha)$
keep? aro
构造一个集合，该集合包含了aro中所有满足keep? 的元素
前提：keep? 可以接受aro的任意元素

remp-set (afp sets)
$(\alpha \to Boolean),\ set(\alpha) \ \to set(\alpha)$
exclude? aro
构造一个集合，该集合包含了aro中所有不满足exclude? 的元素
前提：exclude?可以接受aro的任意元素

partition-set (afp sets)
$(\alpha \to Boolean),\ set(\alpha) \ \to set(\alpha),\ set(\alpha)$
condition-met? aro
构造两个集合，一个集合包含aro中满足condition-met?的元素，另一个集合包含剩余元素
前提：condition-met?可以接受aro 的任意元素

cardinality (afp sets)
$set(any) \ \to natural\text{-}number$
aro
计算aro的成员数量

extract-from-set (afp sets)
$(\alpha \to Boolean),\ set(alpha) \ \to (box(\alpha) \mid Boolean),\ set(\alpha)$
condition-met? aro
在aro中查找一个满足condition-met?的值。若能找到这个值，则返回一个包含了该值的盒和一个包含剩余元素的集合；否则返回#f 和aro
前提：condition-met?可以接受aro 的任意元素

remove-from-set (afp sets)
$\alpha,\ \ set(\alpha) \ \to set(\alpha)$
delend aro

构造一个包含了aro中除delend以外所有成员的集合
前提：delend是aro的一个成员

for-all-in-set? (afp sets)
$(\alpha \to Boolean),\ set(\alpha)\ \to Boolean$
condition-met? aro
判断aro中是否所有元素都满足condition-met?
前提：condition-met?可以接受aro的任意元素

exists-in-set? (afp sets)
$(\alpha \to Boolean),\ set(\alpha)\ \to Boolean$
condition-met? aro
判断aro中是否存在至少一个满足condition-met?的元素
前提：condition-met?可以接受aro的任意元素

member? (afp sets)
$\alpha,\ set(\alpha)\ \to Boolean$
item aro
判断item是否为aro的一个成员

set-membership (afp sets)
$(\alpha, \alpha \to Boolean)\ \to (\alpha,\ set(\alpha)\ \to Boolean)$
equivalent? item aro
构建一个谓词，该谓词判断item是否为aro的一个成员，使用equivalent?作为等价标准
前提：equivalent?可以接受aro的任意元素。
前提：equivalent?是一个等价关系

subset? (afp sets)
$set(\alpha),\ set(\alpha)\ \to Boolean$
left right
判断left是否为right的一个子集

set-subsethood (afp sets)
$(\alpha, \alpha \to Boolean)\ \to (set(\alpha),\ set(\alpha)\ \to Boolean)$
equivalent? left right
构建一个谓词，该谓词判断left是否为right的一个子集，使用equivalent?作为等价标准
前提：equivalent?可以接受aro的任意元素。
前提：equivalent?是一个等价关系

set-unioner (afp sets)
$(\alpha, \alpha \to Boolean)\ \to (set(\alpha),\ set(\alpha)\ \to set(\alpha))$
equivalent? left right
构建一个过程，该过程构造一个包含left和right所有成员的集合，使用equivalent?作为等价标准
前提：equivalent?可以接受left和right的任意元素
前提：equivalent?是一个等价关系

union (afp sets)
$set(\alpha),\ set(\alpha)\ \to set(\alpha)$
left right
构造一个包含left和right所有成员的集合

fast-union (afp sets)
$set(\alpha),\ set(\alpha)\ \to set(\alpha)$
left right
构造一个包含left和right所有成员的集合
前提：left的成员都不是right的成员

intersection (afp sets)
$set(\alpha),\ set(\alpha)\ \to set(\alpha)$
left right
构造一个包含left和right所有公共成员的集合

set-intersectioner (afp sets)
$(\alpha, \alpha \to Boolean)\ \to (set(\alpha),\ set(\alpha)\ \to set(\alpha))$
equivalent? left right
构造一个过程，该过程构造一个包含left和right所有公共成员的集合，使用equivalent?作为等价标准
前提：equivalent?可以接受left和right的任意元素

前提：equivalent? 是一个等价关系

disjoint? (afp sets)
$set(\alpha),\ set(\alpha)\ \to Boolean$
left right
判断left和right是否不相交

set-disjointness (afp sets)
$(\alpha, \alpha \to Boolean)\ \to (set(\alpha),\ set(\alpha)\ \to Boolean)$
equivalent? left right
构造一个谓词，该谓词判断left和right是否不相交，使用equivalent?作为等价标准
前提：equivalent? 可以接受left和right的任意元素
前提：equivalent? 是一个等价关系

set-difference (afp sets)
$set(\alpha),\ set(\alpha)\ \to set(\alpha)$
left right
构造一个包含了属于left但不属于right的所有元素的集合

set-differencer (afp sets)
$(\alpha, \alpha \to Boolean)\ \to (set(\alpha),\ set(\alpha)\ \to set(\alpha))$
equivalent? left right
构造一个过程，该过程构造一个包含属于left但不属于right的所有元素的集合，使用equivalent?作为等价标准
前提：equivalent? 可以接受left和right的任意元素
前提：equivalent? 是一个等价关系

◉ 习题

3.14-1 定义一个过程 set-disparity，该过程接受两个一般集合，并返回一个包含属于其中一个给定集合但不同时属于两个集合的值的集合。例如，调用‘(set-disparity(set 0 1 2 3)(set 0 2 4 6))’的值是 (set 1 3 4 6)。

3.14-2 扩展 union 过程的参数数量，定义 grand-union 过程，该过程可以接受任意数量的一般集合作为参数，并返回所有给定集合的并集。

3.14-3 扩展 intersection 过程的参数数量，定义 grand-intersection 过程，该过程可以接受一个或多个一般集合作为参数，并返回所有给定集合的交集。解释为什么要排除零参数情况。

3.14-4 定义一个谓词 all-disjoint?，它可以接受任意数量的参数，所有参数都是一般集合，如果其中任意两个集合有一个或多个公共成员，则返回 #f；如果任意两个集合都不相交，则返回 #t。

3.14-5 在冯·诺依曼自然数模型中，每个自然数都是小于其自身的所有自然数的集合。所以 0 是空集 (set)，因为没有小于 0 的自然数；1 是 (set(set))，它是一个只包含唯一元素 0 的集合；2 是 (set(set)(set(set)))，它是一个仅包含 0 和 1 的集合；以此类推。重新实现使用冯·诺依曼模型的自然数基本过程。

3.15 表

表（table）是一种数据结构，其中某些值（键，key）与其他值（项，entry）是单独关联的，但是在给定表中一个键最多与一个项关联。在实践中，一张表通常像一元过程一样使用，它要求其参数为键并返回与该键关联的项。在这种情况下，表有时被称为*有穷函数*（finite function），确实，有时使用 Scheme 过程对表建模也很方便。不过，本书开发的模型将表实现为有序对的包，每个有序对包含一个键和与之关联的项。

一般表的分类谓词首先确定其参数是否是有序对的包，然后确保这些元素中不存在具有相同键的有序对：

```
(define table?
```

```
(^et (bag-of pair?)
     (run (sect map-bag car <>) debag (all-different equal?))))
```

对特定类型的键和项时，构造特定类型分类谓词的过程将接受这些类型的分类谓词，并将键类型的相等谓词作为其参数：

```
(define (table-of key? entry? key=?)
  (^et (bag-of (pair-of key? entry?))
       (run (sect map-bag car <>) debag (all-different key=?))))
```

表有时一次构造一个关联，有时一次性构造全部关联。对于逐个构造的方式，其过程类似于集合的构造过程：如果已知某个键不在表中，则可以使用快速添加将新的关联放入表中。否则，需要将该键与表中所有键进行比较，以避免重复。如果表是通用的，则可使用 equal? 作为比较键的过程；对于特定类型的表，则调用一个高阶过程来获得一个特定类型的连接器。

快速连接器 fast-put-into-table 构造一个键值对并将其放入实现表的包中：

```
(define (fast-put-into-table key entry tab)
  (put-into-bag (cons key entry) tab))
```

通用连接符 put-into-table 首先尝试从包中提取给定键的关联。不管尝试是否成功，它都将新的关联添加到 extract-from-bag 返回的第二个值上。这样做的结果是，如果这个键已经与某个项相关联了，则新的关联将替代旧的关联（之前与这个键关联的项将被丢弃）；否则，新的关联将添加到表中，与 fast-put-into-table 的过程完全相同：

```
(define (put-into-table key entry tab)
  (receive (discarded tab-without-key)
           (extract-from-bag (pipe car (equal-to key)) tab)
    (put-into-bag (cons key entry) tab-without-key)))
```

table-adjoiner 过程接受键的相等关系，并返回使用该关系代替 equal? 的定制连接器：

```
(define (table-adjoiner key=?)
  (lambda (key entry tab)
    (receive (discarded tab-without-key)
             (extract-from-bag (pipe car (sect key=? <> key)) tab)
      (put-into-bag (cons key entry) tab-without-key))))
```

从理论上讲，对于一次性构造的表构造函数而言，有三种相同的可能情况。但是，当所有的键值关联同时可用时，检查快速构造函数的前提条件是更容易的选择。这种方法也给前提失败的情况留下了更多选择余地。所以，这里只实现一次性构造的快速构造函数。它可以接受任意数量的参数，每个参数都必须是键值对，并将它们组装成一个表，前提是所有键都互不相同：

```
(define table bag)
```

表的基本过程清单包括三个选择器：用于查找与给定键关联项的 lookup，用于查找表中所有键的 table-keys，还有由于查找所有项的 table-entries。

在 lookup 的实现中，需要做一个重要的设计决策：当 lookup 接受一个与给定表中的任何项都不相关的键时，应该做什么？一种方案是将键是否存在作为 lookup 的前提。但是，测试这一前提是否满足往往是缓慢而笨拙的。另一种方案是当查找失败时，让 lookup 返回 null 或其他一些特殊值。然而，与 3.12 节 extract-from-bag 程序一样，任何此类指定值都可能被误认为是成功查找的结果。第三个方案是将搜索成功的结果打包起来，如果搜索失败，则返回未打包的 #f。

但是，对于 lookup，还有另一种方案：除了表和键之外，允许调用者提供一个“默认值”，如果表中没有找给定键的关联项，则返回这个“默认值”。这个参数是可选的，如果调用者没有给出这个参数，则查找使用 #f 来表示搜索失败。但是，下面将看到，允许调用者提供默认值可以帮助我们优雅简洁地表达一些常见的编程模式。

下面是 lookup 的实现：

```
(define (lookup key tab . extras)
  (let ((default (if (empty-list? extras) #f (first extras))))
    ((rec (searcher aro)
       (if (empty-bag? aro)
           default
           (receive (chosen others) (take-from-bag aro)
             (if (equal? key (car chosen))
                 (cdr chosen)
                 (searcher others)))))
     tab)))
```

table-searcher 过程构造了一个类似于 lookup 的过程，它使用指定的等价关系（代替 equal?）来比较键：

```
(define (table-searcher key=?)
  (lambda (key tab . extras)
    (let ((default (if (empty-list? extras) #f (first extras))))
      ((rec (searcher aro)
         (if (empty-bag? aro)
             default
             (receive (chosen others) (take-from-bag aro)
               (if (key=? key (car chosen))
                   (cdr chosen)
                   (searcher others)))))
       tab))))
```

要得到表的所有键，可以使用 fold-bag 来选择每个关联的相应组件。因为表中每个键都是不同的，因此 table-keys 过程可以用集合的形式返回结果，并使用 fast-put-into-set 来构建结果：

```
(define table-keys
  (fold-bag set (pipe (~initial car) fast-put-into-set)))
```

另一方面，table-entries 过程返回一个包，因为我们希望保留所有项，包括重复值：

```
(define table-entries (sect map-bag cdr <>))
```

delete-from-table 过程从表中删除给定键的关联项并丢弃它，返回修改后的表。（如果没有找到这一关联项，则返回给定的表。）可以应用 textract-from-bag 并丢弃找到的关联项来实现它：

```
(define (delete-from-table key tab)
  ((pipe extract-from-bag >next) (pipe car (equal-to key)) tab))
```

此处的谓词 (pipe car(equal-to key)) 检查表中的特定关联有序对的第一个元素是否与要查找的键相匹配（等价标准是 equal?）。过程 (pipe extract-from-bag >next) 接受这个谓词和表作为参数，调用 extract-from-bag 抽取关联有序对（如果存在的话），然后调用 >next 作为后处理器来丢弃要删除的关联，返回包的其余部分。

当表的键使用特定的相等谓词时，可以使用 table-deleter 过程来构造定制的删除过程：

```
(define (table-deleter key=?)
  (lambda (key tab)
    ((pipe extract-from-bag >next) (pipe car (sect key=? <> key)) tab)))
```

表的中关联对的数目可以通过计算实现表的包的基数（表的大小）计算：

```
(define table-size bag-cardinality)
```

为了完成基本的表操作，我们应该提供通用的和特殊的相等过程。针对一般表的过程很容易定义，如果两个表包含相同的关联对（即，相同的有序对），那么它们是相等的：

```
(define table=? (bag-of= pair=?))
```

table-of= 过程接受两个等价关系，并构造一个自定义的相等谓词，该谓词确定两个表是否相同，它将第一个等价关系作为键的等价标准，第二个等价关系作为值的等价标准：

```
(define table-of= (pipe pair-of= bag-of=))
```

表的更新

作为使用表的一个例子，现在编写一个过程来计算一个给定包的谱：计算结果是一张表，其中键是包中的值，关联的项是这些值的多重性。

空包的谱显然是一张空表，没有键，也没有项。要计算一个非空包的谱，可以从中任取一个值，计算包剩余部分的谱，并使用 lookup 求出提取值在包的剩余部分的多重性（如果要提取的值不在包的剩余部分中，那么默认取值 0）。随后，给这个提取值的多重性加 1，并将提取值的新关联对添加到包剩余部分的对应谱中。注意，put-into-table 将删除具有相同键的键值对，因此，该操作或者添加一个新键值对，或者修改原表中该键的关联项。

```
(define spectrum
  (fold-bag table (lambda (chosen subspectrum)
                    (put-into-table chosen
                                    (add1 (lookup chosen subspectrum 0))
                                    subspectrum))))
```

spectrum 过程使用 lookup 和 put-into-table 的模式经常出现：lookup 从表中提取出一个值，以某种方式对该值进行运算（本例中是 add1），然后 put-into-table 将操作结果放入表中。table-update 过程抽象出了这个模式。它可以接受一个指定查找默认值的参数：

```
(define (table-update key updater tab . extras)
  (put-into-table key (updater (apply lookup key tab extras)) tab))
```

我们可以用‘(sect table-update <> add1 <> 0)’替代 spectrum 定义中的 λ 表达式。

给定一个等价关系，table-updater 过程构造 table-update 的一个特定变体，该变体在比较键时使用给定的等价关系作为等价标准：

```
(define (table-updater key=?)
  (let ((adjoiner (table-adjoiner key=?))
        (searcher (table-searcher key=?)))
    (lambda (key updater tab . extras)
      (adjoiner key (updater (apply searcher key tab extras)) tab))))
```

(afp tables)

table?
any → $Boolean$
something
判断something是否为一张表

(afp tables)

table-of
$(any \rightarrow Boolean)$, $(any \rightarrow Boolean)$, $(\alpha, \alpha \rightarrow Boolean)$ → $(any \rightarrow Boolean)$
key? entry? key=? something
构造一个谓词，该谓词确定something是否为一张表，通过key?来确定某个值是否为一个键，entry?确定某个值是否为一个项，以及key=?确定两个值是否为相同的键
前提：key?可以接受任意值
前提：entry?可以接受任意值
前提：key=?是一个等价关系
前提：key=?可以接受任意满足key?的值

(afp tables)

fast-put-into-table
α, β, $table(\alpha, \beta)$ → $table(\alpha, \beta)$
key entry tab
构建一张表，新表在tab的基础上新增了一个以key为键、entry为项的键值对
前提：在tab中key不与其中的任何项相关联

(afp tables)

put-into-table
α, β, $table(\alpha, \beta)$ → $table(\alpha, \beta)$
key entry tab
构建一张表，新表在tab的基础上新增了一个以key为键、entry为项的键值对
（若在tab中key已经与某些值相关联了，那么新的键值对将替换旧的键值对。）

(afp tables)

table-adjoiner
$(\alpha, \alpha \rightarrow Boolean)$ → $(\alpha, \beta, table(\alpha, \beta) \rightarrow table(\alpha, \beta))$
key=? key entry tab
构建一个过程，该过程构建一张与tab类似的新表，但是新表中 key与entry关联，使用key=?作为键的等价标准。（若在tab中key已经与某些值相关联了，那么新的键值对将替换旧的键值对。）
前提：key=?是一个等价关系
前提：key=?可以接受tab中的key和任意键

(afp tables)

table
$pair(\alpha, \beta) \ldots$ → $table(\alpha, \beta)$
associations
构建一张表，该表中键是associations中每个元素的第一个部件，对应的键是associations中对应元素的第二个部件
前提：associations中任意两个元素的第一个部件都不相同

(afp tables)

lookup
α, $table(\alpha, \beta)$, $\beta \ldots$ → $\beta \mid Boolean$
key tab extras
在tab中查找一个以key为键的关联对。如果查找成功，则返回key关联的项，否则返回extras的第一个元素（若extras为空，则返回#f）

(afp tables)

table-searcher
$(\alpha, \alpha \rightarrow Boolean)$ → $(\alpha, table(\alpha, \beta), \beta \ldots \rightarrow \beta \mid Boolean)$
key=? key tab extras
构建一个过程，该过程查找以key为键的关联对，以key=?为等价标准。如果该过程查找成功，则返回key关联的项，否则返回extras的第一个元素（若extras为空，则返回#f）
前提：key=?是一个等价关系
前提：key=?可以接受tab中的key和任意键

(afp tables)

table-keys
$table(\alpha, any)$ → $set(\alpha)$
tab
返回一个包含tab中所有键的集合

(afp tables)

table-entries
$table(any, \alpha)$ → $bag(\alpha)$
tab
返回一个包含tab中所有项的包

delete-from-table (afp tables)
α, *table*(α, β) $\rightarrow$ *table*(α, β)
key tab
构建一张类似于tab的表，但新表在tab的基础上删去了键为key 的关联。
（若tab中不包含以key为键的关联，则返回tab 。）

table-deleter (afp tables)
(α, $\alpha \rightarrow$ *Boolean*) $\rightarrow$ (α, *table*(α, β) $\rightarrow$ *table*(α, β))
key=? key tab
构建一个过程，该过程构建一张类似于tab的表，新表在tab的基础上删去了键为key的关联（使用key=?来确定是否为查找的键）
前提：key=?是一个等价关系
前提：key=?可以接受tab中的key和任意键

table-size (afp tables)
table(*any*, *any*) $\rightarrow$ *natural-number*
tab
计算tab中关联的数目

table=? (afp tables)
table(*any*, *any*), *table*(*any*, *any*) $\rightarrow$ *Boolean*
left right
判断left和right是否为同一张表，即，确定它们是否包含相同的键值对

table-of= (afp tables)
(α, $\alpha \rightarrow$ *Boolean*), (β, $\beta \rightarrow$ *Boolean*) $\rightarrow$ (*table*(α, β), *table*(α, β) $\rightarrow$ *Boolean*)
same-key? same-entry? left right
构建一个谓词，该谓词判断left和right是否为同一张表，以same-entry?作为键的等价标准和same-entry?作为项的等价标准
前提：same-key?是一个等价关系
前提：same-key?可以接受left和right中的任意键
前提：same-entry?是一个等价关系
前提：same-entry?可以接受left和right中的任意项

table-update (afp tables)
α, ($\beta \rightarrow \beta$), *table*(α, β), β ... $\rightarrow$ *table*(α, β)
key updater tab extras
在tab中查找key，将updater应用于tab中key关联的项，将key与updater返回的结果相关联，然后构造一张类似于tab的新表，新表在tab的基础上用新构造的关联替换了以key为键的旧关联。若tab中不存在以key为键的关联，则应用updater于extras的第一个元素（当extras为空时，返回#f）
前提：updater可以接受tab中的任意项
前提：若tab中不存在以key为键的关联且extras为空，则updater返回#f
前提：若tab中不存在以key为键的关联且extras非空，则updater可以接受extras的第一个元素

table-updater (afp tables)
(α, $\alpha \rightarrow$ *Boolean*) $\rightarrow$ (α, ($\beta \rightarrow \beta$), *table*(α, β), β ... $\rightarrow$ *table*(α, β))
key=? key updater tab extras
构造一个过程，该过程在tab查找key（使用key=?作为等价标准），应用updater到tab中key关联的项，将key与updater返回的结果相关联，然后构造一张类似于tab的新表，新表在tab的基础上用新构造的关联替换了以key为键的旧关联。若tab中不存在以key为键的关联，则应用updater于extras的第一个元素（当extras为空时，返回#f）
前提：key=?是一个等价关系
前提：key=?可以接受tab中的任意键
前提：updater可以接受tab中的任意项
前提：若tab中不存在以key为键的关联且extras为空，则updater返回#f
前提：若tab中不存在以key为键的关联且extras非空，则updater可以接受extras的第一个元素

◉ 习题

3.15-1 编写一个表达式，其值是一张表，它将0到999之间的每个整数与其平方相关联。

3.15-2 如果一张通用表的任意两个项都不相同（由equal?确定），则该表是可逆的（invertible）。定义

一元谓词 invertible? 判断给定的通用表是否可逆。

3.15-3　如果 T 是可逆的通用表，则 T 的逆表是包含相同关联对的表，但每一个关联对中键和项都相互交换了位置：如果 T 将一个键 k 与一个项 e 相关联，那么 T 的逆表将 e（作为键）与 k（作为项）相关联。定义一元谓词 inverse，它构造并返回给定可逆通用表的逆表。（提示：在 T 的键上折叠。）

3.15-4　设计并实现适用于表的“折叠”和“展开”过程。

3.16　缓冲区

如果一个计算生成的值是其他计算所需的，这些生成值通常存放在一个数据结构中供其他计算访问。如果生成值的顺序不重要，那么这个数据结构通常是一个包或一个集合。当访问顺序与构造顺序相反时，列表是更合适的数据结构：生成数据的计算放在列表开始处的元素是（按照构造顺序排列）最近处理好的元素，可以被接受该数据的计算立即访问，相反，在所有其他计算前加入列表的元素是接受计算最后访问的元素。

在某些情况下，我们倾向于对数据结构施加相反的顺序：接受数据的计算能够立即访问数据结构中在任何其他数据前添加的数据，通常希望接受数据的计算能够按照生成数据的顺序对这些元素进行访问。缓冲区（buffer）是支持这种顺序的一种数据结构。当一个元素从一个缓冲区被取出时，它在数据结构的前端被移除，就像从一个列表中移除元素一样。但是当一个元素放入缓冲区时，它被添加到结构的末端。

虽然可以使用列表来表示缓冲区，用 postpend 替换 prepend，重命名其他基本操作，但是当缓冲区很大时，这种方法并不令人满意，因为只能通过遍历整个列表才能到达末端。理想情况下，我们希望能够在不检查任何其他值的情况下，为缓冲区增加一个值，或者去掉其开始值。换句话说，我们希望缓冲区的两端都能直接访问。

如果只使用一个列表，则不可能使缓冲区的两端都做到快速访问。一个更好的方法是使用两个列表——一个“前端”列表用于存储在前端或靠近前端的值，以及一个“后端”列表用于存储列表末端或靠近列表末端的值。后端列表按相反顺序排列，以便列表的最后一个元素可以放在后端列表的开头处。这样，我们可以在后端列表中应用 prepend 来将一个元素放入缓冲区中，并应用 deprepend 在前端列表中以取出一个值。

当然，这个方案的困难之处在于，如果只在后端列表中添加值，并且只从前端列表中提取值，那么在缓冲区为空之前就会耗尽前端列表中的值，因为缓冲区的所有元素都堆积在后端列表中。因此，我们需要不时地将值从后端列表转移到前端列表，并在这个过程中颠倒它们的顺序。

即使 reverse 过程的运行时间是给定列表长度的线性函数（如 3.6 节中所见），我们也不希望每次将元素放入缓冲区或取出缓冲区时都调用 reverse 过程。幸运的是，在使用缓冲区的应用程序中，很少有调用缓冲过程的应用需要使用 reverse。添加一个元素到缓冲区时不需要 reverse，因为我们可以无条件地放置到后端列表中。但是，从缓冲区的前端列表取出一个元素时，必须确保这一操作满足 deprepend 的前提条件，也就是说，前端列表非空。通常这个前提条件都可以满足。只有当这一条件不满足时才调用 reverse 过程。

在大多数缓冲区的应用中，调用 put-into-buffer 或 take-from-buffer 过程返回的新缓冲区可以有效地取代作为参数传递的原始缓冲区。算法在任何给定阶段只需要一个缓冲区，并且在两个单独的计算中从不会使用同一个缓冲区。

在这些应用中，当必须执行反转操作时，反转的列表越长，那么等到下一次反转的间隔就越长。如果将反转成本分摊到一个长操作序列中，包括增加值和取出值，将要求反转的情况与许多不需要反转的情况取平均，那么这一个平均值独立于缓冲区的大小。在这种情况下，没有一个值需要经历超过一次反转。因此反转所需的总时间的上限是执行操作数的线性函数。

但是，如果多次使用同一个缓冲区，特别是如果多次应用 take-from-buffer，我们将失去这一运行时间保证。可能每次都需要对后端列表进行耗时的反转操作。所以，和源一样，我们将尝试安排计算，使得在同一个缓冲区上不会运行两次 take-from-buffer。

因此，一个缓冲区可以定义为一对列表——有序对的第一个部分是前端列表，第二个部分是后端列表。由此可以立刻得到分类谓词 buffer?：

```
(define buffer? (pair-of list? list?))
```

如果要放入新缓冲区的元素恰好都同时可用，那么它可以调用变元过程 buffer 来将它们按调用中指定的顺序放入 fore 列表：

```
(define buffer (pipe list (sect cons <> (list))))
```

然而，大多数情况下不会给 buffer 任何参数，只是调用它来获得一个空缓冲区，用作为以后添加的起点。

当计算准备将值放入一个缓冲区时，它调用 put-into-buffer 过程，该过程将值预先放入后端列表：

```
(define (put-into-buffer item buf)
  (cons (car buf) (prepend item (cdr buf))))
```

从一个缓冲区中获取一个值，同时返回这个值和新的缓冲区，这个过程有点复杂。首先应用以下谓词检查前端列表是否为空

```
(pipe car empty-list?)
```

如果前端列表为空，则取后端列表并反转，从反转的列表中取出元素，添加到新的前端列表，并将新前端列表与新的空后端列表配对。下面是按顺序执行这些步骤的过程：

```
(run cdr reverse deprepend (~next (sect cons <> (list))))
```

另一方面，如果前端列表非空，则将前端列表和后端列表分开（使用 decons），并将 first 应用于前端列表获得要删除的值，然后将前端列表的剩余部分与整个后端列表配对，获得缓冲区的剩余部分：

```
(pipe decons (dispatch (pipe >initial first)
                       (pipe (~initial rest) cons)))
```

将这些片段组合起来，可以如下定义 take-from-buffer：

```
(define take-from-buffer
  (^if (pipe car empty-list?)
       (run cdr reverse deprepend (~next (sect cons <> (list))))
       (pipe decons (dispatch (pipe >initial first)
                              (pipe (~initial rest) cons)))))
```

take-from-buffer 过程的前提是缓冲区不为空（如果前端列表为空，则后端列表中必须至少包含一个元素，反之亦然）。empty-buffer? 谓词可用于测试此前提条件：

```
(define empty-buffer? (pipe decons (every empty-list?)))
```

将相等谓词 buffer=? 定义为 (pair-of= list=? list=?) 是一个错误，因为这个定义不

能正确地区分缓冲区的前端列表和后端列表，尽管它们以相同的顺序包含了相同的项目。相反，我们将首先定义一个接受等价关系的高阶过程，并构造一个过程，将要比较的缓冲区中的项取出，直到缓冲区中一个列表为空或两个列表都为空为止，然后再比较相应的项：

```
(define (buffer-of= element=?)
  (rec (equivalent? left right)
    (or (and (empty-buffer? left)
             (empty-buffer? right))
        (and (not (empty-buffer? left))
             (not (empty-buffer? right))
             (receive (left-item new-left) (take-from-buffer left)
               (receive (right-item new-right) (take-from-buffer right)
                 (and (element=? left-item right-item)
                      (equivalent? new-left new-right)))))))))
```

通用的 buffer=? 过程是上面的一种特殊情况，此时可以使用 equal? 来比较元素：

```
(define buffer=? (buffer-of= equal?))
```

请注意，尽管这些相等谓词可能需要多次调用 take-from-buffer，但决不要将该过程应用于同一个缓冲区两次。在每一层递归中，我们操作不同的缓冲区。因此，相等谓词只需要线性的运行时间。

缓冲区递归管理

展开缓冲区的过程类似于展开列表和包的过程：

```
(define (unfold-buffer final? producer step)
  (build final? (constant (buffer)) producer step put-into-buffer))
```

我们还可以定义一个与 fold-list 类似的 fold-buffer 过程。然而，在实践中，类似于 process-list 的过程则更自然地适用于缓冲区的“先进先出”规则：

```
(define (process-buffer base combiner)
  (run (lambda (buf)
         (receive starters (base)
           (apply values buf starters)))
 (iterate (pipe >initial empty-buffer?)
          (lambda (subbuf . results-so-far)
            (receive (item new-subbuf) (take-from-buffer subbuf)
              (receive new-results
                       (apply combiner item results-so-far)
                (apply values new-subbuf new-results)))))
 >all-but-initial))
```

---

buffer? (afp buffers)
any → *Boolean*
something
判断something是否为一个缓冲区

buffer (afp buffers)
α ... → *buffer*(α)
arguments
构建一个包含arguments中所有元素的缓冲区

put-into-buffer (afp buffers)
α, *buffer*(α) → *buffer*(α)
item buf
构建一个包含buf中所有元素和item的缓冲区

take-from-buffer (afp buffers)
buffer(α) → *α*, *buffer(α)*
buf
从buf中返回一个值和一个包含buf中剩余元素的缓冲区
前提：buf非空

empty-buffer? (afp buffers)
buffer(any) → *Boolean*
buf
判断buf是否为空缓冲区

buffer-of= (afp buffers)
(*α*, *β* → *Boolean*) → (*buffer(α)*, *buffer(β)* → *Boolean*)
element=? left right
构建一个谓词，该谓词判断left和right是否相同，即，它们是否以相同的顺序包含相同的值（使用element=?作为等价标准）
前提：element=?可以接受left的任意值作为其第一个参数以及right的任意值作为其第二个参数

buffer=? (afp buffers)
buffer(any), *buffer(any)* → *Boolean*
left right
判断left和right是否以相同的顺序包含相同的值

unfold-buffer (afp buffers)
(*α* ... → *Boolean*), (*α* ... → *β*), (*α* ... → *α* ...) → (*α* ... → *buffer(β)*)
final? producer step arguments
构建一个过程，该过程首先确定arguments的元素是否满足final?。若是，则该过程返回空缓冲区。否则，该过程返回一个非空缓冲区，其中最前面的值是应用producer到arguments元素的结果，剩余的值存储在另一个缓冲区中，这个缓冲区是首先应用step到arguments元素随后递归应用该过程到上一步结果的结果
前提：final?可以接受arguments的元素
前提：final?可以接受调用step的元素
前提：如果arguments的元素不满足final?，那么producer可以接受它们
前提：如果调用step的结果不满足final?，那么producer可以接受它们
前提：如果arguments的元素不满足final?，那么step可以接受它们
前提：如果调用step的结果不满足final?，那么step可以接受它们

process-buffer (afp buffers)
(→ *α* ...), (*β*, *α* ... → *α* ...) → (*buffer(β)* → *α* ...)
base combiner buf
构建一个过程，该过程迭代地将combiner应用于来自buf的一个值和上一次迭代的结果（或者应用于调用base的结果，如果没有上一次迭代的话）。该过程返回最后一次应用combiner的结果
前提：combiner可以接受buf最前面的值和调用base的结果
前提：combiner可以接受buf中除最前面的值以外的值和调用combiner的结果

◉ 习题

3.16-1 定义一个过程 buffer-size，计算缓冲区中元素的数目（重复项重复计）。不要依赖于本节的缓冲区模型结构！

3.16-2 定义一个过程 shuffle-buffers，该过程接受两个同等大小的缓冲区，返回一个新的缓冲区，新缓冲区交替排列了来自两个给定缓冲区的元素。例如，调用‘(shuffle-buffers(buffer 'a 'b 'c)(buffer 'd 'e 'f))’的值应为包含符号 a、d、b、e、c 和 f 并按该顺序排列的缓冲区。

3.16-3 定义一个过程 split-by-parity，该过程接受一个只包含整数的缓冲区并返回两个缓冲区，其中一个缓冲区包含给定缓冲区的所有偶数，另一个缓冲区则包含给定缓冲区的所有奇数。在每个结果缓冲区内，元素的相对顺序应与它们在原缓冲区中的顺序保持一致。

第 4 章

Algorithms for Functional Programming

排　序

许多算法需要利用它们所处理的值之间的某种排列规则，或者直接将某种排列规则应用于这些值。最常见的情况是，假定同一类型的值能按某种线性顺序排列，我们考虑对于给定包或集合的元素施加这样的排序，形成一个有序的列表，然后再考虑在有序列表上的算法。

4.1　序关系

在计算中，排列规则可以表示为一个二元谓词：它接受 left 和 right 两个参数，并确定 left 是否可以排在 right 之前。但是，并非每个二元谓词都表示一个线性序。我们需要的谓词类型是在域 D 上定义的关系 R，而且符合下列条件：

1.R 具有连通性：对于 D 的任意元素 a 和 b，或者 a 到 b 有关系 R，或者 b 到 a 有关系 R。

2.R 具有传递性（如 3.13 节所述）。

连通性确保我们可以按照排列规则对域中任意值进行排序。如果 R 不连通，那么存在两个值 a 和 b，这两者之间不存在关系 R，或者说无法将其中一个值排在另一个值前面。在这种情况下，我们无法确定两者的先后次序。

传递性确保元素排列的内部一致性。如果 R 不是可传递的，则存在值 a、b 和 c，使 a 到 b 有关系 R，b 到 c 有关系 R，但 a 到 c 没有关系 R。如果我们试图按照线性顺序排列这些值，则将 a 放在 b 之前，b 放在 c 之前，但随后发现 a 不应在 c 之前。更糟的是，如果 R 是连通的，则 a 不在 c 之前意味着 c 在 a 之前，由此得到一个循环排列，a 在 b 之前，b 在 c 之前，c 在 a 之前，而不是线性排列。

因此，一个*序关系*（ordering relation）就是一个连通的、可传递的关系。不存在通用的算法来确定给定的二元谓词是否表示一个序关系。然而，实际上我们通常很容易证明这些性质。

Scheme 提供了表示某些类型值上序关系的基本谓词：我们已经看到表示数值的序关系 `<=`；类似地，Scheme 支持字符串的序关系 `string<=?` 和字符的序关系 `char<=?`，但没有提供布尔值、符号、过程、有序对和列表的序关系。

对于一个序关系 R 定义域中的任意值 a 和 b，若 a 到 b 有关系 R，则在逆关系 R' 中，同样有 b 到 a 有关系 R'，因此，R' 是连通的。类似地，逆关系 R' 是传递的：对于定义域中的任何值 a、b 和 c，a 到 b 有关系 R'，b 到 c 有关系 R'，那么根据“逆”的定义，c 到 b 有关系 R，b 到 a 有关系 R。由于 R 是可传递的，因此，c 到 a 有关系 R，因此，再次根据“逆”的定义，a 到 c 有关系 R'。因此，任何序关系的逆关系也是一个序关系。尤其是，`>=`，`string>=?`，和 `char>=?` 都是序关系。一个序关系 R 的逆关系定义的线性序与关系 R 本身定义的顺序相反（例如，降序而不是升序）。

4.1.1　隐式定义的等价关系

一个序关系 R 隐式地定义了一个等价关系 $\stackrel{R}{=}$。如果 D 的两个元素之间存在关系 R，则 D 的这两个元素被称作“在序关系 R 下相等”。这种诱导的等价关系有时比恒等关系简略得多，因为当序关系无法区分两个值时，这两个值被视为等价的。幸运的是，在最常见的情况下，隐式定义的等价关系也是“自然”的。例如，<= 隐式定义的等价关系是 =，string<=? 隐式定义的等价关系是 string=?，char<=? 隐式定义的等价关系是 char=?。

4.1.2　测试一个列表是否有序

如果一个列表中任意两个元素的先后次序与它们在序关系中的前后位置一致，则称这个列表关于给定的序关系是有序的。根据序关系的传递性，确定一个列表是否有序，不需要比较每对可能的元素，我们只需要查看列表中相邻位置的元素对。如果所有这些相邻对都正确排列，则列表是有序的。

对于一个序关系和一个列表，容易定义一个判断列表关于序关系是否有序的过程：

```
(define (ordered? may-precede? ls)
  ((^vel empty-list?
         (rec (first-ordered? sublist)
           (receive (initial others) (deprepend sublist)
             (or (empty-list? others)
                 (and (may-precede? initial (first others))
                      (first-ordered? others))))))
   ls))
```

空列表是一种特殊情况。如果一个列表没有元素，那么无论是什么关系，它的任何两个元素都是正确排列的。

给定一个非空列表，ordered? 将它的第一个元素与其余元素分开，并将它们提供给递归内部谓词 first-ordered?。如果初始列表的尾部为空（初始列表是包含一个元素的列表，也是有序的），则此谓词停止，并返回 #t；如果第一个元素与列表尾部的第一个元素不满足序关系，则此谓词停止，并返回 #f；否则，它递归地将自身应用于列表尾部以确定原列表是否有序。

4.1.3　查找极值

如果有一个非空的包，在其中的值上定义了一个序关系，我们通常希望找到包的一个极端元素或者极值，即该元素与包的所有元素都存在相同的序关系。例如，在自然数的包中，一个关于 >= 关系的极值大于或等于所有其他元素。（序关系的连通性保证了极值也与自身有这种关系，如上定义的序关系总是自反的。）

在求极值时，一个接受两个值并返回其中排在前面的值的过程是很有帮助的。prior-by 过程将表示给定序关系的谓词转换为此类过程。（例如，1.9 节中的 lesser 过程是 (prior-by <=)）。

```
(define prior-by (sect ^if <> >initial >next))
```

在其他情况下，我们希望比较过程按给定序关系返回两个值。（换句话说，它返回未更改的参数或交换位置后的参数。）arrange-by 过程将表示序关系的谓词转换为这样的过程：

```
(define arrange-by (sect ^if <> values >exch))
```

一旦指定了一个序关系，那么求极值是 fold-bag 的一个简单应用。我们首先从包中取任意值。如果包为空，则过程结束。否则，在递归调用中找出包的其余部分的极值。根据连通性，要么开始取出的元素排在递归返回的极值之前，要么相反；我们将两者中排在前面的元素返回。extreme 过程接受一个序关系，并返回一个用于从包中提取极值的专用过程。

```
(define (extreme may-precede?)
  (let ((prior (prior-by may-precede?)))
    (lambda (aro)
      (receive (starter others) (take-from-bag aro)
        ((fold-bag (create starter) prior) others)))))
```

extreme-and-others 过程是这个思想的变体，它不止返回包的极值，而且返回其他值构成的包，类似于 take-from-bag 和 extract-from-bag。在基本情况下，即包只含一个值时，过程返回该值以及空包：

```
(create starter (bag))
```

非基本情况的合并器接受三个参数：给定包的一个值和递归调用的结果（包的其余部分的极值）以及所有其他非极值组成的包。合并器将把新值与递归调用返回的极值进行比较，保留其中一个极值，并将另一个值放回非极值构成的包中：

```
(lambda (new so-far unchosen)
  (receive (leader trailer) (arrange new so-far)
    (values leader (put-into-bag trailer unchosen))))
```

将这些部件放入调用 fold-bag 的正确位置，由此得到 extreme-and-others 的定义：

```
(define (extreme-and-others may-precede?)
  (let ((arrange (arrange-by may-precede?)))
    (lambda (aro)
      (receive (starter others) (take-from-bag aro)
        ((fold-bag (create starter (bag))
                   (lambda (new so-far unchosen)
                     (receive (leader trailer) (arrange new so-far)
                       (values leader (put-into-bag trailer unchosen)))))
         others)))))
```

在集合或者列表中求极值与在包中求极值极其相似：

```
(define (extreme-in-set may-precede?)
  (let ((prior (prior-by may-precede?)))
    (lambda (aro)
      (receive (starter others) (take-from-set aro)
        ((fold-set (create starter) prior) others)))))

(define (extreme-in-list may-precede?)
  (let ((prior (prior-by may-precede?)))
    (lambda (ls)
      (receive (starter others) (deprepend ls)
        ((fold-list (create starter) prior) others)))))
```

但是，如果还想得到取出极值后列表的其余部分，我们必须更仔细地处理，以保持其余元素的原始顺序。像应用 fold-bag 那样应用 fold-list 并不起作用：当 fold-list 拆解列表时，它将列表的“剩余”部分发送到递归调用中，但合并器无法直接使用它。在这种情况下，合并器应该是：

```
(lambda (initial so-far unchosen)
  (if (may-precede? initial so-far)
      (values initial others)
      (values so-far (prepend new unchosen))))
```

其中 initial 和 others 是拆解给定列表的结果。fold-list 的递归模式使得 initial 可用于合并器，但 others 则不可以。

解决的方法是将递归完整地写出来：

```
(define (extreme-and-others-in-list may-precede?)
  (rec (extracter ls)
    (receive (initial others) (deprepend ls)
      (if (empty-list? others)
          (values initial (list))
          (receive (so-far unchosen) (extracter others)
            (if (may-precede? initial so-far)
                (values initial others)
                (values so-far (prepend initial unchosen)))))))))
```

4.1.4　复合序关系

当一个序关系 R 的定义域中的两个值彼此之间都满足关系 R 时，我们有时会在同一个域中引用第二个序关系 S 来“打破平局”。实际上，当 R 不能确定两个元素在列表中的相对位置时，S 是一种备用算法。以 R 为主要排序方式，以 S 为备用算法的复合序关系（compound ordering relation）是：

```
(^vel (^not (converse R)) (^et R S))
```

当 v 到 u 没有关系 R 时（在这种情况下，因为 R 是连通的，所以 u 到 v 有关系 R，因此 u 可以排在 v 之前），u 到 v 有这个复合序关系。如果 v 到 u 有关系 R，而且 u 到 v 也有关系 R，那么 S 打破这一平局：当 u 与 v 在 R 下相等，而且 u 到 v 有关系 S 时，则 u 到 v 有复合序关系。

当然，也可能出现在 R 和 S 下 u 和 v 都是相等的情况，而另一个序关系 T 可能区分它们。因此，我们定义为一个可变元过程 compound-ordering，该过程接受任意多个序关系，并返回一个序关系，它将先后应用这些序关系，直至找到一个可以区分值（或用完给定的序关系）的序关系：

```
(define compound-ordering
  (extend-to-variable-arity values?
                            (lambda (primary tie-breaker)
                              (^vel (^not (converse primary))
                                    (^et primary tie-breaker)))))
```

谓词 values? 是基本情况下的值，它用于确保如果给定序关系都不能区分两个值时，每个给定值都与其他值有复合序关系（因此确保连通性）。注意，从技术上讲，values? 是一个序关系，因为它是连通的和传递的。但是，在大多数情况下，这种关系意义不大，因为它表示每个值都可以排在其他值前面，所以按照 values?，任意列表都是“有序的”。

4.1.5　字典序

当有序对或列表的组件所属类型上定义了序关系时，可以根据这些基础序关系为有序对或列表定义序关系。一种常见的方法是按单词在词典中的排列方式进行推广。字母表规定了基本顺序，决定了两个字母中哪一个在前面（例如，M 在 R 之前，但在 J 之后）。如果在单词 w_0 和 w_1 中最左面对应位置不同的两个字母中，w_0 的字母排在 w_1 的字母前面，或者 w_0 是 w_1 的前缀，那么在字典中单词 w_0 的词条位于单词 w_1 的词条之前。因此，字母表的字母顺序决定了单词的字典顺序。

例如，Scheme 谓词 char<=? 和 string<=? 之间存在字典序关系。char<=? 谓词表示字符类型值的字母顺序，string<=? 则是该顺序在字符序列的字典序扩展。

我们可以用高级过程实现此类扩展的算法。先考虑有序对上的扩展。对于我们感兴趣的某些有序对，它们的第一个分量（car 部分）可能属于序关系 R 的域，第二个分量（cdr 部分）可能属于序关系 S 的域。如果认为有序对的第一个分量在第二个分量的“之前”或“左边”，那么字典序类便类似于一个复合序：第一步将 R 应用于这些有序对的第一个分量，第二步将 S 应用于有序对的第二个分量。过程 pair-lex 实现了这个想法：

```
(define (pair-lex car-may-precede? cdr-may-precede?)
  (compound-ordering (compare-by car car-may-precede?)
                     (compare-by cdr cdr-may-precede?)))
```

实际上将这个思想推广到列表的方法有两种。如果要比较的列表长度相等，但可能在不同位置使用不同的序关系，那么针对这一情形的扩展是：

```
(define fixed-list-lex
  (extend-to-variable-arity values?
                            (lambda (initial-may-precede? for-rest)
                              (compound-ordering
                                (compare-by first initial-may-precede?)
                                (compare-by rest for-rest)))))
```

例如，如果我们采用了恒星的列表模型（如 3.9 节所述），我们可以在恒星域上定义一个序关系 star<=? 如下

```
(fixed-list-lex string<=? <= values? values?)
```

先按名称比较恒星，然后（在同名恒星之间）按星等（更亮的恒星在先）比较。两颗恒星不太可能有相同的名称和星等。对于这种情况，任何排序都是合理的。实际上，fixed-list-lex 过程很灵活，它可以在列表的某个位置填上“不在意”values? 关系。例如，谓词

```
(fixed-list-lex string<=? <=)
```

返回与前面的 star<=? 完全相同的结果。

将字典序推广到列表的另一种方法允许我们比较不同长度的列表，但前提是要在列表的每个对应位置应用相同的序关系，就像比较不同长度单词时，所有位置都使用字母序一样。我们需要的唯一附加假设是，空列表和每个列表都有字典序关系：

```
(define (list-lex may-precede?)
  (rec (ok? left right)
    (or (empty-list? left)
(and (non-empty-list? right)
     (or (not (may-precede? (first right) (first left)))
         (and (may-precede? (first left) (first right))
              (ok? (rest left) (rest right))))))))
```

---

string<= (scheme base)
string, string, string ... → *Boolean*
initial next others
判断initial，next以及othters的元素是否按照非递减字典序排列

char<= (scheme base)
character, character, character ... → *Boolean*
initial next others
判断initial，next和others的元素是否非递减序排列（根据Unicode值从小到大排列）

string>= (scheme base)
string, string, string ... → *Boolean*
initial next others
判断initial，next以及others的元素是否按照非递增（逆）字典序排列

char>=
character, character, character ... → *Boolean* (scheme base)
initial next others
判断initial，next和others的元素是否非递增序排列（根据Unicode值从大到小排列）

ordered?
(α, α → Boolean), list(α) → *Boolean* (afp ordering-relations)
may-precede? ls
判断ls是否按照may-precede?有序
前提：may-precede?是一个序关系
前提：may-precede?可以接受ls的各个元素

prior-by
(α, α → Boolean) → *(α, α → α)* (afp ordering-relations)
may-precede? left right
构造一个过程，它返回left和right中按照may-precede?排在前面的元素
前提：may-precede?是一个序关系
前提：may-precede?可以接受left和right

arrange-by
(α, α → Boolean) → *(α, α → α, α)* (afp ordering-relations)
may-precede? left right
构造一个过程，它返回left和right，并按照may-precede?先返回排在前面的元素
前提：may-precede?是一个序关系
前提：may-precede?可以接受left和right

extreme
(α, α → Boolean) → *(bag(α) → α)* (afp ordering-relations)
may-precede? aro
构造一个过程，该过程返回aro中与每个元素有关系may-precede?的元素
前提：may-precede?是一个序关系
前提：may-precede?可以接受aro的各个元素
前提：aro非空

extreme-and-others
(α, α → Boolean) → *(bag(α) → α, bag(α))* (afp ordering-relations)
may-precede? aro
构造一个过程，它返回aro中按照may-precede?排在aro中每个元素前面的元素以及含aro中其他元素的包
前提：may-precede?是一个序关系
前提：may-precede?可以接受aro的各个元素
前提：aro非空

extreme-in-set
(α, α → Boolean) → *(set(α) → α)* (afp ordering-relations)
may-precede? aro
构造一个过程，该过程返回aro中按照may-precede?排在aro中每个元素前面的元素
前提：may-precede?是一个序关系
前提：may-precede?可以接受aro的各个元素
前提：aro非空

extreme-in-list
(α, α → Boolean) → *(list(α) → α)* (afp ordering-relations)
may-precede? ls
构造一个过程，该过程返回ls中按照may-precede?排在ls中每个元素前面的元素
前提：may-precede?是一个序关系
前提：may-precede?可以接受ls的各个元素
前提：ls非空

extreme-and-others-in-list
(α, α → Boolean) → *(list(α) → α, list(α))* (afp ordering-relations)
may-precede? ls
构造一个过程，它返回ls中按照may-precede?排在ls中每个元素前面的元素以及含ls中其他元素的列表，
并按照原来顺序排列
前提：may-precede?是一个序关系

前提：may-precede?可以接受ls的各个元素
前提：ls非空

compound-ordering　(afp ordering-relations)
$(\alpha, \alpha \to Boolean) \ldots \to (\alpha, \alpha \to Boolean)$
orderings　left right
构造一个序关系，将orderings的元素依次应用于left和right，直至能够确定left和right的先后次序
前提：orderings的每个元素是一个序关系
前提：orderings的每个元素可以接受left和right

pair-lex　(afp ordering-relations)
$(\alpha, \alpha \to Boolean), (\beta, \beta \to Boolean) \to (pair(\alpha, \beta), pair(\alpha, \beta) \to Boolean)$
car-may-precede?　cdr-may-precede?　left　right
构造有序对的字典序，用car-may-precede?作为第一个序关系应用于有序对的第一个分量，在出现相等的情况下，将cdr-may-precede?应用于有序对的第二个分量
前提：car-may-precede?是一个序关系
前提：car-may-precede?可以接受left和right的第一个分量
前提：cdr-may-precede?是一个序关系
前提：cdr-may-precede? 可以接受left和right的第二个分量

fixed-list-lex　(afp ordering-relations)
$(\alpha, \alpha \to Boolean) \ldots \to (list(\alpha), list(\alpha) \to Boolean)$
orderings　left　right
构造列表上的字典序，将orderings的第一个序关系应用于列表的首元素，然后（如有必要）将第二个序关系应用于列表的下一个元素，以此类推
前提：orderings的每个元素都是序关系
前提：orderings的长度小于等于left的长度
前提：orderings的长度小于等于right的长度
前提：orderings的每个元素可以接受left和right相应位置的元素

list-lex　(afp ordering-relations)
$(\alpha, \alpha \to Boolean) \to (list(\alpha), list(\alpha) \to Boolean)$
may-precede?　left　right
构造列表上的一个字典序，用may-precede?比较列表left和right对应元素
前提：may-precede?是一个序关系
前提：may-precede?可以接受left的各个元素和right的各个元素

◉ 习题

4.1-1　为3.4节“重新实现”的自然数类型值定义一个序关系 new-<=。

4.1-2　证明每个序关系都是自反的。

4.1-3　证明

```
(lambda (left right)
  (>= (sum left) (sum right)))
```

是所有数字列表域上的一个序关系。这种序关系诱导的等价关系是什么?

4.1-4　证明如果 R 是一个序关系，那么 $\stackrel{R}{=}$ 是一个等价关系。

4.1-5　证明，对于在域 D 上定义的任何序关系 R，关系 R^* 也是一种序关系，其中，对于 D 的任意元素 a 和 b，a 和 b 有关系 R^* 当且仅当 b 到 a 有关系 R 或 a 到 b 没有关系 R。

4.2　排序算法

列表元素的排列很重要，因为具有同样元素的列表比包和集合包含更多的信息。除元素本身包含的信息之外，我们可以在元素的排列中存储更多有用信息，这些信息可以使得列表上的某些操作更简单更高效。对一组无序的值进行某种有用的排列的操作称为排序。一个典型的排序过程接受一个包，并返回一个在给定序关系下有序的列表。

在集合的实现中，集合实际上等同于一个包含了相同元素的包，而这个包又等同于一个

包含了相同元素的列表，因此，任何此类排序过程都可直接应用于集合或列表。但是，排序过程将独立于实现，当需要对集合或列表进行排序时，可以插入适当的预处理适配器：

```
(define set->bag (fold-set bag put-into-bag))
(define list->bag (fold-list bag put-into-bag))
```

存在许多排序技术，认识它们的优点并能在特定情形下判断出一种排序算法比另一种排序算法更适合是很有意义的。

4.2.1 插入排序

插入排序算法的基本思想是，从无序包中取出任意值，对包中的剩余值进行排序，然后将取出的值插入到有序列表中的适当位置——插入值到那些不具有序关系的值之后，但在插入值到那些元素有这种序关系的值之前。如果我们保持其他元素的相对位置，那么这样插入的结果列表也是有序的。

因为一个空列表是显然有序的，并且在有序列表上的插入结果仍然返回一个有序列表，包的归纳原理保证了在任何包上应用插入排序算法的结果都是有序列表。因为包中的每个值都只插入一次，而且只插入一次，所以很容易看出，完成所有插入的结果列表中的元素恰好是给定包中的元素。

给定一个序关系，inserter 过程构造一个定制的插入过程，它检查给定列表的每个元素，并略过那些插入值到它们不具有序关系的元素（因此，根据连通性，这些元素到新值具有序关系）。最终，我们要么到达列表的末尾，要么遇到一个插入值到它有序关系的元素。此时，将插入值添加到该元素为首的列表之前，恢复插入值前面被略过的元素：

```
(define (inserter may-precede?)
  (lambda (new ls)
    ((rec (ins sublist)
       (if (empty-list? sublist)
           (list new)
           (if (may-precede? new (first sublist))
               (prepend new sublist)
               (prepend (first sublist) (ins (rest sublist))))))
     ls)))
```

对包排序时，我们从空列表开始，将插入过程不断应用在包上：

```
(define (sort may-precede? aro)
  ((fold-bag list (inserter may-precede?)) aro))
```

4.2.2 选择排序

在选择排序算法中，我们从给定的包中选择极值，并使用 (extreme-and-others may-precede?) 获取给定包的其余部分。然后，我们对包的其余部分进行排序，并将极值添加到递归排序的结果列表前面。极值将被添加到一个有序列表前面，而它到有序列表的每个元素都有序关系，由此最终得到的列表显然是一个有序列表，包递归原则再次保证了结果的正确性：

```
(define (sort may-precede? aro)
  (let ((selector (extreme-and-others may-precede?)))
    ((rec (sorter areto)
       (if (empty-bag? areto)
```

```
            (list)
            (receive (chosen others) (selector areto)
              (prepend chosen (sorter others)))))
      aro)))
```

插入排序和选择排序算法应用在大型包时运行非常缓慢。原因是在选择或插入时获取的有关 may-precede? 的信息都没有保存起来，也没有在后续的选择和插入阶段重用这些信息。当需要从包中选择或插入另一个值时，即使某些比较的结果可以从早期的比较结果中推断出来，也必须进行一个全新的系列比较。

4.2.3 快速排序

为了获得更高效的排序算法，我们可以将一次遍历包中的值时收集的信息存储起来，并使用这些信息来加速后续的计算。

在快速排序算法中，我们从非空包中选取任意值，然后将其与包中的其他值进行比较，将这些值划分为两部分：到所选值有序关系的值和到所选值不具序关系的值。我们称所选值为*枢轴*或者*中心点*（pivot）。在我们尝试构造的有序列表中，任何到枢轴具有序关系的值都位于枢轴之前，而且枢轴排在任何到枢轴不具有序关系的值之前（根据连通性，枢轴到这些值具有序关系）。此外，根据传递性，任何到枢轴具有序关系的值都可以排在任何到枢轴不具有序关系的值之前。

因此，如果继续将到枢轴具有序关系的值排列成一个有序列表，并将到枢轴不具有序关系的值单独排列成另一个有序列表，那么可以将枢轴置于这两个有序列表之间，由此得到整个有序列表。快速排序的划分操作将排序问题分为两个较小且独立的同类子问题。如果这两个子问题都比原来的问题小得多（当包中约有一半的值到枢轴具有序关系时情况确实如此），此时插入排序或选择排序必须重复进行的许多比较就可以完全避免，因为这些比较只涉及划分期间放置在单独子包中的值：

```
(define (sort may-precede? aro)
  ((rec (sorter areto)
     (if (empty-bag? areto)
         (list)
         (receive (pivot others) (take-from-bag areto)
           (receive (fore aft)
                    (partition-bag (sect may-precede? <> pivot) others)
             (catenate (sorter fore) (prepend pivot (sorter aft)))))))
   aro))
```

当快速排序算法选择的大部分枢轴几乎产生平分时，它对一个大数据包进行快速排序的效率很高。另一方面，当它（不幸地）总是从包中选择一个极值作为枢轴时，它不会比插入排序或选择排序快。

4.2.4 归并排序

把一个包分成两个大小相等或几乎相等的子包，分别对每个子包进行排序，并将生成的两个有序列表立即合并成一个有序列表，这种排序方法称为*归并排序*。归并排序不是基于一个枢轴对包进行划分，而是忽略序关系，不论值的大小，将包拆分为相同大小的两部分。然后对每个部分进行递归排序，生成一个有序的列表。最后，将有序列表合并为一个更长的有序列表，在这个合并过程中，需要比较一些元素，但是序关系的连通性和传递性使得许多可能的比较变得不必要。

首先把一个包分成两个大小相等或几乎相等的子包。在基本情况下，一个空包分成两个空子包。在其他情况下，从包中取一个值，将包的其余部分分成两个大小相等或几乎相等的子包，然后将所选值重新添加到其中一个子包中。需要注意的是，如果递归调用返回两个大小不等的子包，将所选值加入较小的包。为了确保这里的选择较小包总是正确的，我们设置一个不变量：递归过程返回的两个包中，第一个包的基数总是大于或者等于第二个包的基数。将所选值添加到第二个包，然后交换它们的位置，由此确保在每个递归层上重建了不变量：

```
(define split-bag-evenly
  (fold-bag (create (bag) (bag))
            (dispatch (pipe (adapter 0 2) put-into-bag) >next)))
```

两个有序列表的归并通过同时对两个列表递归完成。基本情况有两种：如果任一列表为空，则返回另一个列表。如果两者都不是空的，则比较它们的第一个元素，从两个元素中选出一个元素，该元素到另一个元素具有序关系，在合并后的列表中该元素应该位于另一个元素之前。因此我们将选出的元素前置于递归调用的结果之前，递归调用的一个参数是除选中元素之外元素构成的列表，另一个参数是另一个列表的全部元素：

```
(define (merge-lists may-precede? left right)
  ((rec (merger subleft subright)
     (if (empty-list? subleft)
         subright
         (if (empty-list? subright)
             subleft
             (if (may-precede? (first subleft) (first subright))
                 (prepend (first subleft)
                          (merger (rest subleft) subright))
                 (prepend (first subright)
                          (merger subleft (rest subright)))))))
   left right))
```

现在可以将这些组件放入归并排序的整体结构中。分治法递归的基本情况是包只包含一个值，在这种情况下，不需要拆分和合并，因为有序列表只是包含该值的单元素列表。空包也可以作为特殊情况处理，不需要应用分治法。空包也不会拆分出现，因为只有当包里有两个或更多值时，才会进行拆分。由于拆分产生的子包具有相等或几乎相等的基数，因此每个子包至少包含一个值。

当包里有两个或多个值时，我们将其拆分，然后对每个子包进行递归排序，并调用 `merge-lists` 将两个有序列表合并为一个更长的有序列表：

```
(define (sort may-precede? aro)
  (if (empty-bag? aro)
      (list)
      ((rec (sorter areto)
         (receive (chosen others) (take-from-bag areto)
           (if (empty-bag? others)
               (list chosen)
               (receive (left right) (split-bag-evenly areto)
                 (merge-lists may-precede?
                              (sorter left)
                              (sorter right))))))
       aro)))
```

`set->bag`　　　　　　　　　　　　　　　　　　　　　　(afp sets)

set(α) → bag(α)

aro
构造包含aro元素的包

(afp bags)

list->bag
$list(\alpha) \to bag(\alpha)$
ls
构造包含ls元素的包

(afp ordering-relations)

inserter
$(\alpha, \alpha \to Boolean) \to (\alpha, list(\alpha) \to list(\alpha))$
may-precede?   new ls
构造一个过程，该过程根据序关系may-precede?构造包含new和ls元素的有序列表
前提：may-precede?是一个序关系
前提：may-precede?可以接受new和ls的各个元素
前提：ls关于may-precede?有序

(afp sorting insertion-sort)

sort
$(\alpha, \alpha \to Boolean), bag(\alpha) \to list(\alpha)$
may-precede?   aro
构造一个包含aro元素的列表，而且按照may-precede?有序
前提：may-precede?是一个序关系
前提：may-precede?可以接受aro的任何值

(afp sorting selection-sort)

sort
$(\alpha, \alpha \to Boolean), bag(\alpha) \to list(\alpha)$
may-precede?   aro
构造一个包含aro元素而且按照may-precede?有序的列表
前提：may-precede?是一个序关系
前提：may-precede?可以接受aro的任何值

(afp sorting quicksort)

sort
$(\alpha, \alpha \to Boolean), bag(\alpha) \to list(\alpha)$
may-precede?   aro
构造一个包含aro元素而且按照may-precede?有序的列表
前提：may-precede?是一个序关系
前提：may-precede?可以接受aro的任何值

(afp sorting mergesort)

split-bag-evenly
$bag(\alpha) \to bag(\alpha), bag(\alpha)$
aro
构造两个包，其基数最多相差1，而且它们的并包是aro

(afp sorting mergesort)

merge-lists
$(\alpha, \alpha \to Boolean), list(\alpha), list(\alpha) \to list(\alpha)$
may-precede?   left   right
构造一个按照may-precede?有序的列表，其元素包含left的各个元素和right的各个元素
前提：may-precede?是一个序关系
前提：may-precede?可以接受left的各个元素和right的各个元素
前提：left是关于may-precede?有序的
前提：right是关于may-precede?有序的

(afp sorting mergesort)

sort
$(\alpha, \alpha \to Boolean), bag(\alpha) \to list(\alpha)$
may-precede?   aro
构造一个包含aro元素而且按照may-precede?有序的列表
前提：may-precede?是一个序关系
前提：may-precede?可以接受aro的任何值

◉ 习题

4.2-1 如果要使得插入排序过程的第二个参数可接受一个列表而不是一个包，你将对实现做什么样的修改？在归并排序过程的实现中，需要做什么修改？

4.2-2 定义一个过程 sorted-associations，它接受一个表和表中关键字上的一个序关系，并返回该

表中关键字和相关值有序对构成的列表，并按关键字有序排列。

4.2-3　修改 unfold-list 过程，使其接受额外参数 may-precede?（必须是一个序关系），并返回一个过程，该过程总是返回关于该序关系有序的列表。

4.3　二叉搜索树

大多数使用树结构的应用程序对数据的结构或者组织都有特别的要求。这些附加的要求称为树不变量。我们通过给 make-non-empty-tree 构造函数和任何使用它来构造结果的过程添加前提来实现树不变量。

例如，对于特定的序关系，二叉搜索树不变量要求在非空树中，左子树的每个值到根值都具有序关系，而根值到右子树中的每个值也都具有序关系，并且左子树和右子树都满足同样的不变量。

正如我们在 4.1 节中所看到的，序关系可以诱导出一个等价关系。在许多使用二叉搜索树的应用程序中，最常见的且最耗时的操作是二叉搜索树，即确定二叉树中是否存在与一个给定值具有诱导等价关系的任何值。二叉树不变量的优点是它可以加快二叉树的搜索速度。

我们总是可以在二叉搜索树上添加新值，同时保持结果仍然是二叉搜索树，如以下过程定义所示：

```
(define (put-into-binary-search-tree may-precede?)
  (lambda (new bst)
    ((rec (putter subtree)
       (if (empty-tree? subtree)
           (singleton-tree new)
           (receive (root left right) (de-non-empty-tree subtree)
             (if (may-precede? new root)
                 (make-non-empty-tree root (putter left) right)
                 (make-non-empty-tree root left (putter right))))))
     bst)))
```

在递归的基本情况下，将一个新值插入一个空树，结果生成的二叉树显然满足二叉树不变量。在任何其他情况下，我们将新值与给定树根处的值进行比较。如果新值到根上的值具有序关系，则将其插入左子树，从而保持左子树的所有值到根具有序关系的不变量。否则，根据连通性，根上的值到新值具有序关系，因此将新值插入右子树，保持根上的值到其右子树所有值具有序关系的不变量。进行插入的子树中值的数目小于当前树中值的数目，因此在有限次递归调用之后，我们必然到达一个空子树的基本情况。根据树的归纳原理可以断定，put-into-binary-search-tree 总是保持二叉搜索树的不变量。

我们可以通过类似的方式在二叉搜索树上查找一个值：从根开始一直往下遍历，直至在某个子树根上找到该值或者到达一棵空树。如果查找成功，则返回打包的搜索值，如果查找失败，则返回不打包的 #f。

此时，只有在根到要查找的值不具有序关系时，我们才会进入左子树；只有当要查找的值到根不具有序关系时，我们才会进入右子树。如果这两个条件都不满足，也就是说，如果所查找的值等价于当前子树的根，即查找的值与当前子树的根相互具有序关系，则在当前树的根上停止搜索：

```
(define (search-binary-search-tree may-precede?)
  (lambda (sought bst)
    ((rec (searcher subtree)
```

```
        (if (empty-tree? subtree)
            #f
            (receive (root left right) (de-non-empty-tree subtree)
              (if (not (may-precede? root sought))
                  (searcher left)
                  (if (not (may-precede? sought root))
                      (searcher right)
                      (box root))))))
      bst)))
```

4.3.1 测试二叉搜索树不变量

要判断给定的树是否满足给定序关系的二叉搜索树不变量，我们可以简单地将不变量的语句转换为 Scheme 的如下定义：

```
(define (binary-search-tree-invariant? may-precede? tr)
  ((rec (ok? subtree)
  (or (empty-tree? subtree)
      (receive (root left right) (de-non-empty-tree subtree)
        (and (for-all-in-tree? (sect may-precede? <> root) left)
             (for-all-in-tree? (sect may-precede? root <>) right)
             (ok? left)
             (ok? right)))))
  tr))
```

然而，这种低效的方法是不必要的。如果首先确定了给定树的左子树和右子树都满足二叉搜索树不变量，就不需要将所有结点与根进行比较。如果左子树不为空，则它包含一个值，而且该子树中的每个值到该值都具有序关系；如果该值到根具有序关系，则（根据传递性），左子树中的其他元素到根也都具有序关系。同样，如果右子树不为空，则其中的一个值到其他值都具有序关系，因此，将根与右子树中的这个特殊值进行比较就足够了。

利用二叉搜索树不变量的特点，可以有效地在左、右子树中找到这些特殊值。首先假设我们在子树 T 中查找特殊值，T 中每个值到该特殊值都具有序关系。没有理由考虑 T 的左子树中的任何值，因为它们到根都具有序关系，所以到 T 的右子树中的所有值都具有序关系。因此，如果 T 的右子树为空，则根就是我们要查找的特殊值。否则，我们要寻找的值在 T 的右子树 T' 中，同样的逻辑也适用于这里：忘掉 T' 的左子树，如果 T' 的右子树是空的，则根就是要找的值，否则就下降到 T' 的右子树中，并重复这个过程。

总之，在非空二叉搜索树中，每个值到它都具有序关系的值是该树中最右边的值，下面的过程将找到它。这里无须进行比较。我们根据树的结构来定位最右边的值：

```
(define (rightmost tr)
  (let ((right (non-empty-tree-right tr)))
    (if (empty-tree? right)
        (non-empty-tree-root tr)
        (rightmost right))))
```

同样，二叉搜索树中最左边的值到该树中的每个值都具有序关系：

```
(define (leftmost tr)
  (let ((left (non-empty-tree-left tr)))
    (if (empty-tree? left)
        (non-empty-tree-root tr)
        (leftmost left))))
```

在下面的 binary-search-tree-invariant? 过程中，递归管理器将四个条件应用于一个非空树，确认左子树是一个二叉搜索树；右子树是一个二叉搜索树；左子树的最右值（如果存在）到根具有序关系；根到右子树最左边的值（如果存在）具有序关系：

```
(define (binary-search-tree-invariant? may-precede? tr)
  ((rec (ok? subtree)
     (or (empty-tree? subtree)
         (receive (root left right) (de-non-empty-tree subtree)
           (and (ok? left)
                (ok? right)
                (or (empty-tree? left)
                    (may-precede? (rightmost left) root))
                (or (empty-tree? right)
                    (may-precede? root (leftmost right)))))))
   tr))
```

4.3.2 从二叉搜索树中提取一个值

如果我们不仅要在二叉搜索树中找到一个值，而且要把它提取出来，返回这个值和删除它后的二叉搜索树，那么需要注意确保删除后的树仍然满足二叉搜索树不变量。注意，在上面的 search-binary-search-tree 过程中，我们找到的每个值都必然位于某一颗子树的根上。删除根上的值将断开两个子树与主树的连接。我们必须以某种方式将子树连接在一起，而不更改它们所含值的顺序。

但是，如果将前面所述困难推后一点，交给一个过程 join-trees 获得预期的结果，那么删除要做的工作就不太困难了：如 search-binary-search-tree 那样，每一步根据查找值与根值的关系，沿着搜索二叉搜索树中的一个分支向左或向右下降，直至到达一个空树或找到要删除的值为止。在前一种情况下，搜索的值不在树中，因此返回 #f 和一个空树。在后一种情况下，返回打包的根植，以及将其子树连接后的结果：

```
(define (extract-from-binary-search-tree may-precede?)
  (lambda (sought bst)
    ((rec (extracter subtree)
       (if (empty-tree? subtree)
           (values #f (make-empty-tree))
           (receive (root left right) (de-non-empty-tree subtree)
             (if (not (may-precede? root sought))
                 (receive (extracted others) (extracter left)
               (values extracted
                       (make-non-empty-tree root others right)))
           (if (not (may-precede? sought root))
               (receive (extracted others) (extracter right)
                 (values extracted
                         (make-non-empty-tree root left others)))
               (values (box root) (join-trees left right)))))))
   bst)))
```

注意，我们必须在每一个层递归返回后重建树，而不仅仅是最后一次递归。因为我们沿着整个分支到达删除值的每一个子树现在都是不同的，至少在这些子树不再包含该值的意义下是不同的。

现在让我们来看看 join-trees 过程，它接受两棵二叉搜索树，并将它们合并成一棵二叉搜索树。当 extract-from-binary-search-tree 调用 join-trees 时，第一棵二叉搜索树的所有值到第二棵二叉搜索树的所有值都具有序关系。我们的实现将依赖于这一前提。

如果要合并的任何一棵树是空的，则可以简单地返回另一棵树。否则，将这两棵树变成一个共同根的子树，第一棵树的每一个值到根有序关系，且根到第二棵树的每一个值都有序关系。无论我们选择第一棵树的最右边值还是第二棵树的最左边的值作为新的根，结果都是正确的。（以下代码实现选择了前一个选项。）

将第一棵树的最右边值提升为新的根时，必须从左子树的当前位置将它删除。这是一个很容易删除的例子，因为树中最右边值的右子树总是空的，所以我们总是可以将该值的左子树提升到该位置。

最右边值删除过程 extract-rightmost 处理这个特殊情况。这个过程的一个前提是给定的树为非空树，所以在调用 extract-rightmost 时，我们将确保前提成立。删除总是成功的，因此不需要打包或拆包：

```
(define (extract-rightmost tr)
  (receive (root left right) (de-non-empty-tree tr)
    (if (empty-tree? right)
        (values root left)
        (receive (extracted new-right) (extract-rightmost right)
          (values extracted
                  (make-non-empty-tree root left new-right))))))
```

就像 rightmost 过程一样，完全不需要考虑左子树，并且无须进行比较。树的结构告诉了我们所需要的一切。

现在，join-trees 过程变得很简单：

```
(define (join-trees fore aft)
  (if (empty-tree? fore)
      aft
      (if (empty-tree? aft)
          fore
          (receive (new-root new-fore) (extract-rightmost fore)
            (make-non-empty-tree new-root new-fore aft)))))
```

4.3.3　二叉搜索树排序

要使用二叉搜索树对包进行排序，先在包上折叠，构造一棵包含了相同值的二叉搜索树，然后将其平展到列表中，保留树中所有值从最左到最右的顺序。

过程 tree->list 执行符合此顺序的平展操作：

```
(define tree->list
  (fold-tree list (lambda (root from-left from-right)
                    (catenate from-left (prepend root from-right)))))
```

二叉搜索树不变量确保这种最左到最右的排列就是序关系的顺序：

```
(define (sort may-precede? aro)
  (tree->list ((fold-bag make-empty-tree
                         (put-into-binary-search-tree may-precede?))
               aro)))
```

---

put-into-binary-search-tree　　　　(afp binary-search-trees)

$(\alpha, \alpha \to Boolean) \to (\alpha,\ tree(\alpha) \to tree(\alpha))$
may-precede?　　new bst

构造一个过程，该过程构造一颗树，类似于bst，包含new和bst的各个元素，且满足关于may-precede?的二叉搜索树不变量

前提：may-precede?是一个序关系

前提：may-precede?可以接受new和bst的各个元素

前提：bst满足关于may-precede?的二叉搜索树不变量

search-binary-search-tree　(afp binary-search-trees)
$(\alpha, \alpha \to Boolean)$ → $(\alpha,$ $tree(\alpha)$ → $box(\alpha) \mid Boolean)$
may-precede?　sought bst
构造一个过程，在bst中查找与sought等价（may-precede?诱导的等价关系）的值。如果查找成功，则该过程返回打包的bst中的匹配值；如果不成功，则返回#f（不打包）
前提：may-precede?是一个序关系
前提：may-precede?可以接受sought和bst的各个元素（不论次序）
前提：bst满足关于may-precede?的二叉搜索树不变量

rightmost　(afp trees)
$tree(\alpha)$ → α
tr
返回tr的最右值
前提：tr非空

leftmost　(afp trees)
$tree(\alpha)$ → α
tr
返回tr的最左值
前提：tr非空

binary-search-tree-invariant?　(afp binary-search-trees)
$(\alpha, \alpha \to Boolean)$, $tree(\alpha)$ → $Boolean$
may-precede?　tr
判定tr是否满足关于may-precede? 的二叉搜索树不变量
前提：may-precede?是一个序关系
前提：may-precede?可以接受tr的各个元素

extract-from-binary-search-tree　(afp binary-search-trees)
$(\alpha, \alpha \to Boolean)$ → $(\alpha,$ $tree(\alpha)$ → $box(\alpha) \mid Boolean, tree(\alpha))$
may-precede?　sought bst
构造一个过程，在bst中查找与sought等价（may-precede?诱导的等价关系）的值。如果查找成功，则该过程返回打包的bst中的匹配值，以及一个满足关于may-precede?二叉搜索树不变量而且包含bst中除sought外所有值的树；如果不成功，则返回#f（不打包）和bst
前提：may-precede?是一个序关系
前提：may-precede?可以接受sought和bst的各个元素（不论次序）
前提：bst满足关于may-precede?的二叉搜索树不变量

extract-rightmost　(afp trees)
$tree(\alpha)$ → $\alpha, tree(\alpha)$
tr
返回tr的最右值和一棵类似于tr的树，该树包含tr中除最右值之外的所有其他元素
前提：tr非空

join-trees　(afp binary-search-trees)
$tree(\alpha)$, $tree(\alpha)$ → $tree(\alpha)$
fore　aft
构造一颗包含fore的所有元素和aft的所有元素的树。如果fore和aft满足关于某个序关系的二叉搜索树不变量，fore的每个元素到aft的每个元素都具有该序关系，那么所构造的树也满足该不变量

tree->list　(afp trees)
$tree(\alpha)$ → $list(\alpha)$
tr
构造一个包含tr所有元素的列表，这些元素按照tr中从最左到最右的顺序排列

sort　(afp sorting binary-search-tree-sort)
$(\alpha, \alpha \to Boolean)$, $bag(\alpha)$ → $list(\alpha)$
may-precede?　aro
构造包含aro所有元素的列表，并按照may-precede?的顺序排列
前提：may-precede?是一个序关系
前提：may-precede?可以接受aro的所有元素

◉ 习题

4.3-1　定义一个过程 tree->finite-source，它构造一个有限源，包含给定树中从最左到最右的值。

4.3-2　定义一个过程 leaf-list，该过程返回一个树的叶结点存储值的列表，满足条件：如果树满足

关于序关系的二叉搜索树不变量，则返回的列表元素按该序关系排列。

4.3-3　定义一个过程 combine-trees，它接受一个序关系参数，并返回另一个过程，该过程依次接受两棵二叉搜索树，每棵树关于该序关系都满足二叉搜索树不变量，并构造一棵关于该序关系的二叉搜索树，该树包含两棵二叉搜索树中的所有值。

4.3-4　定义一个过程 in-range，该过程接受两个数字，lower 和 upper，以及一个数字树 tr，该树关于 <= 满足二叉搜索树不变量，并返回一个列表，该列表包含 tr 中的值大于等于 lower 和小于 upper 的值，并按照 <= 有序排列。

4.4　红黑树

奇怪的是，二叉搜索树的实用性受到其通用性的限制。它们可以大大加快搜索和排序速度，但前提是树的大多数内部结点能大致均匀分布在左、右子树上。为什么呢？我们来看看二叉搜索树的形状是如何影响算法性能的。

在二叉搜索树中查找失败的过程中，以及在插入新值的过程中，我们从树的根下降到它的一棵子树，然后再下降到该子树的一棵子树，以此类推，直至到达一棵空树。我们把以这种方式遇到的子树序列称为*下降序列*。当二叉树“细长”且不平衡时，内部结点的子树大小差别显著时，下降序列可能非常长。在最坏的情况下，每个内部结点都有一棵空子树，树的高度等于树的大小，因此，存在一个下降序列，在到达空树之前，它穿过了树的全部内部结点。在这种树上的查找操作并不比在列表上逐个比较元素的查找效率更高。在这种情况下，二叉搜索树的额外结构只会减慢查找速度。

我们更喜欢使用一种特殊的二叉搜索树，这种二叉搜索树的高度远小于其结点数量。高度为 n 的树不存在包含超过 $n+1$ 棵子树的下降序列（包括终止它的空树）。因此，树的高度表达了最坏情况下对该树进行搜索和插入操作性能的上界。通过数学归纳法容易证明，高度为 n 的树的最大结点数是 2^n-1，因此，在最坏的情况下，对于像 put-into-binary-search-tree 和 search-binary-search-tree 这样的过程，其性能还有很大的提升空间。

幸运的是，树结构的一般性也为这个问题提供了解决方案。对于 n 个结点的树可以呈现的任何形状，可以在不违反二叉搜索树不变量的情况下，将 n 值存储在该形状的树中。因此，在构造一棵二叉搜索树时，我们可以跟踪它是否细长，如果它的子树变得过于不平衡，我们就可以对它进行重新调整，同时保持不变量。这种做法，实际上是在有序不变量上添加了一个形状不变量，因此我们的过程返回的任何树都具有良好的形状，适合快速查找。

选择形状不变量需要一些权衡。如果我们对它有非常严格的限制，比如说要求树的高度满足理论上的尽可能小，那么就可以保证查找是最快的，但是插入或删除后重新调整树的过程会变得非常慢。对于大部分应用程序而言，我们只需要形状不变量能够阻止极端不平衡，以及在插入或删除某些结点后能够快速重建立不变量。我们将看到一种这样的不变量，称为红黑不变量，它所支持的数据结构称为红黑树。

在红黑树中，每个子树都有一种颜色，红色或者黑色。空的红黑树总是黑色的，而非空的红黑树可以是红色或黑色的。形状不变量的目标是约束树中的下降序列，使其长度差别不会太大。红黑不变量（稍后给出正式定义）通过下面的目标要求确保了这一点：（1）树中的每个下降序列包含完全相同个数的黑色子树。（2）下降序列中的红色子树个数小于或等于黑色子树个数。红色子树数目的可变性使得插入或删除后不变量的重建更具灵活性，而黑色子树数目的恒定性意味着没有一个下降序列比其他下降序列长两倍以上，从而为查找和插入算法的最坏情况性能设置了一个合理的界限。

实现这一目标的第一步要求是：只有红黑树的两棵子树都是黑色的情况下，该树才能染成红色。这样可以确保在下降序列中任何红色子树后面紧跟一棵黑色子树，从而保证序列中的黑色子树个数大于或等于红色子树个数，这是我们目标陈述的（1）部分。

要了解如何到达目标的（2）部分，我们定义一个函数 m，它确定了给定树中所有下降序列的非空黑色子树的最大数目。我们可以递归地定义这个函数，如下所示：

- 如果 T 是空的红黑树，那么 $m(T) = 0$：唯一的下降序列是包含 T 本身的单元素序列，在这种情况下不计 T（因为它是空的）。
- 如果 T 为非空红黑树，而且 T 为红色，则 $m(T) = \max(m(T_L), m(T_R))$，其中 T_L 和 T_R 为 T 的左、右子树：T 的所有下降序列都从 T 本身开始，接着是其中一个子树的下降序列。因为 T 是红色的，所以 T 的下降序列中黑色子树的最大可能数等于其中一个子树中黑色子树的最大可能数。
- 如果 T 为非空红黑树，而且 T 为黑色，则通过类似推理，$m(T) = \max(m(T_L), m(T_R)) + 1$。

施加在红黑树上的形状约束是要求对每个结点都有以下式子成立：$m(T_L) = m(T_R)$。不管在树的哪个位置，不管在下降序列中选择哪棵子树，我们都会遇到数目完全相同的非空黑色子树。

一棵树 T 上的红黑不变量是 T 上的颜色约束、形状约束以及 T 的子树上递归约束的结合：

- 如果 T 为红色，则 T_L 和 T_R 均为黑色。
- 如果 T 非空，则 $m(T_L) = m(T_R)$。
- 如果 T 非空，则 T_L 和 T_R 都满足红黑不变量。

最后一个递归约束确保 T 中以任何结点为根的子树都满足红黑不变量。

4.4.1　实现红黑树

在红黑树的实现中，将非空树的颜色存储在其根上会带来方便。可以将表示颜色的符号与根的内容作为一对数据。从结构上讲，红黑树是一种有序对的树，其中有序对的第一个分量是符号 `red`（红色）或 `black`（黑色）。我们可以用类型方程表示这种结构：

$$color = red \mid black$$

$$red\text{-}black\text{-}tree(\alpha) = tree(pair(color, \alpha))$$

这里的 `color` 是一个枚举类型，`red` 和 `black` 是和类型中的单值类型。很容易写出这些类型的分类和等价谓词：

```
(define color?
  (^et symbol?
       (^vel (sect symbol=? <> 'red)
             (sect symbol=? <> 'black))))

(define color=? symbol=?)

(define red-black-tree? (tree-of (pair-of color? values?)))

(define red-black-tree=? (tree-of= (pair-of= color=? equal?)))
```

为了确定红黑树的颜色，我们可以使用谓词 `red?`，它提取非空树的根并检查根上有序对中存储颜色的第一个分量。

```
(define red?
  (^et non-empty-tree?
       (run non-empty-tree-root car (sect color=? <> 'red))))
```

除了附带的颜色之外，另一个有用的过程是提取并返回存储在根中的元素：

```
(define red-black-tree-element (pipe non-empty-tree-root cdr))
```

接下来我们设计一个谓词，测试这种结构是否满足红黑不变量。为了避免一次又一次地计算小子树的 m 函数值（并且避免在它们不影响结果的情况下计算它们），我们可以将 m 的计算集成到算法的核心递归测试过程中。当发现某些子树 S 满足红黑不变量时，不像普通谓词那样返回 #t，此递归过程将返回更有用的值 $m(S)$。然后，调用者可以使用 not 来区分不满足不变量的 #f 和满足不变量的自然数。

请注意，空树自然是满足红黑不变量的，因此递归过程在遇到空树时立即返回 0。

```
(define satisfies-red-black-invariant?
  (pipe (rec (m-or-failure tr)
          (if (empty-tree? tr)
              0
              (let ((tr-left (non-empty-tree-left tr))
                    (tr-right (non-empty-tree-right tr)))
                (if (and (red? tr)
                         (or (red? tr-left) (red? tr-right)))
                    #f
                    (let ((left-m (m-or-failure tr-left)))
                      (if (not left-m)
                          #f
                          (let ((right-m (m-or-failure tr-right)))
                            (if (not right-m)
                                #f
                                (if (not (= left-m right-m))
                                    #f
                                    (if (red? tr)
                                        left-m
                                        (add1 left-m))))))))))
        natural-number?))
```

我们将在查找和排序中使用的红黑树需要具有适当的结构，既满足红黑不变量，树上的元素还要满足关于某个序关系的二叉搜索树不变量。如果序关系是 may-precede?，那么在红黑树中，需要使用 (compare-by cdr may-precede?) 排列根：

```
(define (red-black-search-tree? may-precede? something)
  (and (red-black-tree? something)
       (satisfies-red-black-invariant? something)
       (binary-search-tree-invariant? (compare-by cdr may-precede?)
                                      something)))
```

4.4.2 颜色翻转和旋转

红黑树的插入和删除算法需要给操作的树重新组织和着色，以确保结果满足红黑不变量。虽然在某些情况下这些修改相当复杂，但它们是由三个简单的过程构成的：color-flip（颜色翻转），rotate-left（左旋转）和 rotate-right（右旋转）。

当非空树的两棵子树都不为空，并且颜色都与树本身的颜色不同时，可以将 color-flip 过程应用于该树。该过程将改变三者的颜色：树的颜色和它的两棵子树的颜色。T 上的颜色翻转保持 $m(T)$ 不变（但是 $m(T_L)$ 和 $m(T_R)$ 都减少 1 或增加 1），因此保持了红黑不变量中的形状约束。颜色翻转将用于处理插入或删除导致违反颜色约束的情况：

```
(define color-flip
  (let ((opposite (lambda (col)
                    (if (color=? col 'red) 'black 'red))))
    (let ((flip-root (run decons (~initial opposite) cons)))
      (let ((flip (run de-non-empty-tree
                       (~initial flip-root)
                       make-non-empty-tree)))
        (run de-non-empty-tree
             (cross flip-root flip flip)
             make-non-empty-tree)))))
```

过程 rotate-left 修改具有红色右子树的非空树的结构。该过程将其操作的树的右子树的根提升为该树的根，而原根成为其左子树的根。其他子树重新连接，以保持二叉搜索树不变量。此操作还保持 $m(T)$ 不变：

```
(define (rotate-left tr)
  (let ((right (non-empty-tree-right tr)))
    (make-non-empty-tree
      (cons (if (red? tr) 'red 'black) (red-black-tree-element right))
      (make-non-empty-tree (cons 'red (red-black-tree-element tr))
                           (non-empty-tree-left tr)
                           (non-empty-tree-left right))
      (non-empty-tree-right right))))
```

过程 rotate-right 是 rotate-left 的逆，它将一棵树的红色左子树的根提升为树的根，原树根成为右子树的根：

```
(define (rotate-right tr)
  (let ((left (non-empty-tree-left tr)))
    (make-non-empty-tree
      (cons (if (red? tr) 'red 'black) (red-black-tree-element left))
      (non-empty-tree-left left)
      (make-non-empty-tree (cons 'red (red-black-tree-element tr))
                           (non-empty-tree-right left)
                           (non-empty-tree-right tr)))))
```

4.4.3　插入

在插入过程中，新组件始终作为一个叶子添加到一个适当分支末端，用单结点树替换原来的空树。就像在 put-into-binary-search-tree 中一样，每次递归调用在树中下降一层，我们都要将要插入的值与遇到的每个根进行比较，以确定插入值的最终位置。

按照惯例，每个新叶子着红色。新叶子的子树都是空的，因此它们都是黑色的，这样可以确保它满足红黑不变量的第一个约束，至少在内部是这样的。此外，给满足红黑不变量形状约束的红黑树添加一个红叶子，其结果也满足该约束：不管是红叶子还是它替换的空树，它们都没有包含非空黑色结点的任何下降序列，因此 m 函数将两者都映射到 0。

因此，唯一可能出现问题的情况是将红叶子作为红树 T 的左子树或右子树插入，这种情况违反了 T 的颜色约束。接下来我们将看到，在大多数情况下，我们可以通过在 T 的上层执行一次或两次旋转来恢复不变量。但是，当 T 本身是一棵树 T' 的子树，而 T' 的另一个子树也是红色时，就会出现棘手的情况。处理这种情况的最佳方法是确保它根本不会出现。

我们可以通过在下降过程中调用 color-flip 来避免这种棘手情况的出现。每次发现一棵含有两棵红子树的黑树时，我们在递归调用下降过程之前将红子树用相应的黑子树替换。

当我们到达树枝的末端并将红叶子插入时，这个颜色翻转预处理可以确保插入叶子的结点是黑色的或者该结点有一个黑色的兄弟。

过程 lift-red 检测到刚才描述的情况（一棵非空黑树，它应该是黑色的，且含有两棵红子树），并执行颜色翻转：

```
(define lift-red
  (^if (^et (pipe non-empty-tree-left red?)
            (pipe non-empty-tree-right red?))
       color-flip
       identity))
```

在插入结点之后，当我们从递归过程调用返回时，可能会遇到这样的情况：一棵红树有一棵红子树。这种情况要么是插入新的红叶子造成的，要么是先前的某个颜色翻转或旋转造成的。我们现在可以通过旋转来处理这种情况。为了简化和加速选择旋转的测试，我们将给树添加另一个不变量：在 put-into-red-black-tree 过程返回的红黑树中，具有一棵红子树和一棵黑子树的每个红黑树（在任何层）都将红子树作为它的左子树，黑子树作为它的右子树。满足红黑不变量和这个新不变量的树被称为*左倾红黑树*（left-leaning red-black tree）。

谓词 left-leaning? 确定给定的红黑树是否满足此不变量：

```
(define (left-leaning? tr)
  (or (empty-tree? tr)
      (receive (ignored left right) (de-non-empty-tree tr)
        (and (or (red? left) (not (red? right)))
             (left-leaning? left)
             (left-leaning? right)))))
```

左倾红黑树的优点在于，我们更容易确定需要哪种旋转来纠正它。一般来说，一棵红黑树 T 本身可以是一棵较大树的左子树，也可以是右子树，T 的红子树可以在左边也可以在右边。这四种情况中，每一种情况都需要不同的旋转。另一方面，在左倾红黑树中，只有当 T 是左子树且它的红子树是左子树时，这种情况才会出现，因此旋转序列总是相同的。

要建立左倾不变量，我们需要执行更多的旋转（建立红黑不变量后额外所需的旋转），但是，选择旋转的过程简化补偿了这一额外的工作。

过程 lean-left（左倾）检测到违反左倾不变量的情况，并执行左旋转以使树恢复左倾不变量：

```
(define lean-left
  (^if (^et (pipe non-empty-tree-left (^not red?))
            (pipe non-empty-tree-right red?))
       rotate-left
       identity))
```

过程 rebalance-reds 检测红左子树本身有一棵红左子树（或者是执行 lean-left 的旋转造成的，或者是插入的结果，或者是颜色翻转的结果），并执行右旋转。过程生成的树仍然是黑色的，但是颜色被重新排列，使它的两棵子树都是红色的（并且这些子树的子树都是黑色的），从而重建了红黑不变量中的颜色约束：

```
(define rebalance-reds
  (^if (pipe non-empty-tree-left
             (^et red? (pipe non-empty-tree-left red?)))
       rotate-right
       identity))
```

还有一个可能违反红黑不变量且 rebalance-reds 没有考虑到的情况是：如果整棵红黑

树是红的，或者经过颜色翻转变成红色，而且它的左子树由于插入或旋转变为红色，则该树违反了颜色约束。我们可以再添加一个不变量来解决这个问题：插入和删除过程只返回黑树。为此，我们只需等待整个递归完成，然后强制将根的颜色修改为黑色就可以了！将树的根结点颜色从红色更改为黑色将使 $m(T)$ 增加 1，但对任何其他结点的 m 函数值没有影响，因此仍然满足形状约束。

过程 force-color（强制修改颜色）对任何非空红黑树都重新设置颜色，同时保留其子树的颜色：

```
(define (force-color new-color tr)
  (receive (root left right) (de-non-empty-tree tr)
    (receive (ignored element) (decons root)
      (make-non-empty-tree (cons new-color element) left right))))
```

给 put-into-binary-search-tree 的中心递归添加一个预处理适配器 lift-red 调用，后处理适配器 lean-left 调用和 rebalance-reds 调用，以及对最终树做后处理以确保它为黑树，由此得到 put-into-red-black-tree 的定义：

```
(define (put-into-red-black-tree may-precede?)
  (lambda (new tr)
    ((pipe (rec (putter subtree)
             (if (empty-tree? subtree)
                 (singleton-tree (cons 'red new))
                 (receive (root left right)
                          (de-non-empty-tree (lift-red subtree))
                   (rebalance-reds
                     (lean-left
                       (if (may-precede? new (cdr root))
                           (make-non-empty-tree
                             root (putter left) right)
                           (make-non-empty-tree
                             root left (putter right))))))))
           (sect force-color 'black <>))
     tr)))
```

4.4.4　查找

红黑树的查找过程与其他二叉搜索树相同，只是每个子树的根包含一种颜色，在搜索期间进行比较时，我们会忽略颜色信息：

```
(define (search-red-black-tree may-precede?)
  (lambda (sought tr)
    ((rec (searcher subtree)
       (if (empty-tree? subtree)
           #f
           (receive (root left right) (de-non-empty-tree subtree)
             (if (not (may-precede? (cdr root) sought))
                 (searcher left)
                 (if (not (may-precede? sought (cdr root)))
                     (searcher right)
                     (box (cdr root)))))))
     tr)))
```

4.4.5　删除

红黑树的删除过程 extract-from-red-black-tree 需要更多的工作，以确保删除后红黑、左倾和二叉搜索树不变量都能保持。同其他二叉搜索树一样，我们将向下递归遍历整棵树以查找要删除的元素（称之为 d）。如果这个过程到达一棵空树，则表明 d 不在树中，返回 #f 和空树。如果这个过程到达一个树，而且其根上元素与 d 匹配，则将 d 从树中删除，将 d 打包，并返回打包的值以及一个黑色的、左倾的、满足红黑不变量的红黑树，它包含给定树中除 d 之外的所有元素，并且满足二叉搜索树不变量。

在这个过程中，我们必须做一些准备工作，以确保删除某棵真子树 T 根上的元素不会改变 $m(T)$ 的值。如果 T 及其子树 T_L 和 T_R 都是黑色的，则可能无法满足此目标。例如，考虑 T 是黑叶子的情况，因此 $m(T)=1$。因为 T 只有一个元素，删除该元素会留下空树，m 的值成为 0。在这种情况下，无法满足所需的后置条件。在树的更高层次上进行颜色翻转和旋转并不能解决这个问题。（这些过程保持开始的树形不变量，也保持开始时不满足形状不变量的树形。）

在设计插入过程时，我们在沿着分支下降时执行先发制人的颜色翻转，以确保不会出现这种棘手情况。我们可以在这里使用相同的策略：在下降过程中，以某种方式重新修改树，以确保查找永远不会把我们带到一个有两棵黑子树的黑子树 T 中！

我们称这种子树为不安全子树。谓词 safe-red-black-tree? 确定给定的树 T 是否安全：

```
(define safe-red-black-tree?
  (^or empty-tree? red? (pipe non-empty-tree-left red?)))
```

如果 T 满足左倾不变量，那么在末尾添加一个测试，查看右子树是否为红色将是多余的。该测试能够到达的唯一情况是，已知左子树是黑色，在这种情况下，左倾不变量意味着右子树也必须是黑色的。

在尝试调用递归过程从 T 中删除 d 之前，我们将先执行一些操作，以确保 T 是安全的，这样我们就不会面临上述棘手的情况。特别是，如果删除的结点是一个叶子，那么它将永远是红色的，因为黑叶子是不安全的。删除红叶子会使 m 函数在每个剩余结点的值保持不变，因此保持了红黑不变量的形状约束。

我们可能必须从一开始就解决这个问题，因为从中删除 d 的整个树可能是不安全的（事实上，我们可能会在整棵树的根部发现 d）。不过，在这种情况下，有一个简单的解决方案：可以将存储在根结点中的颜色从黑色更改为红色！下面的预处理适配器可以测试 T 并在需要时重新着色：

```
(^if safe-red-black-tree? identity (sect force-color 'red <>))
```

根结点的颜色由黑色更改为红色会使整棵树的 m 函数的值减少 1，但对任何真子树的 m 函数的值没有影响，因此红黑不变量中的形状约束保持为真。颜色约束和左倾不变量也保持为真，因为这两个子树都是黑色的。将树改为红色，因此是安全的，接下来我们可以调用递归删除过程。

在这个过程中，我们首先检查给定的树 T 是否为空，如是，则表示 d 不在该树上。在这种情况下，如上所述，过程返回 #f 和 T。

如果 T 非空，判断存储在其根中的元素是否到 d 有序关系。如是，则将要删除的元素不会出现在左子树 T_L 内；它或者在根上，或者在右子树 T_R 内。因此，在继续进行任何操作之前，我们将预先重新配置 T，以确保 T_R 是安全的。下面定义的 avoid-unsafe-right（避免不安全的右子树）过程执行确保这一点所需的任何颜色翻转和旋转。甚至在测试 d 是否位于 T 的根之前便调用 avoid-unsafe-right，因为 avoid-unsafe-right 可能需要执行一个右旋转，将原来右子树上的元素放在根上。

一个不安全的 T_R 是黑色的，而且有两棵黑子树。如果 T_L 为红色，则红黑不变量中的颜色约束确保 T 本身是黑色的。在这种情况下，解决方法是在 T 上执行右旋转。旋转后的树的右子树将是红色的，因此是安全的。

另一方面，如果 T_L 是黑色的，那么 T 的两个子树都是黑色的。由于 T 本身是安全的（否则，调用者不会对其应用递归过程），因此 T 一定是红色的。此外，T_L 不能为空，因为那样的话 $m(T_L)$ 将小于 $m(T_R)$。（空树的 m 值为 0，而 $m(T_R)$ 为正值，因为 T_R 为黑色，并且具有黑左子树。）所以我们可以对 T 进行颜色翻转，使 T 变黑，T_L 和 T_R 都变红。

由此使得 T_R 是安全的，但如果 T_L 至少具有一棵红子树，则 T_L 违反了颜色约束。为了解决这个问题，我们可以对 T 进行右旋转，然后再对旋转结果做颜色翻转。由此得到的树 T' 是红色的，T'_L 和 T'_R 均为黑色，但 T'_R 至少有一个红子树。

此时，T'_R 可能不是左倾的，但一次左旋转可以解决问题，即对 T'_R 做左旋转，条件是 T'_R 有一个黑左子树和一个红右子树。将 lean-left 应用于 T'_R 确保得到一个左倾右子树，满足红黑不变量，并且（最后！）是安全的。

综合以上步骤，由此得到以下 avoid-unsafe-right 的定义：

```
(define avoid-unsafe-right
  (^if (pipe non-empty-tree-right safe-red-black-tree?)
       identity
       (^if (pipe non-empty-tree-left red?)
            rotate-right
(pipe color-flip
      (^if (run non-empty-tree-left non-empty-tree-left red?)
           (run rotate-right
                color-flip
                de-non-empty-tree
                (cross identity identity lean-left)
                make-non-empty-tree)
           identity)))))
```

如果 d 在开始给定树的根或右子树中，那么它也在 avoid-unsafe-right 返回树的根或右子树中，因为 avoid-unsafe-right 执行的操作不会将任何元素移动到左子树中（尽管它可以在右旋转中将元素从左子树中移出）。

现在可以继续确定 d 到可能重新排列过的树根元素是否具有序关系了。如果是的话，我们就找到了匹配项（d 与根元素等价），可以继续删除根元素（稍后我们将看到如何执行此操作）。如果 d 到可能重新排列过的树的根元素不具有序关系，我们可以在（安全的）右子树上递归调用删除过程。

这个递归调用返回删除的元素（或者 #f，如果 d 不在开始树中）和一个左倾的红黑树，该树包含右子树的其余元素。此外，递归过程保持 m 函数的值，所以，用新的右子树替换旧的右子树恢复形状不变量。但是，新子树的颜色可能与旧子树的颜色不同。尤其是，即使旧的子树是黑色的，那么新子树也可能是红色的。因此，用新子树替换旧的右子树可能会导致树不满足左倾不变量。我们将通过调用 lean-left 作为后处理适配器来解决这个问题。

过程 avoid-unsafe-right 将调整一颗树，以确保我们永远不会进入不安全的右子树。可以预见，在发现 T 的根元素与 d 不具有序关系时，我们还需要一个 avoid-unsafe-left 过程，以便在左子树 T_L 中查找 d。如何确保 T_L 是安全的呢？

不安全的 T_L 是黑色的，并且有一个黑左子树。这意味着 T_R 也是黑色的（否则 T 不满足左倾不变量），而且是非空的（否则 $m(T_L)$ 将大于 $m(T_R)$，违反了红黑不变量中的形状约束）。

此外，T 是红色的（否则 T 是不安全的，调用者永远不会将它交给删除过程）。因此我们可以执行一个颜色翻转，使 T 变黑，使其子树变红。

这使得 T_L 是安全的，但可能违反 T_R 中的颜色约束，因为 T_R 可能至少有一个红子树。如果是这样，我们可以通过在 T_R 上执行右旋转、在 T 上执行左旋转以及另一个颜色翻转来解决这个问题。

这些巧妙的操作有效地将多余的红色推到了树的顶部。在结果树中，左子树再次是安全的（而且是黑色的，但它的左子树是红色的）。然而，新的右子树有时不能满足左倾不变量，所以在最后一步，我们将 lean-left 应用到右子树来恢复左倾不变量。代码如下：

```
(define avoid-unsafe-left
  (^if (pipe non-empty-tree-left safe-red-black-tree?)
       identity
       (pipe color-flip
             (^if (run non-empty-tree-right non-empty-tree-left red?)
                  (run de-non-empty-tree
                       (cross identity identity rotate-right)
                       make-non-empty-tree
                       rotate-left
                       color-flip
                       de-non-empty-tree
                       (cross identity identity lean-left)
                       make-non-empty-tree)
                  identity))))
```

过程 avoid-unsafe-left（避免不安全的左子树）可以将元素移动到 T 的左子树中（在调用 rotate-left 期间），但不会将任何元素移出左子树，因此我们知道，如果 d 存在于树中，则可以在左子树中找到，而左子树现在是安全的。因此，我们可以在左子树上调用递归过程来删除 d。在删除后重组树时，我们将再次应用 lean-left，这一次是因为递归调用返回的新左子树可能是黑色的，即使原来给出的是红色的。

我们现在知道如何下降到左子树或右子树中了。是时候考虑当删除的元素在当前树 T 的根上时，我们应该如何处理了。我们需要一个类似于 join-trees 的红黑树连接过程，用于组织删除后的左、右子树。但是，对于红黑树而言，情况更为复杂，因为我们必须确保生成的树满足红黑不变量、左倾不变量以及二叉搜索树不变量。

4.3 节中的 join-trees 过程删除了左子树最右边的元素，并将其提升为新的根。然而，对于左倾的红黑树，结果表明右子树最左边的元素比左子树最右边的元素更容易被删除。两者都可以作为新根，并保持二叉搜索树不变量，因此我们将选择一个更容易编码的元素作为根。

过程 extract-leftmost-from-red-black-tree（删除最左边元素）的思想是沿着树一直向下移动到安全的左子树，直至到达左子树为空的结点。我们将在每一步运行 avoid-unsafe-left，以确保遇到的每个结点都是安全的。

当到达一个左子树为空的结点时，我们会发现它的右子树也是空的。（红右子树将违反左倾不变量，非空的黑右子树将违反红黑不变量中的形状约束，因为 m 函数将空子树映射为 0，将非空子树映射为更大的数。）因此最左边的结点一定是叶子。黑叶子是不安全的，但我们已经确保在下降过程中遇到的每个结点都是安全的，所以这个叶子必须是红色的。因此，我们只需直接删除它，在原位置返回空树，保持整个树的形状约束。

用空树替换红叶子后，以前的红色结点变为黑色结点，因此当我们退出递归时，必须在每个步骤中调用 lean-left，以确保重建的树再次满足左倾不变量。

```
(define (extract-leftmost-from-red-black-tree tr)
  (if (empty-tree? (non-empty-tree-left tr))
      (values (red-black-tree-element tr) (make-empty-tree))
      (receive (root left right)
               (de-non-empty-tree (avoid-unsafe-left tr))
        (receive (chosen others)
                 (extract-leftmost-from-red-black-tree left)
          (values chosen (lean-left
                          (make-non-empty-tree root others right)))))))
```

过程 extract-leftmost-from-red-black-tree 的一个重要特征是，它返回的第二个结果树与 tr 的颜色相同，除非 tr 是红叶子（在这种情况下，第二个结果是空树，因此必然是黑色的）。

现在来考虑 join-red-black-trees 过程。如果 left（左）和 right（右）都不是空的，则该过程需要知道新根应该是什么颜色，因此有第三个参数，即已删除根的颜色，这是 join-trees 不需要的参数。（join-red-black-trees 过程必须与从中删除 d 的树的颜色匹配，以使 m 函数将相同的值赋给 join-red-black-trees 构造的树。）

两个特例很容易处理。如果 left 是空的，那么 right 也是空的（因为它们是删除 d 之前一个左倾树的子树），所以只需返回一个空树。空树是黑色的，与 root-color（根颜色）不匹配（因为从中删除 d 的树是安全的叶子，因此是红色的），但是 m 函数将相同的值 0 赋给空树和红叶子，因此红黑不变量中的形状约束将继续保持。

如果 left 非空，但 right 是空的，那么 left 只能是一个红叶子（否则 m 赋给 left 的值大于它赋给 right 的值），因此 root-color 为黑色。为了满足所有的不变量，可以强制 left 的颜色为黑色，并返回结果。

最后，如果两个子树都不为空，则查找右子树最左边的元素，将其颜色设置为 root-color，并将其放在原左子树和修改后的右子树的根上。颜色约束得以满足，因为新构造的树与从中删除 d 的树具有相同的颜色，其左子树不变，因此具有相同的颜色，并且其右子树要么有相同的颜色，要么从红色变为黑色（在这种情况下，根颜色开始时一定是黑色的）。如上所述，m 总是给 join-red-black-tree 返回的树与从中删除 d 的树赋予相同的值：

```
(define (join-red-black-trees root-color left right)
  (if (empty-tree? left)
      (make-empty-tree)
      (if (empty-tree? right)
          (force-color 'black left)
          (receive (leftmost new-right)
                   (extract-leftmost-from-red-black-tree right)
            (make-non-empty-tree (cons root-color leftmost)
                                 left
                                 new-right)))))
```

当我们完成递归删除过程的所有递归调用并从初始调用中返回时，颜色翻转可能会导致最后的树是红色的。正如 put-into-red-black-tree 一样，我们希望确保 extract-from-red-black-tree 返回的每一棵树都是黑色的。实现这一点的后处理适配器是

```
(~next (^if empty-tree? identity (sect force-color 'black <>)))
```

换言之，调整第二个结果（树），如果它是空的，则保持不变，否则将其颜色强制改为黑色。以下是 extract-from-red-black-tree 的完整定义。

```
(define (extract-from-red-black-tree may-precede?)
  (lambda (sought tr)
    ((run
      (^if safe-red-black-tree? identity (sect force-color 'red <>))
      (rec (extracter subtree)
        (if (empty-tree? subtree)
            (values #f subtree)
            (if (may-precede? (red-black-tree-element subtree) sought)
                (receive (root left right)
                         (de-non-empty-tree (avoid-unsafe-right subtree))
                  (if (may-precede? sought (cdr root))
                      (values (box (cdr root))
                              (join-red-black-trees
                                (car root) left right))
                      (receive (result new-right) (extracter right)
                        (values result
                                (lean-left (make-non-empty-tree
                                             root left new-right))))))
                (receive (root left right)
                         (de-non-empty-tree (avoid-unsafe-left subtree))
                  (receive (result new-left) (extracter left)
                 (values result
                         (lean-left (make-non-empty-tree
                                      root new-left right))))))))
     (~next (^if empty-tree? identity (sect force-color 'black <>))))
   tr)))
```

4.4.6　用红黑树实现表

人们对红黑树感兴趣的一个原因是，表（table）类型的红黑树实现比我们在 3.15 节中使用的包实现效率高得多，特别是当表的规模很大时。当表的所有可能键的域上存在一个容易计算的序关系 R，并且键的相等标准是 R 诱导的等价关系时，这样的实现是可行的。例如，如果键是字符串，那么 string<=? 作为序关系和 string=? 作为相等的标准是很自然的。

表的红黑树实现的最大优点是，查找和删除可以利用二叉搜索树不变量来快速查找键和相关值序对。包的实现将键值一对接一对地从包中取出，直至找到正确的键值对。当包里有很多键值对时，这是一种缓慢且不均衡的方法。由于红黑树表在红黑不变量中既保持了二叉搜索树不变的键顺序，又保持了形状约束不变量，因此查找或删除所需的步数与表中条目数的对数成正比，而不是与条目数本身成正比。

红黑树表的接口类似 3.15 节中表的接口，只是 table-keys，table-entries 和 table-size 可以是通用的。所有其他过程都依赖于键上的序关系，因此只能通过序关系作为参数的高阶过程来实现。

我们从一个生成分类谓词的高阶过程 rbtable-of 开始。假定红黑树表中的元素是二元组或有序对。（在类型定义中，α 是键的类型，β 是相关值的类型。）

$$rbtable(\alpha, \beta) = red\text{-}black - tree(pair(\alpha, \beta))$$

每个有序对应包含一个键（在第一个分量位置）与一个相关值（在第二个分量位置）。这棵树应该是黑色的。它应该满足关于关键字序关系的二叉搜索树不变量的要求，还应该满足左倾不变量。最后，它不包含重复的键。

rbtable-of 的定义表达了这些特征，并用 ^and 连接起来。过程 rbtable-of 接受的参数包括表中键的分类谓词，相关值的分类谓词以及键上的序关系：

```
(define (rbtable-of key? entry? key<=?)
```

```
(^and (tree-of (pair-of color? (pair-of key? entry?)))
      (^not red?)
      (sect red-black-search-tree? (compare-by car key<=?) <>)
      (^vel empty-tree? left-leaning?)
      (run tree->list
           (let ((cadr (pipe cdr car)))
             (sect map cadr <>))
           delist
           (all-different (^et key<=? (converse key<=?))))))
```

添加操作有快有慢，如果调用者可以确定不存在重复的关键字，那么我们可以忽略查找重复键。较简单的版本是 fast-rbtable-adjoiner（快速添加），它构建每个键值序对，并调用 put-into-red-black 过程，将键值对添加到表中：

```
(define (fast-rbtable-adjoiner key<=?)
  (let ((putter (put-into-red-black-tree (pipe (~each car) key<=?))))
    (lambda (key entry tab)
      (putter (cons key entry) tab))))
```

较慢的添加操作从树中删除旧的键值序对开始，因此我们将它的定义放在删除过程定义之后。

同样，我们可以重复调用 put-into-red-black 过程为任意数量的键值序对构建一个表，前提是所有键都互不相同。过程 rbtable-builder 接受键上的序关系，并返回特定的表生成过程：

```
(define (rbtable-builder key<=?)
  (pipe list
        (fold-list make-empty-tree
                   (put-into-red-black-tree (pipe (~each car) key<=?)))))
```

过程 rbtable-searcher 接受键上的序关系，并返回一个专用查找过程，该过程调用树查找过程（由 search-red-black-tree 构造），并对结果进行后处理，使其符合我们期望的表查找形式：与键关联的相关值（如果表中存在该关键字）；否则是可选的指定默认值；如果未指定默认值，则为 #f：

```
(define (rbtable-searcher key<=?)
  (let ((key-entry<=? (pipe (~each car) key<=?)))
    (let ((searcher (pipe (~initial (sect cons <> null))
                          (search-red-black-tree key-entry<=?))))
      (lambda (key tab . extras)
        (let ((search-result (searcher key tab)))
(if (box? search-result)
    (cdr (debox search-result))
    (if (empty-list? extras) #f (first extras))))))))
```

在红黑树表中查找键或相关值，可以折叠实现表的树，将结果收集到一个集合（键）或一个包（相关值）中：

```
(define rbtable-keys
  (fold-tree set
             (lambda (root left-keys right-keys)
               (fast-put-into-set (car (cdr root))
                                  (fast-union left-keys right-keys)))))

(define rbtable-entries
  (fold-tree bag
             (lambda (root left-entries right-entries)
               (put-into-bag (cdr (cdr root))
                             (bag-union left-entries right-entries)))))
```

过程 rbtable-delete 构造专用的删除过程，调用由 extract-from-red-black-tree 构造的删除过程。删除成功后，专用删除过程丢弃删除的结果，仅返回包含其他值的树；删除失败后，专用删除过程返回原始树，无其他信息：

```
(define (rbtable-deleter key<=?)
  (let ((extracter (pipe (~initial (sect cons <> null))
                        (extract-from-red-black-tree
                          (pipe (~each car) key<=?)))))
    (lambda (key tab)
      (receive (result tab-without-key) (extracter key tab)
        (if (box? result) tab-without-key tab)))))
```

现在，慢速添加的实现就简单了，一个（可能的）删除，后接快速添加：

```
(define (rbtable-adjoiner key<=?)
  (let ((adjoiner (fast-rbtable-adjoiner key<=?))
        (deleter (rbtable-deleter key<=?)))
    (lambda (key entry tab)
      (adjoiner key entry (deleter key tab)))))
```

红黑树表的大小只是实现它的红黑树的大小：

```
(define rbtable-size tree-size)
```

当两个表包含相同的键并与相同的值关联时，两个表应该满足相等谓词。这意味着我们仅从基础红黑树的形状、结构和颜色中抽象出红黑树包含的键值关联序对。我们可以使用 tree->list 将树展平为列表，然后执行 map 删除颜色，留下两个键值对列表。如果 equal? 是键和值的某种等价判断标准，我们可以为表定义如下的相等谓词：

```
(define rbtable=? (compare-by (pipe tree->list (sect map cdr <>))
                              (list-of= pair=?)))
```

如果键的相等谓词、值的相等谓词或者键值序对的相等谓词彼此不同，则可以用 rbtable-of= 生成更专用的相等谓词：

```
(define (rbtable-of= same-key? same-entry?)
  (compare-by (pipe tree->list (sect map cdr <>))
              (list-of= (pair-of= same-key? same-entry?))))
```

最后，rbtable-updater 过程接受键上的序关系，并构造一个专用的更新过程。这个更新过程依次接受一个键、一个修改值的过程、一个表和一个可选的默认值，并构造一个类似于给定表的新表，不过，键的相关值已经被修改过程更新了。如果在过程开始执行时表中的键没有关联值，则添加一个新的键值关联对；通过将修改过程应用于默认值来获得相关值；如果未指定默认值，则将其应用于 #f。

我们也可以先执行查找，然后执行慢添加来完成以上任务，但是这意味着需要遍历基础树的分支三次：一次用于查找，一次用于删除（至少在搜索成功的时候），一次用于添加修改的值。我们也可以立即删除旧的关联并使用这两个结果来确定如何继续操作，从而减少一些工作量。如果得到了一个打包好的结果，我们可以解包，从关联对中取出相关值，并应用修改过程得到的新值；否则，我们可以将更新过程应用于默认值（或 #f）。在这两种情况下，我们都可以使用快速添加将新的关联加入表中，因为旧关联已经被去掉了：

```
(define (rbtable-updater key<=?)
  (let ((adjoiner (fast-rbtable-adjoiner key<=?))
        (extracter (pipe (~initial (sect cons <> null))
```

```
                    (extract-from-red-black-tree
                      (pipe (~each car) key<=?)))))
   (lambda (key updater tab . extras)
     (receive (result tab-without-key) (extracter key tab)
       (adjoiner key
                 (updater (if (box? result)
              (cdr (debox result))
              (if (empty-list? extras)
                  #f
                  (first extras))))
tab-without-key)))))
```

---

color? (afp red-black-trees)
any → *Boolean*
something
判断something是否是一种颜色（特别是红色或者黑色）

color=? (afp red-black-trees)
color color → *Boolean*
left, right
判断left和right是否为相同的颜色

red-black-tree? (afp red-black-trees)
any → *Boolean*
something
判断something是否具有红黑树的结构

red-black-tree=? (afp red-black-trees)
red-black-tree(any), red-black-tree(any) → *Boolean*
left right
判断left和right是否具有相同的形状，并在对应位置包含相同的值和颜色

red? (afp red-black-trees)
red-black-tree(any) → *Boolean*
tr
判断tr是否是红树

red-black-tree-element (afp red-black-trees)
red-black-tree(α) → α
tr
返回存储在tr根上的值
前提：tr非空

satisfies-red-black-invariant? (afp red-black-trees)
red-black-tree(any) → *Boolean*
tr
判断tr是否满足红黑不变量

red-black-search-tree? (afp red-black-trees)
(α, α → *Boolean*) *any* → *Boolean*
may-precede? something
判断something是否是红黑树，满足红黑不变量和二叉搜索树不变量（关于may-precede?）
前提：may-precede?是一个序关系
前提：如果something是有序对的树，那么may-precede?可以接受这些序对的第二个分量

color-flip (afp red-black-trees)
red-black-tree(α) → *red-black-tree*(α)
tr
修改tr的颜色以及它的两个子树的颜色
前提：tr非空
前提：tr的子树均非空
前提：tr的颜色不同于两个子树的颜色

rotate-left (afp red-black-trees)
red-black-tree(α) → *red-black-tree*(α)
tr
构造一个与tr包含相同元素的红黑树，但是其右子树的根提升到根位置，原先的根成为它的左子树根
前提：tr非空

前提：tr的右子树非空
前提：tr的右子树是红色的

rotate-right (afp red-black-trees)
red-black-tree(α) → *red-black-tree(α)*
tr
构造一个与tr包含相同元素的红黑树，但是其左子树的根提升到根位置，原先的根成为它的右子树根
前提：tr非空
前提：tr的左子树非空
前提：tr的左子树是红色的

lift-red (afp red-black-trees)
red-black-tree(α) → *red-black-tree(α)*
tr
如果tr的两个子树都是红色的，则构造tr的颜色翻转红黑树；否则，返回tr不变
前提：tr是黑色的
前提：tr非空

left-leaning? (afp red-black-trees)
red-black-tree(any) → *Boolean*
tr
判断tr是否满足左倾不变量

lean-left (afp red-black-trees)
red-black-tree(α) → *red-black-tree(α)*
tr
如果tr一个黑左子树和一个红右子树，则构造tr的左旋转树；否则返回tr不变
前提：tr非空

rebalance-reds (afp red-black-trees)
red-black-tree(α) → *red-black-tree(α)*
tr
如果tr有一个红左子树，该子树也有一个红左子树，则构造tr的右旋转树；否则，返回tr不变
前提：tr非空

force-color (afp red-black-trees)
color, *red-black-tree(α)* → *red-black-tree(α)*
new-color tr
构造类似于tr的红黑树，但用new-color作为其颜色
前提：tr非空

put-into-red-black-tree (afp red-black-trees)
(α, α → Boolean) → *(α, red-black-tree(α)* → *red-black-tree(α))*
may-precede? new tr
构造一个过程，该过程构造一个黑色左倾红黑树，满足红黑不变量，关于may-precede?有序，而且包含tr的所有值以及new
前提：may-precede?是一个序关系
前提：may-precede?可以接受new和tr的任何值
前提：tr满足红黑不变量
前提：tr满足左倾不变量
前提：tr满足关于may-precede?的二叉搜索树不变量

search-red-black-tree (afp red-black-trees)
(α, α → Boolean) → *(α, red-black-tree(α)* → *box(α) | Boolean)*
may-precede? sought tr
构造一个过程，在tr中查找与sought等价的值，其中等价关系是may-precede?诱导的。如果查找成功，该过程返回包含在tr中的打包匹配值；否则，返回未打包的#f
前提：may-precede?是一个序关系
前提：may-precede?可以接受sought和tr的任何值（按任意顺序）
前提：tr满足关于may-precede?的二叉搜索树不变量

safe-red-black-tree? (afp red-black-trees)
red-black-tree(any) → *Boolean*
tr
判断tr是否为安全的，即是否能确保在tr中删除或者失败（由于tr不含被删除元素）或者删除一个红叶子
前提：tr满足左倾不变量

avoid-unsafe-right (afp red-black-trees)
red-black-tree(α) → *red-black-tree(α)*
tr
如果tr的右子树是安全的，则返回tr；否则，构造包含tr所有元素的红黑树，满足红黑不变量，而且其右子树满足左倾不变量
前提：tr非空
前提：tr是安全的
前提：tr满足红黑不变量
前提：tr满足左倾不变量

avoid-unsafe-left (afp red-black-trees)
red-black-tree(α) → *red-black-tree(α)*
tr
如果tr的左子树是安全的，则返回tr；否则，构造包含tr所有元素的红黑树，满足红黑不变量，而且其左子树满足左倾不变量
前提：tr非空
前提：tr是安全的
前提：tr满足红黑不变量
前提：tr满足左倾不变量

extract-leftmost-from-red-black-tree (afp red-black-trees)
red-black-tree(α) → *red-black-tree(α)*
tr
删除tr的最左元素，并返回该元素以及一个黑色、左倾红黑树，该树包含tr的所有剩余元素，而且满足红黑不变量
前提：tr非空
前提：tr是安全的
前提：tr满足红黑不变量
前提：tr满足左倾不变量

join-red-black-trees (afp red-black-trees)
color, *red-black-tree(α)*, *red-black-tree(α)* → *red-black-tree(α)*
root-color left right
构造包含left和right所有元素的左倾红黑树，满足红黑不变量，而且根的颜色为root-color（除非left或者right为空，在这种情况下，无论root-color取什么值，结果都是黑树。）
前提：如果left空，则right空
前提：left满足红黑不变量
前提：left满足左倾不变量
前提：right是安全的
前提：right满足红黑不变量
前提：right满足左倾不变量
前提：left和right的*m*函数值相等

extract-from-red-black-tree (afp red-black-trees)
(α, α → Boolean) → *(α,* → *box(α) | Boolean, red-black-tree(α))*
may-precede? sought
构造一个过程，在tr查找与sought等价的值（使用may-precede?诱导的等价关系）。如果查找成功，该过程返回tr中与sought等价的打包值作为第一个结果；否则，返回不打包的#f；无论查找成功与否，过程返回的第二个值是一颗黑色、左倾红黑树，满足红黑不变量和关于may-precede?的二叉搜索树不变量，并包含tr的其他值
前提：may-precede?是一个序关系
前提：may-precede?可以接受sought和tr的任何值（按任何顺序）
前提：tr满足红黑不变量
前提：tr满足左倾不变量
前提：tr满足关于may-precede?的二叉搜索树不变量

rbtable-of (afp red-black-tables)
(any → Boolean), *(any → Boolean)*, *(α, α → Boolean)* → *(any* → *Boolean)*
key? entry? key<=? something
构造一个谓词，判断something是否为关于序关系key<=?的红黑树表，使用key?判断一个值是否关键字，用entry?判断一个元素是否为相关值，用key<=?引导的等价关系作为关键字的相等关系

前提：key?可以接受任何值

前提：entry?可以接受任何值

前提：key<=?是一个序关系

前提：key<=? 可以接受满足key?的任何值

fast-rbtable-adjoiner (afp red-black-tables)

$(\alpha, \alpha \to Boolean) \to (\alpha, \beta, rbtable(\alpha, \beta) \to rbtable(\alpha, \beta))$

key<=? key entry tab

构造一个过程，该过程在tab表上添加键值序对key和entry，并使用key<=?作为键上的序关系

前提：key<=?是一个序关系

前提：key<=?可以key和tab中的任何键

前提：key不是tab中的任何键

前提：tab按照key<=?有序

rbtable-builder (afp red-black-tables)

$(\alpha, \alpha \to Boolean) \to (pair(\alpha, \alpha) \ldots \to rbtable(\alpha, \beta))$

key<=? associations

构造一个过程，该过程构造一个表，用key<=?作序关系，在表中associations的每个元素的第一个分量（键）与第二个分量关联（相关值）

前提：key<=?是一个序关系

前提：key<=?可以接受associations的所有元素的第一个分量

前提：associations 中任意两个元素的第一个分量不相同

rbtable-searcher (afp red-black-tables)

$(\alpha, \alpha \to Boolean) \to (\alpha, rbtable(\alpha, \beta), \beta \ldots \to \beta \mid Boolean)$

key<=? key tab extras

构造一个过程，该过程在tab中按照键上的序关系key<=?查找一个关键字为key的键值序对。如果构造的过程找到这样的键值对，则返回与键相关的值；否则返回extras的第一个元素，或者#f（如果extras为空）

前提：key<=?是一个序关系

前提：key<=?可以接受key和tab中的任何键

前提：tab按照key<=?有序

rbtable-keys (afp red-black-tables)

$rbtable(\alpha, any) \to set(\alpha)$

tab

构造由tab中键值对中所有键构成的集合

rbtable-entries (afp red-black-tables)

$rbtable(any, \alpha) \to bag(\alpha)$

tab

构造由tab中键值对中所有关联值构成的包

rbtable-deleter (afp red-black-tables)

$(\alpha, \alpha \to Boolean) \to (\alpha, rbtable(\alpha, \beta) \to rbtable(\alpha, \beta))$

key<=? key tab

构造一个过程，该过程返回在tab表中删除key为键的键值对后的表，tab表以key<=?为序关系。（如果tab中不含键为key的键值对，则返回tr。）

前提：key<=?是一个序关系

前提：key<=?可以接受key和tab中的任何键

前提：tab按照key<=?有序

rbtable-adjoiner (afp red-black-tables)

$(\alpha, \alpha \to Boolean) \to (\alpha, \beta, rbtable(\alpha, \beta) \to rbtable(\alpha, \beta))$

key<=? key entry tab

构造一个过程，该过程返回在tab表中添加了key和entry键值对的表，其中key<=?是表中键上的序关系。（如果tab包含key的关联序对，则用key和entry序对替换之。）

前提：key<=?是一个序关系

前提：key<=?可以接受key和tab中的任何键

前提：tab按照key<=?有序

rbtable-size (afp red-black-tables)

$rbtable(any, any) \to natural\text{-}number$

tab

计算tab中键值序对个数

rbtable=?
(afp red-black-tables)

$rbtable(any,\ any),\ rbtable(any,\ any)\ \rightarrow Boolean$
left　right

判断left和right是否包含相同的键，而且相同键关联相同的值

rbtable-of=
(afp red-black-tables)

$(\alpha,\ \beta \rightarrow Boolean),\ (\gamma,\ \delta \rightarrow Boolean)\ \rightarrow (rbtable(\alpha,\ \gamma),\ rbtable(\beta,\ \delta)\ \rightarrow Boolean)$
same-key?　same-entry?　left　right

判断left和right是否为相同的表，其中same-key?是关键字相等关系，same-entry?为相关值上的相等关系

前提：same-key?可以接受left和right的任意键

前提：same-entry?可以接受left和right的任意相关值

rbtable-updater
(afp red-black-tables)

$(\alpha,\ \alpha \rightarrow Boolean)\ \rightarrow (\alpha,\ \ (\beta \rightarrow \beta),\ rbtable(\alpha,\ \beta),\ \beta\ ...\ \ \rightarrow rbtable(\alpha,\ \beta))$
key<=?　key　updater　tab　extras

构造一个过程，在tab（关键字按照key<=?有序）中查找关键字key，将updater应用于它的关联值，返回修改后的表。如果tab中没有关键字key，则将key关联于updater应用于extras初始值的结果（如果extras为空，则将key关联于updater应用于#f的结果。）

前提：key<=?是一个序关系

前提：key<=?可以接受tab中的任何键

前提：updater可以接受tab中的任何键

前提：tab按照key<=?有序

前提：如果tab不含key的关联键值对且extras为空，则updater可应用于#f

前提：如果tab不含key的关联键值对且extras非空，则updater可接受extras的第一个元素

◉ 习题

4.4-1　列出元素个数小于等于 6 的红黑树的所有可能形状和颜色模式，红黑树同时满足红黑不变量和左倾不变量。指出其中哪些红黑树是不安全的。

4.4-2　用数学归纳法证明，对于任何自然数 n，高度为 n 的树最多有 $2^n - 1$ 个结点。

4.4-3　证明 extract-from-red-black-tree（红黑树删除）定义中的中心递归过程 extracter 保持 m 函数的值：如果 T' 是 extracter 应用于 T 的第二个结果，则 $m(T') = \mathrm{m}(T)$。

4.4-4　修改 rbtable-keys，使其以列表而不是集合的形式返回给定表的键。证明该列表是按底层红黑树的序关系有序的。

4.5　堆

堆是一种数据结构，其排列方式为快速访问一个极值提供便利，其中极值指该元素到堆中的其他元素都具有某种序关系。例如，在关于 <= 序关系的数字堆中，可以立即访问堆中最小的数字。堆接口包含以下操作：

- 一个分类谓词，用于确定给定值是否在堆中。
- 两个构造函数：empty-heap 构造不包含所有元素的堆，以及一个过程，该过程根据序关系在堆中添加一个新元素。
- 一个谓词 empty-heap?，判断堆是空（返回 #t）还是至少包含一个元素（返回 #f）。
- 一个选择器，接受一个非空堆并返回两个结果：堆的极值和包含原堆的所有其他元素的新堆。
- 一个相等谓词，用于确定两个具有相同序关系的堆是否包含相同的元素。

此外，堆的实现可能支持合并过程，该过程将两个具有相同序关系的堆合并成一个包含两个堆的所有元素的大堆。可以使用构造函数和选择器定义合并过程，但在许多堆的实现中，首先定义合并过程更方便、更高效，这依赖于所选模型的特殊属性，然后用它来定义第

二个构造函数和选择器。由于合并过程对应用程序程序员也很有用，所以通常也将其作为堆的原始运算。

堆的一个特别有效的实现是按灌木思想进行建模的。我们首先将空堆表示为空的灌木：

```
(define (empty-heap)
  (bush))

(define empty-heap? empty-bush?)
```

对于非空堆，我们将使用满足以下不变量的灌木：

1. 嵌套不变量：非空堆的每个子堆都是非空堆。（换言之，一棵灌木，如果它的后代中有一棵是空的，该灌木就不是堆。）

2. 堆不变量：非空堆的极值是表示它的非空灌木的根元素，而且该灌木中每个子灌木都具有相同的属性，即每个子灌木的根元素与该子灌木的所有元素都具有序关系。

给定一个序关系，satisfies-heap-invariants? 过程构造一个自定义过程，该过程测试非空灌木是否满足关于该序关系的这些不变量：

```
(define (satisfies-heap-invariants? may-precede?)
  (rec (ok? arbusto)
    (let ((root (bush-root arbusto)))
      (for-all? (^and (^not empty-bush?)
                      (pipe bush-root (sect may-precede? root <>))
                      ok?)
                (bush-children arbusto)))))
```

我们必须确保堆的任何基本运算返回的每一个灌木都满足这些不变量。首先定义 merge-heaps（合并堆）过程的一个优点是，我们可以将维护不变量的任务交给这个过程，只要我们随后系统地使用它来构造所有非空堆。

将两个非空堆合并为一个堆（保持堆序关系）的明显方法是：判断第一个堆的根是否到第二个堆的根具有序关系。如是，将第二个堆创建为第一个堆的一个子堆。否则，由于序关系是连通的，第二个堆的根到第一个堆的根具有序关系，因此可以将第一个堆设置为第二个堆的一个子堆。由此得到：

```
(define (merge-heaps may-precede?)
  (lambda (left right)
    (if (empty-bush? left)
        right
        (if (empty-bush? right)
            left
            (let ((lroot (bush-root left))
                  (lchildren (bush-children left))
                  (rroot (bush-root right))
                  (rchildren (bush-children right)))
              (if (may-precede? lroot rroot)
                  (apply bush lroot right lchildren)
                  (apply bush rroot left rchildren)))))))
```

现在可以实现堆接口了。不存在所谓的“通用堆”，因为不存在包含域中所有值的自然序关系[⊖]，所以我们将直接定义 heap-of，为特定类型的堆构造分类谓词的一个高级过程。

堆的分类谓词将灌木的分类谓词与不变量测试相结合。我们必须提供序关系，以便分类谓词检查堆不变量，并且我们必须提供一个谓词来区分序关系 may-precede? 域中的值和不

⊖ 当然，存在谓词 values?。但是，使用 values? 组织堆没有意义。

在域中的值，以使分类谓词可以检查序关系对其接受的灌木组件的适用性的前提条件：

```
(define (heap-of may-precede? in-domain?)
  (^and (bush-of in-domain?)
        (sect for-all-in-bush? in-domain? <>)
        (^vel empty-bush? (satisfies-heap-invariants? may-precede?))))
```

要在堆中添加一个元素，先将它做成一个无子堆的单元素灌木，这种灌木自然满足两个堆不变量，然后将其与现有堆合并。给定堆的序关系，heap-adjoiner 过程构造一个过程，该过程按照以上方式向堆中添加元素：

```
(define (heap-adjoiner may-precede?)
  (pipe (~initial bush) (merge-heaps may-precede?)))
```

选择器很容易通过提取堆的根来找到堆的极值，但随后面临着将给定堆的所有子堆组织成单个堆的困难，而且还要同时保持堆的不变量。有几种可能的策略：

- 折叠子堆列表，并在每个步骤中进行合并：

```
(define (heap-list-folder may-precede?)
  (fold-list empty-heap (merge-heaps may-precede?)))
```

- 如果有子堆，找出一个到所有其他根具有序关系的根，使所有其他子堆成为这个根的子堆。(请注意，根据嵌套不变量，没有一个子堆是空的，因此每个子堆都有一个根。)

```
(define (heap-list-catenator may-precede?)
  (let ((extract-from-list (extreme-and-others-in-list
                             (compare-by bush-root may-precede?))))
    (lambda (ls)
      (if (empty-list? ls)
          (empty-heap)
          (receive (leader others) (extract-from-list ls)
            (receive (new-root . new-children) (debush leader)
              (apply bush new-root
                     (catenate new-children others))))))))
```

- 使用 merge-heaps 合并两个子堆，然后折叠结果列表：

```
(define (heap-list-merger may-precede?)
  (let ((merge (merge-heaps may-precede?)))
    (rec (pairwise ls)
      (if (empty-list? ls)
          (empty-heap)
          (if (empty-list? (rest ls))
              (first ls)
              (merge (merge (first ls) (first (rest ls)))
                     (pairwise (rest (rest ls)))))))))
```

有经验表明，以第三种方式构建的堆（称为堆配对）的后续操作在实践中更有效，因此我们在构建堆的选择器时使用这种方法：

```
(define (heap-extractor may-precede?)
  (dispatch bush-root
            (pipe bush-children (heap-list-merger may-precede?))))
```

堆相等谓词的构造函数遵循现在熟悉的模式，只是对应元素的相同性标准是，每个元素到其他元素都具有堆遵从的序关系：

```
(define (heap-of= may-precede?)
  (let ((extract-from-heap (heap-extractor may-precede?)))
```

```
    (rec (equivalent? left right)
      (or (and (empty-heap? left)
               (empty-heap? right))
          (and (not (empty-heap? left))
               (not (empty-heap? right))
               (receive (lchosen lothers) (extract-from-heap left)
                 (receive (rchosen rothers) (extract-from-heap right)
                   (and (may-precede? lchosen rchosen)
                        (may-precede? rchosen lchosen)
                        (equivalent? lothers rothers)))))))))
```

4.5.1　折叠和展开堆

我们可以按照通常的方法构造堆折叠器和堆展开器，用序关系作为附加参数：

```
(define (fold-heap may-precede? base combiner)
  (let ((extract-from-heap (heap-extractor may-precede?)))
    (rec (folder amaso)
      (if (empty-heap? amaso)
          (base)
          (receive (chosen others) (extract-from-heap amaso)
            (receive recursive-results (folder others)
              (apply combiner chosen recursive-results)))))))

(define (unfold-heap may-precede? final? producer step)
  (build final?
         (constant (empty-heap))
         producer
         step
         (heap-adjoiner may-precede?)))
```

对于堆处理器，让我们借此机会给出比使用 process-list 更流畅的实现：

```
(define (process-heap may-precede? base combiner)
  (let ((extract-from-heap (heap-extractor may-precede?)))
    (let ((processor
           (rec (processor amaso . intermediates)
             (if (empty-heap? amaso)
                 (delist intermediates)
                 (receive (chosen others) (extract-from-heap amaso)
             (receive new-results
                      (apply combiner chosen intermediates)
               (apply processor others new-results)))))))
(receive base-values (base)
  (sect apply processor <> base-values)))))
```

4.5.2　堆排序

堆有许多应用。一个立竿见影的应用就是排序。如果我们有一个包，并想把它们放在一个列表中，按照关系 may-precede? 排序。首先，我们可以将包中的值依次传到一个堆中，然后依次从堆中提取极值来构造有序列表。对于过程的前半个部分，我们可以使用 fold-bag 构造的过程，对于后半部分，可以使用 fold-heap 构造的过程，由此得到：

```
(define (heap-sort may-precede? aro)
  ((fold-heap may-precede? list prepend)
   ((fold-bag empty-heap (heap-adjoiner may-precede?)) aro)))
```

---

empty-heap　　　　(afp heaps)
→ *bush(any)*
构造没有元素的堆

empty-heap? (afp heaps)
$bush(any) \rightarrow Boolean$
amaso
判定堆amaso是否为空

satisfies-heap-invariants? (afp heaps)
$(\alpha, \alpha \rightarrow Boolean) \rightarrow (bush(\alpha) \rightarrow Boolean)$
may-precede? arbusto
构造一个谓词，判定arbusto是否满足关于may-precede?的堆不变量
前提：may-precede?是一个序关系
前提：may-precede?可以接受arbusto的任意元素

merge-heaps (afp heaps)
$(\alpha, \alpha \rightarrow Boolean) \rightarrow (bush(\alpha), bush(\alpha) \rightarrow bush(\alpha))$
may-precede? left right
构造一个过程，该过程构造一个满足关于may-precede?的堆不变量的灌木，并且包含left和right的任意元素
前提：may-precede?是一个序关系
前提：may-precede?可以接受left的任意元素和right的任意元素
前提：left满足关于may-precede?的堆不变量
前提：right满足关于may-precede?的堆不变量

heap-of (afp heaps)
$(\alpha, \alpha \rightarrow Boolean), (any \rightarrow Boolean) \rightarrow (any \rightarrow Boolean)$
may-precede? in-domain? something
构造一个谓词，判定something是否一个灌木，其中每个元素满足in-domain?，而且整个灌木满足关于may-precede?的堆不变量
前提：may-precede?是一个序关系
前提：may-precede?可以接受满足in-domain?的任意元素

heap-adjoiner (afp heaps)
$(\alpha, \alpha \rightarrow Boolean) \rightarrow (\alpha, bush(\alpha) \rightarrow bush(\alpha))$
may-precede? new amaso
构造一个过程，该过程构造一个包含amaso的所有元素和new的灌木，而且满足关于may-precede?的堆不变量
前提：may-precede?是一个序关系
前提：may-precede?可以接受new和amaso的任何元素
前提：amaso满足关于may-precede?的堆不变量

heap-list-merger (afp heaps)
$(\alpha, \alpha \rightarrow Boolean) \rightarrow (list(bush(\alpha)) \rightarrow bush(\alpha))$
may-precede? heap-list
构造一个过程，该过程构造包含heap-list所有元素的灌木，而且满足关于may-precede?的堆不变量
前提：may-precede?是一个序关系
前提：may-precede?可以接受new和amaso的任何元素
前提：may-precede?可以接受heap-list中任何堆的任何元素
前提：heap-list中每个元素满足关于may-precede?的堆不变量

heap-extractor (afp heaps)
$(\alpha, \alpha \rightarrow Boolean) \rightarrow (bush(\alpha) \rightarrow \alpha, bush(\alpha))$
may-precede? amaso
构造一个过程，该过程返回amaso中到其他元素都有序关系may-precede?的元素，以及包含amaso中其他元素的堆，而且满足关于may-precede?的堆不变量
前提：may-precede?是一个序关系
前提：may-precede?可以接受amaso的任何元素
前提：amaso非空
前提：amaso满足关于may-precede?的堆不变量

heap-of= (afp heaps)
$(\alpha, \alpha \rightarrow Boolean) \rightarrow (bush(\alpha), bush(\alpha) \rightarrow Boolean)$
may-precede? left right
构造一个谓词，判定left和right是否等价的堆，即它们有相同元素个数，而且对应的元素相互具有may-precede?序关系
前提：may-precede?是一个序关系

前提：may-precede?可以接受left的任何元素和right的任何元素（以任何顺序）
前提：left满足关于may-precede?的堆不变量
前提：right满足关于may-precede?的堆不变量

fold-heap (afp heaps)
$(\alpha, \alpha \to Boolean), (\to \beta \ldots), (\alpha, \beta \ldots \to \beta \ldots) \to (bush(\alpha) \to \beta \ldots)$
may-precede? base combiner amaso
构造一个过程，该过程在amaso空时返回base。如果amaso非空，该过程提取amaso中到其他元素都有may-precede?序关系的极值元素，并将过程本身递归地应用于在amaso中删除极值元素后的堆（满足关于may-precede?的堆不变量），返回将combiner应用于极值元素和递归调用结果的结果
前提：may-precede?是一个序关系
前提：may-precede?可以接受amaso的任何元素
前提：combiner可以接受amaso的任何元素和base调用的结果
前提：combiner可以接受amaso的任何元素和combiner调用的结果
前提：amaso满足关于may-precede?的堆不变量

unfold-heap (afp heaps)
$(\alpha, \alpha \to Boolean), (\beta \ldots \to Boolean), (\beta \ldots \to \alpha), (\beta \ldots \to \beta \ldots) \to$
may-precede? final? producer step
$(\beta \ldots \to bush(\alpha))$
arguments
构造一个过程，该过程首先判定arguments的元素是否满足final?。如是，构造的过程返回空灌木。否则，返回满足关于may-precede?堆不变量且包含将producer应用于arguments的元素，以及首先将step应用于arguments的元素，然后将构造的过程递归地应用于前面结果的元素
前提：may-precede?是一个序关系
前提：may-precede?可以接受producer的任何元素
前提：final?可以接受arguments的任何元素
前提：final?可以接受step任何调用的元素
前提：如果arguments的元素不满足final?，那么producer可以接受它们
前提：如果step调用的结果不满足final，那么producer可以接受它们
前提：如果arguments的元素不满足final?，那么step可以接受它们
前提：如果step调用的结果不满足final，那么step可以接受它们

process-heap (afp heaps)
$(\alpha, \alpha \to Boolean), (\to \beta \ldots), (\alpha, \beta \ldots \to \beta \ldots) \to (bush(\alpha) \to \beta \ldots)$
may-precede? base combiner amaso
构造一个过程，该过程不断将combiner应用于amaso的一个元素和前一个迭代的结果（如果没有前一个迭代，则为调用base的结果）。迭代按照may-precede?序关系取得元素。该过程返回最后一次combiner应用的结果
前提：may-precede?是一个序关系
前提：may-precede?可以接受amaso的任何元素
前提：combiner可以接受amaso中到其他元素都有may-precede?序关系的元素和调用base的结果
前提：combiner可以接受amaso的任何元素和combiner任何调用的结果
前提：amaso满足关于may-precede?的堆不变量

sort (afp sorting heapsort)
$(\alpha, \alpha \to Boolean), bag(\alpha) \to list(\alpha)$
may-precede? aro
构造一个以aro中的值为元素并按照may-precede?有序的列表
前提：may-precede?是一个序关系
前提：may-precede?可以接受aro的任何元素

◉ 习题

4.5-1 定义一个过程 heap，它可以接受一个或多个参数，其中第一个参数是序关系，其他参数是序关系域中的值，返回一个包含这些值的堆。

4.5-2 定义一个确定堆中元素个数的过程 heap-size。

4.5-3 重新实现堆的基本操作，使用树而不是灌木。

4.6 序统计量

对于基数 n 的任何包和任何小于 n 的自然数 k，该包关于序关系 R 的第 k 个序统计量是包中的一个值 m，m 满足以下条件：该包中至少有 $k+1$ 个值（包括 m 本身）到 m 有序关系 R，m 到包中的至少 $n-k$ 个值有序关系 R，包括 m 本身。例如：

- 包的第 0 序统计量到包中的每一个值都有关系 R。
- 包中的每一个值到第 $(n-1)$ 序统计量都有关系 R。
- 如果 n 为奇数，则包中的中间值为第 $\lfloor n/2 \rfloor$ 个序统计量。

假设存在一个包中值的列表，按 R 排序，其中 m 在位置 k，那么 m 是包的第 k 个序统计量，因为列表中 m 之前的 k 个元素以及 m 本身（总共 $k+1$ 个）到 m 有序关系，而且 m 到自身和列表中跟随它的 $n-k-1$ 个元素（总共 $n-k$ 个）都有序关系 R。

因此，可以通过对一个包进行排序和对结果列表的索引求包的第 k 序统计量：

```
(define (order-statistic-by-sorting may-precede? aro index)
  (list-ref (sort may-precede? aro) index))
```

然而，这种方法效率很低。排序过程执行的许多计算都是无关的，包括在有序列表中对所求序统计量之前或之后的值的比较。一个更好的算法应该利用从早期比较中获得的信息来缩小问题的范围，不再进一步检查那些已知不是所求序统计量的值。

我们可以选择一个枢轴，就像在快速排序算法的划分一样，对包周围的其余元素进行划分来开始搜索包的第 k 个序统计量。设 n 为原包的基数，j 为划分产生的第一个子包的基数（包含到枢轴有关系 R 的元素构成的子包），因此第二个子包有 $n-j-1$ 个值（其中每个元素到枢轴都没有关系 R）。根据 j 和 k 之间的关系，现在有三种可能性：

- $j<k$。在这种情况下，第一个子包中的值和枢轴本身都不可能是第 k 个序统计量，因为原包中有 k 个或更少的值到它们具有序关系 R。因此，我们可以继续在第二个子包中搜索，寻找它的第（$k-j-1$）个序统计量。因为第二个子包的 $k-j$ 个值、第一个子包中的所有 j 个值和枢轴，总共有 $k+1$ 个元素，这些元素到该序统计量都有序关系 R，并且因为该统计量到第二个子包中的 $(n-j-1)-(k-j-1)$ 或 $n-k$ 个值有关系 R，所以第二个子包的第 $(k-j-1)$ 个序统计量为原包的第 k 个序统计量。
- $j=k$。在这种情况下，枢轴是所需的序统计量，因为第一个子包中的 j 个值以及枢轴本身共 $k+1$ 个元素到枢轴有关系 R，枢轴到它本身和第二个包子中的 $n-j-1$ 个元素（共 $n-k$ 个）有序关系 R。
- $j>k$。在这种情况下，第二个子包中的值都不可能是第 k 个序统计量。假设第二个子包中的某个 x 值是原包的第 k 个序统计量，那么它到原包中 $n-k$ 个值有序关系。由于第二个子包只有 $n-j$ 个元素，因此 x 到枢轴或第一个子包的某个元素必然有关系 R，因此，根据传递性，x 到枢轴有序关系。但是划分将 x 放在第二个子包中，因为它到枢轴不具有关系 R。因此，假设 x 是第 k 个序统计量不成立。

此外，如果枢轴是原包的第 k 个序统计量，则在原包中它至少到 $n-k$ 个值有关系 R，这其中至少 $j-k$ 个值在第一个子包中（因为第二个子包只有 $n-j$ 个值）。因此，由于 $j>k$，第一个子包中至少有一个值到枢轴有序关系 R。假设 x 是枢轴到第一个子包中具有序关系的任何值，那么根据传递性，原包中到枢轴有序关系的每个值也到 x 有序关系，而且 x 到原包中有关系 R 的元素，枢轴到这些元素也有关系 R。因此 x 也是原包的第 k 个序统计量。

因此，不管枢轴是否为原包的第 k 个序统计量，我们可以继续在第一个子包中查找其第 k 个序统计量，因为第一个子包的第 k 个序统计量是原包的第 k 个序统计量。

为了有效地确定这三种情况中哪一种更适用，我们使用 partition-bag 的一种过程变体，它返回第一个子包的基数 j，作为附加结果：

```
(define (partition-bag-with-count condition-met? aro)
  ((fold-bag (create 0 (bag) (bag))
             (lambda (item count ins outs)
               (if (condition-met? item)
                   (values (add1 count) (put-into-bag item ins) outs)
                   (values count ins (put-into-bag item outs)))))
   aro))
```

过程 order-statistic 进行多次划分，在每个阶段丢弃已知不包含第 k 个序统计的包，直到找到正确的枢轴：

```
(define (order-statistic may-precede? aro index)
  ((rec (partitioner areto index)
     (receive (pivot others) (take-from-bag areto)
      (receive (count ins outs)
               (partition-bag-with-count (sect may-precede? <> pivot)
                                         others)
        (if (< index count)
            (partitioner ins index)
            (if (< count index)
                (partitioner outs (- index (add1 count)))
                pivot)))))
   aro index))
```

(afp bags)

partition-bag-with-count
$(\alpha \to Boolean),\ bag(\alpha)\ \to natural\text{-}number,\ bag(\alpha),\ bag(\alpha)$
condition-met?　aro
返回aro中满足condition-met?的元素个数，一个包含这些元素的包，以及aro中不满足condition-met?元素构成的包
前提：condition-met?可以接受aro的各个元素

(afp order-statistics)

order-statistic
$(\alpha,\ \alpha \to Boolean),\ bag(\alpha),\ natural\text{-}number\ \to \alpha$
may-precede?　aro　index
返回aro中的一个值，其中aro中多于index个值到该值有关系may-precede?，而且该值到aro中部分元素有关系may-precede?，这部分元素的数量至少是aro基数与index之差
前提：may-precede?是一个序关系
前提：may-precede?可以接受aro的各个元素
前提：index小于aro的基数

◉ 习题

4.6-1 定义一个返回给定包中关于给定序关系中间值的过程 median，前提是包中的每个值都在该关系的域中。(如果包的基数为偶数，则过程可以返回两个中间值中的任意一个。)

4.6-2 定义一个过程 quantile，它接受一个序关系、一个属于序关系域的值构成的包和一个正整数 q，并返回由 $q-1$ 个元素构成的列表：第 $\lceil nk/q \rceil$ 个序统计量，其中 n 是包的基数，k 是从 1 到 $q-1$ 的整数，$\lceil nk/q \rceil$ 是不小于 nk/q 的最小整数。(例如，当 $q=2$ 时，返回的列表包含一个值，即中间值)。当 $q=100$ 时，它包含 99 个百分位值，包中分别至少有 1%、2%、。…，99% 的值到这些百分位值具有给定的序关系。)

4.6-3 证明，如果一个值 v 同时是一个包中关于序关系 R 的第 j 和第 k 个序统计量，那么在 R 诱导的等价关系下，该包至少包含 $|k-j|+1$ 个等价于 v 的值。

组合构造

得益于在第 3 章中开发的数据结构的通用性和灵活性，许多常见的计算过程都可以在这些结构的基础上实现，不论是构建满足某些有趣条件的额外结构，还是枚举这些结构。处理这些运算的数学分支叫作组合数学。本章的工具包将给出表示此类操作的算法。

5.1 笛卡儿积

两个包 A 和 B 的笛卡儿积（Cartesian product）$A \times B$ 是包含若干个有序对的包，其中每个有序对的第一个分量都是 A 的成员，第二个分量是 B 的成员。如何使用递归管理器（如 fold-bag）来定义构造两个包的笛卡儿积的过程并不是一件容易的事：必须选择其中一个包作为递归的指引，但这里似乎必须在两个包上递归。另一方面，使用一些更基本的递归管理器（例如 build）并使用两个给定的包作为指导值也不能描述基本逻辑。我们不想在 A 和 B 上并行递归，而是对于 A 中的每个值，对 B 中的所有值进行一次遍历操作，在每个步骤应用 cons 并将所有结果收集到一个更大的包中。

解决方法是将问题分解为两个递归运算，其中一个运算可以嵌套在另一个运算中。先来考虑一下 B 上的运算。最终的 Cartesian-product 过程将使用此运算将来自 A 的某些固定值与 B 的每个值进行配对。从对 B 的运算来看，来自 A 的固定值只是一个常数，因此可以将它绑定到一个名称，比如 car-value，并将其作为此运算的给定值。

因为 B 是开始运算的对象，并且运算得到的结果是一个包。这个包中的有序对是 B 中的每个值都与 car-value 配对的结果，所以自然使用 map-bag 作为递归管理器，用以下过程将 B 中的值转换为结果包中相应值。

```
(sect cons car-value <>)
```

给 B 上的这种映射操作命名为 cons-with-each：

```
(define (cons-with-each car-value bag-of-cdrs)
  (map-bag (sect cons car-value <>) bag-of-cdrs))
```

现在考虑 A 上的递归。每次将下面这个过程应用于 A 中的一个值，都可以得到一个包含某些期望的有序对的包：

```
(sect cons-with-each <> B)
```

我们需要对 A 的每个值重复这一操作，但 map-bag 并不能胜任这项工作，因为这样将得到的是一个包含若干个有序对包的包。相反，我们想把所有的有序对都放进同一个包里。但是，这里可以使用 fold-bag 作为递归管理器，在 A 的指引下进行递归，并使用 bag-union 作为收集有序对的过程：

```
(define (Cartesian-product left right)
  ((fold-bag bag (pipe (~initial (sect cons-with-each <> right))
                       bag-union))
   left))
```

笛卡儿积的基数是两个组件包的基数的乘积。与后面的许多组合构造一样，笛卡儿积构造的值可能占用大量的内存空间。出于这个原因，还要考虑一个返回有限源而非包的版本，这样就可以根据需要逐个计算有序对，而不必将它们都显式地构建到数据结构中。这个版本的过程也具有嵌套递归结构，但在过程的关键点使用源表达式，从而让大部分计算都推迟到源被访问的时候。为了更好地展示这些关键点，下面将映射和折叠机制写成递归表达式：

```
(define (cons-with-each-source car-value bag-of-cdrs)
  ((rec (mapper subbag)
     (if (empty-bag? subbag)
         (finite-source)
         (source (receive (cdr-value others) (take-from-bag subbag)
                   (values (cons car-value cdr-value)
                           (mapper others))))))
   bag-of-cdrs))
(define (Cartesian-product-source left right)
  ((rec (folder subbag)
     (if (empty-bag? subbag)
         (finite-source)
         (source (receive (car-value others) (take-from-bag subbag)
                   (tap (catenate-sources
                          (cons-with-each-source car-value right)
                          (folder others)))))))
   left))
```

乍一看，Cartesian-product 和 Cartesian-product-source 的定义似乎并不适合变元扩展，因为一个有序对总是正好包含两个分量。推广笛卡儿积，允许两个以上操作数的最直接的方法是，令结果为一个包含列表的包，而不是有序对的包，其中每个列表的长度都等于操作数的数目。因此，例如，包 A、B、C 和 D 的广义笛卡儿积的值是一个四元素列表，每个列表都有 A 的一个值作为其初始元素，接着是 B 的一个值，随后是 C 的一个值，最后是 D 的一个值。

我们可以将这个广义笛卡儿积过程定义为一个二元操作的变元扩展版，它接受一个包含新初始元素的包和一个包含长度为 n 的列表的包，并将每个初始元素前置到每个列表以获得长度为 $n+1$ 的列表，并将结果收集到一个包中。注意，这个二元操作的示例与 Cartesian-product 操作的各对各模式相同。实际上，这个过程的实现几乎与 Cartesian-product 完全相同！唯一的区别是，这里使用 prepend 而不是 cons 来构建结果的每个组件。（当然，当 Scheme 将列表实现为有序对结构时，这种差异也会消失。回想一下，prepend 是 cons 的别名。）

同样，如果我们将每一级递归放在不同的过程中，操作的逻辑更简单易懂。算上执行变元扩展的版本，共有三个过程。以下是前两步过程：

```
(define (prepend-to-each new-initial aro)
  (map-bag (sect prepend new-initial <>) aro))

(define (prepend-each-to-each initials aro)
  ((fold-bag bag (pipe (~initial (sect prepend-to-each <> aro))
                       bag-union))
   initials))
```

要将 prepend-each-to-each 过程扩展到变元版本，得到计算广义笛卡儿积的过程，还需要一个起始值来处理零参数情况，在这种情况下，过程接受零个包，返回一个包含长度为零的列表的包。在这种情况下，返回一个空包是错误的。该过程的目标是生成一个包含长度

n 的所有可能列表的包，其元素取自 n 个参数包；当 $n = 0$ 时，我们希望返回一个包含长度为 0 的每个可能列表的包——一个只含空列表的包。

以下是 generalized-Cartesian-product 的定义：

```
(define generalized-Cartesian-product
  (extend-to-variable-arity (bag (list)) prepend-each-to-each))
```

可以用类似的方法推广 Cartesian-product-source 过程，用 prepend 替换 cons，将 (finite source (list)) 作为无参数时返回的值。

当 generalized-Cartesian-product 调用中的所有参数都是同一个包时，结果是这个包的笛卡儿幂（Cartesian power），幂运算的“指数”是参数的个数。例如，如果 A 是只包含整数 0 和 1 的包，那么它笛卡儿幂 A^3 是一个包含 (list 0 0 0)、(list 0 0 1)、(list 0 1 0)、(list 0 1 1)、(list 1 0 0)、(list 1 0 1)、(list 1 1 0) 和 (list 1 1 1) 的包。

Cartesian-power 过程接受一个包和一个自然数指数，并直接计算笛卡儿幂：

```
(define (Cartesian-power aro len)
  ((fold-natural (create (bag (list)))
                 (sect prepend-each-to-each aro <>))
   len))
```

其中 fold-natural 的调用管理列表长度上的递归，使得列表扩展运算执行正确的次数（从空列表开始）。

5.1.1 笛卡儿积排序

当构成笛卡儿积的有序对或列表的值是按某种方式有序时，通常希望得到的笛卡儿积也能反映这种顺序。在这种情况下，计算笛卡儿积的过程应该从列表或有限源开始，而不是从包，而且应该返回列表或有限源。

如果采用上面给出的定义，用列表或源操作代替包操作，那么在生成的笛卡儿积或幂中，列表的顺序就是通过将 list-lex（4.1 节）应用于给定列表或源的顺序关系而获得的字典序。例如，将下面定义的 ordered-Cartesian-power-source 过程应用于按 <= 排序的数字列表，可以得到一个按字典序（即按 (list-lex <=) 排序）生成特定笛卡儿幂的源。和往常一样，最好的方法是分阶段定义 ordered-Cartesian-power-source，分别考虑三个递归。不过，不难使用上述过程达到新目标：

```
(define (ordered-prepend-to-each-source new-initial src)
  (map-finite-source (sect prepend new-initial <>) src))

(define (ordered-prepend-each-to-each-source initials src)
  ((rec (folder sublist)
     (if (empty-list? sublist)
         (finite-source)
         (source
           (receive (new-initial others) (deprepend sublist)
             (tap (catenate-sources
                    (ordered-prepend-to-each-source new-initial src)
                    (folder others)))))))
   initials))

(define (ordered-Cartesian-power-source ls len)
  ((rec (recurrer remaining)
     (if (zero? remaining)
```

```
        (finite-source (list))
        (ordered-prepend-each-to-each-source
          ls (recurrer (sub1 remaining)))))
    len))
```

5.1.2 排位和去排位

当需要组合构造中的一些值，但不是全部值时，例如有序笛卡儿积或幂，使用源的另一种方法是直接由它的排位（rank，即它在排序中的位置）计算这个值。例如，在 (list 'a 'b 'c) 和 (list 'w 'x 'y 'z) 的有序笛卡儿积中，有序对 (cons 'b 'y) 占据列表中的位置 6（索引从 0 开始，如同 list-ref 调用中参数一样），前面有 4 个第一个分量都是 a 的有序对，接着是另外两个有序对 (cons 'b 'w) 和 (cons 'b 'x)。给定排位，可以直接计算出在该排位的有序对，而不必计算笛卡儿积的剩余构造。也可以反过来看，给定有序对，计算其排位。这些计算分别称为去排位（unranking）和排位（ranking）。

作为对排位和去排位算法的介绍，先编写一个过程，计算给定值在给定列表中位置，这是 list-ref 过程的一种逆过程。如果给定值在列表中出现不止一次，则过程可以返回最小的位置；如果根本没有出现，则返回 #f 而不是自然数来表示查找失败。

要计算其位置，需要逐个查看列表的每个元素，并与要查找的元素进行比较，并且维护一个表示不匹配元素个数的计数值。当找到匹配的元素时，返回当前计数；如果直到列表的末尾也没有找到它，则返回 #f。下面是实现：

```
(define (position-in val ls)
  ((rec (searcher sublist count)
     (if (empty-list? sublist)
         #f
         (if (equal? (first sublist) val)
             count
             (searcher (rest sublist) (add1 count)))))
   ls 0))
```

这一版本的 position-in 假设 equal? 是一个合适的等价标准。

请注意，如果列表 ls 包含重复值，那么去排位过程 (list-ref) 和排位过程 (position-in) 并不完全是逆运算：(list-ref (position-in v ls) ls) 的值始终是 *v*（或至少是一个与 *v* 相同的值，由 equal? 决定），但是 (position-in (list-ref n ls) ls) 并不总是 *n*，它可能是与在位置 *n* 处的值相等的某些重复项的位置。通常，只有在被排序的项中间不存在重复项时，排位和去排位算法才互为逆运算。

将 position-in 作为基本过程，现在可以设计一些更复杂的排位和去排位过程。让我们从（非广义的）笛卡儿积开始，如上面讨论的例子所示。

Cartesian-product-ranker 过程接受两个列表，并返回一个确定这些列表的笛卡儿积中一个有序对的排位的过程。该算法计算有序对第一个分量和第二个分量在各自列表中的位置，然后将第一个分量的位置乘以第二个列表的长度，以计算在有序笛卡儿积中第一个分量小于给定第一个分量的有序对个数。将此乘积加上第二个分量的位置（该位置指示排在给定有序对前，第一个分量均为给定的第一个分量的有序对个数）可得到所需的排位：

```
(define (Cartesian-product-ranker left right)
  (let ((right-length (length right)))
    (run decons
         (cross (sect position-in <> left) (sect position-in <> right))
         (~initial (sect * <> right-length))
         +)))
```

该过程使用 position-in 来确定给定列表中值的位置，所以 equal? 是用于判断各分量是否等价的标准。

相应的去排位算法执行逆计算，使用 div-and-mod 得到恰当的列表索引，使用 list-ref 选择恰当的元素，并使用 cons 将它们放入期望得到的有序对中：

```
(define (Cartesian-product-unranker left right)
  (let ((right-length (length right)))
    (run (sect div-and-mod <> right-length)
         (cross (sect list-ref left <>) (sect list-ref right <>))
cons)))
```

调用 div-and-mod 的前提是 right 的长度非零。这与排位和去排位操作的前提条件一致：如果 right 的长度为 0，则 right 为空，这样笛卡儿积也为空，其中没有有序对，也没有排位！

对于 n 个列表的广义笛卡儿积，将结果中长度为 n 的列表中的每个位置设想为具有“位置权重”是有用的，类似于一个数值中各个数字的位置权重（例如，十进制数中位置权重是 10 的幂）。列表中最右边位置的权重为 1；最右边前一个位置的权重等于最后一个给定列表的长度；在前一个位置左边位置的权重等于最后两个给定列表长度的乘积；以此类推。其思想是，从第 k 个给定列表中的一个元素“前进”到下一个元素，会在字典顺序中向前移动许多位置，这些位置等于与第 k 个位置相关联的位置权重。

根据给定列表中除第一个之外的所有列表的长度，容易计算位置权重。给定任何一个自然数列表，可以从中得到一组位置权重，基本上是在每个位置取从该位置到列表末尾的所有自然数的乘积：

```
(define positional-weights
  (fold-list (create (list 1))
             (lambda (element weights)
               (cons (* element (first weights)) weights))))
```

广义笛卡儿积的排位和去排位过程使用从给定列表的长度导出的位置权重作为被乘数和乘数，就像 right-length 在对应的普通笛卡儿积的过程中的用法。在排位算法中，可以使用 map 并行处理列表中要排位的所有位置：

```
(define (generalized-Cartesian-product-ranker . lists)
  (let ((weights (positional-weights (map length (rest lists)))))
    (run (sect map position-in <> lists)
         (sect map * <> weights)
         sum)))
```

在对应的去排位算法中，需要一个过程，该过程接受一个数字和一个位置权重列表，并使用 div-and-mod 逐个分解给定列表的单独索引：

```
(define (separate-indices number weights)
  (if (empty-list? weights)
      (list)
      (receive (quot rem) (div-and-mod number (first weights))
        (cons quot (separate-indices rem (rest weights))))))
```

然后，去排位算法使用 separate-indices 找到索引，使用 list-ref 来提取元素：

```
(define (generalized-Cartesian-product-unranker . lists)
  (let ((weights (positional-weights (map length (rest lists)))))
    (pipe (sect separate-indices <> weights)
          (sect map list-ref lists <>))))
```

有序笛卡儿幂中的排位和去排位过程留作习题。它们与处理有序广义笛卡儿积的过程使用了相同的基本算法，但位置权重是按给定列表长度的降幂计算的。

---

cons-with-each　(afp bags)
α,　*bag*(β)　$\rightarrow$ *bag*(*pair*(α, β))
car-value bag-of-cdrs
构造一个包，它含第一个分量来自car-value，第二个分量来自bag-of-cdrs的所有有序对

Cartesian-product　(afp products-and-selections)
bag(α), *bag*(β)　$\rightarrow$ *bag*(*pair*(α, β))
left　right
构造一个包，它含第一个分量来自left，第二个分量来自right的所有有序对

cons-with-each-source　(afp bags)
α,　*bag*(β)　$\rightarrow$ *source*(*pair*(α, β))
car-value bag-of-cdrs
构造一个有限源，它包含第一个分量来自car-value，第二个分量来自bag-of-cdrs的所有有序对

Cartesian-product-source　(afp products-and-selections)
bag(α), *bag*(β)　$\rightarrow$ *source*(*pair*(α, β))
left　right
构造一个有限源，它包含第一个分量来自left，第二个分量来自right的所有有序对

prepend-to-each　(afp bags)
α,　*bag*(*list*(α))　$\rightarrow$ *bag*(*list*(α))
new-initial aro
构造一个包，它包含将new-initial前置到aro中的每个元素后的列表

prepend-each-to-each　(afp bags)
bag(α),　*bag*(*list*(α))　$\rightarrow$ *bag*(*list*(α))
initials aro
构造一个包，它包含将initials中的每个值前置到aro中的每个列表所得的列表

generalized-Cartesian-product　(afp products-and-selections)
bag(α) ...　$\rightarrow$ *bag*(*list*(α))
factors
构造一个包含若干个列表的包，其中每个列表的长度都等于factors包含元素的数量，每个列表的每个元素都是factors中对应元素的值

Cartesian-power　(afp products-and-selections)
bag(α), *natural-number*　$\rightarrow$ *bag*(*list*(α))
aro　len
构造一个包，它含长度为len、元素都属于aro的所有列表（可能包含重复值）

ordered-prepend-to-each-source　(afp sources)
α,　*source*(*list*(α))　$\rightarrow$ *source*(*list*(α))
new-initial src
构造一个有限源，该源包含将new-initial依次前置到来自src的每个列表的结果
前提：src是一个有限源

ordered-prepend-each-to-each-source　(afp sources)
list(α),　*source*(*list*(α))　$\rightarrow$ *source*(*list*(α))
initials src
构造一个有限源，该源包含将initials的每个元素按字典序前置到src中每个列表的结果
前提：src是一个有限源

ordered-Cartesian-power-source　(afp products-and-selections)
list(α), *natural-number*　$\rightarrow$ *source*(*list*(α))
ls　len
构造一个有限源，该源包含所有长度为len，每个列表来自ls的列表（允许重复值）。有限源根据ls的顺序按字典序生成这些列表
前提：ls是有序的

position-in　(afp lists)
any, *list*(*any*)　$\rightarrow$ *natural-number* | *Boolean*
val　ls
计算val在ls中出现的最小位置，如果没有找到这个位置，则返回#f

Cartesian-product-ranker　(afp products-and-selections)

list(α), list(β) → *(pair(α, β)* → *natural-number)*
left right pr
构造一个过程，该过程计算pr在left和right的有序笛卡儿积中的排位
前提：left有序
前提：right有序
前提：pr的第一个分量是left的一个元素
前提：pr的第二个分量是right的一个元素

Cartesian-product-unranker (afp products-and-selections)
list(α), list(β) → *(natural-number* → *pair(α, β))*
left right rank
构造一个过程，该过程计算在left和right的有序笛卡儿积中位置为rank的有序对
前提：left有序
前提：right有序
前提：rank小于left和right的长度之积

positional-weights (afp lists)
list(natural-number) → *list(natural-number)*
numlist
给定一个基值列表numlists，计算一个包含多基值数字各位数的位置权重的列表
前提：numlists中的每个元素都是正的

generalized-Cartesian-product-ranker (afp products-and-selections)
list(α) ... → *(list(α)* → *natural-number)*
lists ls
构造一个过程，该过程计算lists元素的有序广义笛卡儿积中ls的排位
前提：lists的每个元素都是有序的
前提：ls的每个元素都是lists中对应元素的一个元素

separate-indices (afp lists)
natural-number, list(natural-number) → *list(natural-number)*
number weights
构造一个列表，列表包含多基值计数下number数字的各位数的值。使用weights作为位置权重
前提：weights中的每个元素都是正的

generalized-Cartesian-product-unranker (afp products-and-selections)
list(α) ... → *(natural-number* → *list(α))*
lists rank
构造一个过程，该过程构造lists元素的广义笛卡儿积中位置为rank处的列表
前提：lists的每个元素都是有序的
前提：rank小于lists各元素长度的乘积

◉ 习题

5.1-1 调整 Cartesian-power 过程，使其返回一个包含列表的源，而不是包含列表的包。

5.1-2 调整 generalized-Cartesian-product 过程，使其操作对象为有序列表而不是包，并返回一个按字典顺序有序的列表的列表，而不是一个列表的包。

5.1-3 设计并实现有序笛卡儿幂的排位和去排位过程。

5.2 列表选择

5.2.1 子列表

一个给定列表 aro 的子列表是一个包含了 aro 中相邻元素，并保持彼此之间原本的相对顺序的列表。例如，(list 'gamma 'delta 'epsilon) 是 (list 'alpha 'beta 'gamma 'delta 'epsilon 'zeta) 的一个子列表。

一个给定列表 aro 的后缀，或者说尾部，也是一个子列表，它包含 aro 在某个位置或这

个位置之后的所有元素。可以等价地说，一个后缀是舍弃 aro 开头处某些元素（可能舍弃零个元素）得到的列表。

一个给定列表 aro 的前缀也是一个子列表，它包含 aro 在某个位置或这个位置之前的所有元素。前缀可以从 aro 的开头处取出某些元素（可能取出零个元素）得到。

在看过 take 和 drop 过程之后，容易利用这些过程构建给定列表的前缀和后缀。利用 take 和 drop，还可以获得任何特定子列表（3.7 节）。不过，对于相应的组合构造，我们希望得到给定列表的所有可能的前缀、所有可能的后缀和所有可能的子列表。

首先从后缀开始。suffixes 过程接受一个列表，构造并返回一个包，其中包含列表的所有后缀。例如，(suffixes (list 'alpha 'beta 'gamma 'delta 'epsilon)) 的值是

```
(bag (list 'alpha 'beta 'gamma 'delta 'epsilon)
     (list 'beta 'gamma 'delta 'epsilon)
     (list 'gamma 'delta 'epsilon)
     (list 'delta 'epsilon)
     (list 'epsilon)
     (list))
```

可以使用递归来构造这个包。在基本情况下，如果给定列表为空，则结果仅包含一个值：空列表是自身的唯一后缀。在其他任何情况下，首先构建包含列表其余部分的所有后缀的包，然后再放入一个后缀，即整个列表。

这种递归不是 fold-list 支持的形式，因为合并器需要整个列表，而不仅仅是它的第一个元素。不过，如果将列表作为指导值，那么更通用的递归管理器 build 可以处理，即 empty-list? 检测基本情况，bag 构造最终结果，rest 接受一个非空列表，并“下降”到下一个更简单的情况，然后 put-into-bag 将最初的列表（未经修改的列表，因此本例中的 derive 参数就是 identity）添加到递归调用的结果中：

```
(define suffixes (build empty-list? bag identity rest put-into-bag))
```

用 list 替换 bag，用 prepend 代替 put-into-bag，还可以得到 suffixes 的一个新版本，这个版本构造了一个几乎按字典序排列的后缀列表，drop 是它的排位过程，(pipe (~each length) -) 是它的去排位过程。（两种方法都可以卡瑞化，得到类似于 5.1 节中高阶程序的过程。）唯一的缺陷是，在修改后的过程返回的列表中，空的后缀排在最后，而在字典序中，它将排在所有其他后缀之前。但是，如果我们愿意的话，可以将 bag 改为 (constant (list)) 而不是 list，从而从结果中排除空后缀：

```
(define ordered-non-empty-suffixes
  (build empty-list? (constant (list)) identity rest prepend))
```

前缀过程 prefixes 接受一个列表并构造一个包含给定列表所有前缀的包。例如，(prefixes (list 'alpha 'beta 'gamma 'delta 'epsilon)) 的值是：

```
(bag (list)
     (list 'alpha)
     (list 'alpha 'beta)
     (list 'alpha 'beta 'gamma)
     (list 'alpha 'beta 'gamma 'delta)
     (list 'alpha 'beta 'gamma 'delta 'epsilon))
```

同样地，列表递归是算法的关键。在基本情况下，空列表是唯一的前缀。在其他情况下，将给定列表的第一个元素与剩余部分分离，构建列表剩余部分的前缀包，并以某种方式

将第一个元素与该包结合，由此获得整个列表的前缀包。prepend-to-each 过程可以完成大部分工作。将第一个元素添加到列表其余部分的每个前缀中，可以得到整个列表中除一个前缀之外的所有前缀——这个例外是空前缀，必须将其作为单独元素添加。因此，使用 fold-list 的定义如下：

```
(define prefixes
  (fold-list (create (bag (list)))
             (pipe prepend-to-each (sect put-into-bag (list) <>))))
```

这次将 bag 改为 list，将 put-into-bag 改为 prepend，可以得到一个按字典序排列的结果列表，以 take 作为其去排位过程；在另一个方向上，给定前缀的排位可以简单地计算其长度。

如果想要得到一个给定列表的所有子列表，包括“内部”子列表，可以将每个子列表视为某个后缀的前缀。这也表示，如果首先构建给定列表的所有后缀，然后计算每个后缀的所有前缀，并将它们收集在一个大包中，则可得到所有子列表。

作为此过程的第一个定义，可以调用 suffixes 来得到一个包含所有后缀的包，然后折叠该包，对每个后缀应用 prefixes，并使用 bag-union 收集结果：

```
(define sublists
  (pipe suffixes (fold-bag bag (pipe (~initial prefixes) bag-union))))
```

但是，这个定义在列表的每个元素之前和之后都会生成一个空的子列表（从该点开始的后缀的空前缀）。例如，根据上述定义，(sublists (list 'a 'b 'c 'd 'e) 的值是：

```
(bag (list)
     (list 'a)
     (list 'a 'b)
     (list 'a 'b 'c)
     (list 'a 'b 'c 'd)
     (list 'a 'b 'c 'd 'e)
     (list)
     (list 'b)
     (list 'b 'c)
     (list 'b 'c 'd)
     (list 'b 'c 'd 'e)
     (list)
     (list 'c)
     (list 'c 'd)
     (list 'c 'd 'e)
     (list)
     (list 'd)
     (list 'd 'e)
     (list)
     (list 'e)
     (list))
```

可能在某些情况下，这正是我们想要的。然而，在大多数应用程序中，空的子列表会阻碍程序的正常运行，减慢运行速度。它们也扰乱了这个过程的有序版本的结果的字典排序。

可以将 sublists 的结果通过 (sect remp empty-list? <>) 进行后处理，但更为优雅的做法是避免生成空列表。方法是将 prefixes 替换为一个省去空列表的过程：

```
(define non-empty-prefixes
  (fold-list bag (pipe (~next (sect put-into-bag (list) <>))
                       prepend-to-each)))
```

这里的想法是在基本情况下从无列表开始，然后使用合并器将空列表添加到递归调用结果接受的子列表包中，然后在该包中的每个列表前面添加新的初始元素。

因此，sublists 的正式定义是：

```
(define sublists
  (pipe suffixes
        (fold-bag bag (pipe (~initial non-empty-prefixes) bag-union))))
```

准确地说，这个过程应该被称为 non-empty-sublists，但在实践中更常用的过程，因此使用这个较短的名称更方便。

sublists 的有序版本（以及它所依赖的过程）的定义留作习题，但排位和去排位算法则相当简单。例如，按字典序，字符列表 (#\W #\X #\Y #\Z) 的（非空）子列表（按 char<=? 排序）是：

```
(#\W)
(#\W #\X)
(#\W #\X #\Y)
(#\W #\X #\Y #\Z)
(#\X)
(#\X #\Y)
(#\X #\Y #\Z)
(#\Y)
(#\Y #\Z)
(#\Z)
```

要计算一个子列表的排位，可以根据它的第一个元素计算以该元素开头的子列表在有序列表中的位置范围，然后使用子列表的长度来确定子列表本身在该范围中的位置。此计算的前半部分使用 termial 过程，该过程计算小于或等于给定自然数的自然数之和。1.9 节的练习要求给出 termial 的定义，利用第 2 章的资源，可以简洁地递归定义为‘(ply-natural (create 0) +)’。然而，直接根据该和的闭表达式来计算是更高效的方法，自然数 n 的阶加是$\frac{n(n+1)}{2}$：

```
(define (termial number)
  (halve (* number (add1 number))))
```

设 L 是原始列表，n 是 L 的长度，设 e 是我们试图排位的子列表的初始元素，j 是 e 在 L 中的位置。以 e 开头的子列表的排位的范围从 (- (termial n) (termial (- n j))) 开始。要知道这个值是怎么得到的，请注意总共有 (termial *n*) 个非空的子列表，其中 (termial (- *n* *j*)) 个也是以 e 开头的后缀的子列表。在字典排序中，这些子列表不能在以 e 开头的任何子列表之前。

因此，字典序非空子列表的排位过程的卡瑞化版本是：

```
(define (sublist-ranker ls)
  (let ((len (length ls)))
    (let ((number-of-sublists (termial len)))
      (pipe (dispatch (run first
                           (sect position-in <> ls)
                           (sect - len <>)
                           termial
                           (sect - number-of-sublists <>))
                      (pipe length sub1))
            +))))
```

对于去排位过程，可以将大部分算术打包到 termial 的逆过程。antitermial 过程接受

一个自然数 t 并返回两个值，与 div-and-mod 的结果类似：阶加（termial）结果不超过 t 的最大自然数 n，以及从 t 减去该阶加结果时的余数 r。（“阶加”的定义保证第二个结果总是小于或等于第一个结果的自然数。）

计算这个逆的方法叫做“二分查找”或“二分法”。从两个自然数开始，一个下界 l 和一个上界 u，选择这两个自然数是为了保证要查找的值 n 严格小于 u 但不小于 l。在 antitermial 过程中，可以选择 $l = 0$ 和 $u = t + 1$；不管 t 是什么，它的逆阶加值 n 一定小于 $t + 1$ 且不能小于 0。

这样可以建立包含目标值的一个范围。接着将这个范围平分，计算 l 和 u 之间的中间值 m。如果 m 的阶加小于或等于 t，则 m 可以作为一个改进范围的下界，因为查找的数不能小于 m。另一方面，如果 m 的阶加大于 n，那么可以使用 m 作为一个改进范围的开上界；查找的数字一定小于 m。因此，在这两种情况下，都会缩小目标值的查找范围。

接下来，可以重复这个过程，缩小包含目标值的范围，当修改后的上界是修改后的下界的后继值时，停止查找，此时目标值的范围只包含一个自然数，这就是我们正在寻找的值。

在 Scheme 中，该过程表示为：

```
(define (antitermial number)
  ((rec (converge lower upper)
     (if (= (add1 lower) upper)
         (values lower (- number (termial lower)))
         (let ((mid (halve (+ lower upper))))
           (if (< number (termial mid))
               (converge lower mid)
               (converge mid upper)))))
   0 (add1 number)))
```

随后，一个由 sublist-unranker 构造的过程使用 antitermial 完成在 sublist-ranker 中执行的反向计算：

```
(define (sublist-unranker ls)
  (let ((len (length ls)))
    (let ((number-of-sublists (termial len)))
      (lambda (rank)
        (receive (position-from-end delends)
                 (antitermial (- (sub1 number-of-sublists) rank))
          (take (drop ls (- (sub1 len) position-from-end))
                (- (add1 position-from-end) delends)))))))
```

5.2.2 分组

有时我们只需要指定长度的子列表（假设指定长度为正且小于或等于给定列表的长度）。sections 过程构造一个包含若干个等长子列表的包。例如，(sections (list 'alpha 'beta 'gamma 'delta 'epsilon) 3) 的值是：

```
(bag (list 'alpha 'beta 'gamma)
     (list 'beta 'gamma 'delta)
     (list 'gamma 'delta 'epsilon))
```

可以将该算法描绘为沿着列表滑动一个固定大小的窗口，在每个阶段显示指定长度的子列表。当窗口向右移动一个位置时，一个元素会在左侧消失，而一个新元素会在右侧出现，由此得到一个新的子列表。

第一个想法是再次使用列表递归，使用 take 得到给定列表的前缀，并将该前缀添加到列表其余部分的分组包中。问题是如何有效地判断基本情况。基本情况不是空列表，而是列表长度等于子列表指定长度的情况。（如果继续处理短于所需子列表长度的列表，则不满足 take 过程的前提。）

另一方面，每次递归调用都计算列表长度是不方便的。一个更好的方法是在计算开始时一次性计算给定列表的长度和所需子列表的长度之间的差。这个值也是递归调用的次数，只需设置计数，当剩余递归次数达到 0 时停止递归。（这是识别基本情况的更简单方法。）

所以，这个递归需要两个指导值：想要从中分组的列表，以及剩余的递归调用次数的计数。当计数为 0 时，需要整个列表，因为给定列表的长度和所需子列表的长度相等；因此在这种情况下，只需将列表本身放入一个包中。当计数为正时，取一个前缀并将其放入递归调用返回的包中；在该递归调用中，列表短了一个元素（即，将窗口向右移动一个位置），递归调用的计数减一。

以下是在 Scheme 中这一思路对应的过程：

```
(define (sections ls len)
  ((rec (sectioner subls count)
     (if (zero? count)
         (bag subls)
         (put-into-bag (take subls len)
                       (sectioner (rest subls) (sub1 count)))))
   ls (- (length ls) len)))
```

若要在字典排序中对某一分组进行排位，求其第一个元素在原始列表中的位置；若要对自然数 r 去排位，从 ls 中删除 r 个元素，并取结果的前 len 个元素。

5.2.3　子序列和选择

前面讨论的构造，都是从给定列表的相邻元素中构造结果。现在摆脱这个限制，考虑如何从给定列表中选择任意元素的所有方法，不管是否相邻（同时保持它们的相对顺序）——我们将称之为列表的*子序列*（subsequences），并用 subsequences 过程实现。例如，(subsequences (list 'alpha 'beta 'gamma 'delta)) 的值是：

```
(bag (list)
     (list 'delta)
     (list 'gamma)
     (list 'gamma 'delta)
     (list 'beta)
     (list 'beta 'delta)
     (list 'beta 'gamma)
     (list 'beta 'gamma 'delta)
     (list 'alpha)
     (list 'alpha 'delta)
     (list 'alpha 'gamma)
     (list 'alpha 'gamma 'delta)
     (list 'alpha 'beta)
     (list 'alpha 'beta 'delta)
     (list 'alpha 'beta 'gamma)
     (list 'alpha 'beta 'gamma 'delta))
```

对于这个过程来说，列表递归似乎又是一种自然的方法，而且与往常一样，基本情况很简单：空列表的唯一子序列是空列表本身。对于任何非空列表，可以像往常一样拆分第一个元素，并递归调用以获取列表其余部分的子序列包。然后呢？

我们首先注意到，列表其余部分的每个子序列都算作整个列表的子序列，而这个子序列碰巧不包括第一个元素。我们需要把这个包与包含第一个元素的所有子序列的包结合起来。如何构造这些包呢？从示例中可以看到，它们与列表其余部分的子序列存在一一对应。将第一个元素前置到缺少第一个元素的子序列中的每一个元素，从而得到包含第一个元素的所有子序列。因此，可以调用 prepend-to-each 来将第一个元素前置到递归结果的每个成员上，然后 bag-union 将缺少第一个元素的子序列和具有第一个元素的子序列组合在一起：

```
(define subsequences (fold-list (create (bag (list)))
                                (pipe (dispatch >next prepend-to-each)
                                      bag-union)))
```

subsequences 的有序版本（其中 list 替换 bag，append 替换 bag-union）返回一个包含子序列的列表，子序列是基于列表原始元素顺序的字典序排列的。然而，它产生的顺序是一个更有趣和有用的顺序：如果我们认为 subsequences 算法是在每个步骤中记录是否将给定列表的当前元素前置到子序列上，那么每个子序列对应于此类决定的一个不同序列，每个决定对应列表的一个元素。如果将每个这样的决定表示为一个布尔值（如果将元素前置在子序列前，则表示为 #t；否则表示为 #f），那么对于每个子序列（例如 (list 'alpha 'gamma)）都有一个对应的布尔值列表（在这个例子中，布尔值列表是 (list #t #f #t #f)，即“前置 alpha，不前置 beta，前置 gamma，不前置 delta”）。subsequences 的有序版本返回的列表给出对应布尔值列表的字典序（假设 #f 在每个位置都先于 #t）。

ls 的子序列和布尔值列表之间的这种对应关系本身就很有趣。无论从哪个方向，都容易编写计算过程：

```
(define subsequence->list-of-Booleans
  (curry (rec (constructor ls subseq)
           (if (empty-list? ls)
               (list)
               (if (and (non-empty-list? subseq)
                        (equal? (first ls) (first subseq)))
                   (prepend #t (constructor (rest ls) (rest subseq)))
                   (prepend #f (constructor (rest ls) subseq)))))))

(define list-of-Booleans->subsequence
  (curry (rec (constructor ls bools)
           (if (empty-list? ls)
               (list)
               (let ((recursive-result (constructor (rest ls)
                                                    (rest bools))))
                 (if (first bools)
                     (prepend (first ls) recursive-result)
                     recursive-result))))))
```

由此得到计算 ls 的子序列的另一种方法：

```
(define (subsequences ls)
  (map-bag (list-of-Booleans->subsequence ls)
           (Cartesian-power (bag #f #t) (length ls))))
```

也可以根据上面描述的顺序进行排位或去排位，方法是利用刚刚展示的转移过程来为 (list #f #t) 的笛卡儿幂组合排位和去排位操作。

如果只需要指定长度的子序列（称之为*选择*，selections），则需要不同的算法。为了理解这个过程，先看一个调用示例的值，(selections (list 'alpha 'beta 'gamma 'delta 'epsilon) 3) 的值如下所示。

```
(bag (list 'alpha 'beta 'gamma)
     (list 'alpha 'beta 'delta)
     (list 'alpha 'beta 'epsilon)
     (list 'alpha 'gamma 'delta)
     (list 'alpha 'gamma 'epsilon)
     (list 'alpha 'delta 'epsilon)
     (list 'beta 'gamma 'delta)
     (list 'beta 'gamma 'epsilon)
     (list 'beta 'delta 'epsilon)
     (list 'gamma 'delta 'epsilon))
```

可以保留调用 bag-union 的想法，将排除给定列表第一个元素的选择和包含它的选择集合在一起。这种情况下的不同之处在于，两个包必须分别用递归调用来构建，因为包含第一个元素的选择是通过将第一个元素前置到较短的选择来构造的，而不包含第一个元素的选择必须已经具有期望的长度了。

跟踪选择的期望长度还意味着递归有两种基本情况——一种是给定列表为空的情况，另一种是选择长度为 0 的情况。首先对零长度的选择进行测试，因为对任何列表都可以构造零长度选择，无论该列表是否为空（空列表是其本身的一个零长度选择），而正长度选择则完全不能由空列表得到：

```
(define (selections ls len)
  (if (zero? len)
      (bag (list))
      (if (empty-list? ls)
          (bag)
          (bag-union (prepend-to-each (first ls)
                                      (selections (rest ls) (sub1 len)))
                     (selections (rest ls) len)))))
```

此算法的有序版本返回一个按字典序排列的选择的列表。

从长度为 n 的列表中生成长度为 k 的选择的数目是二项式系数 $\binom{n}{k}$，可以通过如下公式计算：

$$\frac{n \cdot (n-1) \cdot \cdots \cdot (n-k+1)}{k \cdot (k-1) \cdot \cdots \cdot 1}$$

因为对任意 n 和 k 值都有 $\binom{n}{k} = \binom{n}{n-k}$（从长度为 n 的列表中选出 k 个值和在这个列表中保留 $n-k$ 个值是等价的），所以最好选择一种乘法较少的计算。下面的定义体现了这个优化：

```
(define (binomial n k)
  (let ((short (lesser k (- n k))))
    (div ((recur (sect < n <>) (constant 1) (dispatch identity add1) *)
          (add1 (- n short)))
         (factorial short))))
```

recur 构造的过程通过生成和乘以每个因子来计算分子。

为了确定这个计数的正确性，回顾一下我们对选择的定义。第一个基本情况（其中 $k = 0$），只产生一个选择，这种情况下二项式系数表达式的分子和分母都是等于 1 的空积，因此不管 n 的值是什么都有 $\binom{n}{0} = 1$。第二种基本情况（其中 $n = 0$，$k > 0$）不产生选择，实际上这种情况下二项系数表达式的分子是一个乘积，其中第一个因子是 0，因此当 $k > 0$ 时，$\binom{0}{k} = 0$。

对于归纳步，当 n 和 k 都为正时，假设归纳法保证过程从给定列表的第一个元素开始构造了

$\binom{n-1}{k-1}$个选择，从其他元素开始构造了$\binom{n-1}{k}$个选择。那么，根据二项式系数的定义，

$$
\begin{aligned}
&\binom{n-1}{k-1}+\binom{n-1}{k} \\
&=\frac{(n-1)\cdot(n-2)\cdot\cdots\cdot(n-1-(k-1)+1)}{(k-1)\cdot(k-2)\cdot\cdots\cdot 1}+\frac{(n-1)\cdot(n-2)\cdot\cdots\cdot(n-1-k+1)}{k\cdot(k-1)\cdot\cdots\cdot 1} \\
&=\frac{(n-1)\cdot(n-2)\cdot\cdots\cdot(n-k+1)}{(k-1)\cdot(k-2)\cdot\cdots\cdot 1}+\frac{(n-1)\cdot(n-2)\cdot\cdots\cdot(n-k)}{k\cdot(k-1)\cdot\cdots\cdot 1} \\
&=\frac{((n-1)\cdot(n-2)\cdot\cdots\cdot(n-k+1))\cdot k}{k\cdot(k-1)\cdot\cdots\cdot 1}+\frac{(n-1)\cdot(n-2)\cdot\cdots\cdot(n-k)}{k\cdot(k-1)\cdot\cdots\cdot 1} \\
&=\frac{((n-1)\cdot(n-2)\cdot\cdots\cdot(n-k+1))\cdot(k+n-k)}{k\cdot(k-1)\cdot\cdots\cdot 1} \\
&=\frac{n\,(n-1)\cdot\cdots\cdot n-k+1)}{k\cdot(k-1)\cdot\cdots\cdot 1} \\
&=\binom{n}{k}
\end{aligned}
$$

因此，二项系数在每种情况下都给出了正确的计数。

可以使用二项式系数对选择进行排位和去排位。在这种情况下，最好不对这些过程卡瑞化，因为递归算法需要 ls 和 len 的许多不同选择。

长度为 0 的选择的排位始终为 0。否则，我们将选择的第一个元素与从中选出它的列表的第一个元素进行比较。如果它们匹配，则该排位与列表其余部分中较短的一个选择中所选内容的其余部分的排位相同。否则，该选择必须排在列表的第一个元素开始的所有选择之后，可以使用 binomial 来计算这样选择的数目。该数加上该选择在列表其余部分中相同长度的选择中的排位给出它在整个列表中的排位：

```
(define (selection-rank ls len selection)
  (if (zero? len)
      0
      (if (equal? (first selection) (first ls))
          (selection-rank (rest ls) (sub1 len) (rest selection))
          (+ (binomial (length (rest ls)) (sub1 len))
             (selection-rank (rest ls) len selection)))))
```

去排位的逻辑是相似的。如果 len 为 0，则唯一可能的选择是空列表。否则，调用 binomial 计算包含 ls 的第一个元素的选择数。如果给定的排位小于这个数，那么将 ls 的第一个元素作为选择的第一个元素，并将排位传递给恰当的递归调用，以便提取剩余元素；否则，我们将排位减去二项式系数，并将差值传递给递归调用，忽略掉 ls 的第一个元素。

```
(define (selection-unrank ls len rank)
  (if (zero? len)
      (list)
      (let ((count (binomial (length (rest ls)) (sub1 len))))
        (if (< rank count)
            (prepend (first ls)
                     (selection-unrank (rest ls) (sub1 len) rank))
            (selection-unrank (rest ls) len (- rank count))))))
```

(afp products-and-selections)
suffixes
list(α) → *bag(list(α))*
ls
构造一个包含ls的所有后缀的包

(afp products-and-selections)
ordered-non-empty-suffixes
list(α) → *list(list(α))*
ls
构造一个包含ls的所有非空后缀的按字典序排列的列表
前提：ls有序

(afp products-and-selections)
prefixes
list(α) → *bag(list(α))*
ls
构造一个包含ls的所有前缀的包

(afp products-and-selections)
non-empty-prefixes
list(α) → *bag(list(α))*
ls
构造一个包含ls的所有非空后缀的包

(afp products-and-selections)
sublists
list(α) → *bag(list(α))*
ls
构造一个包含ls的所有非空子列表的包

(afp arithmetic)
termial
natural-number → *natural-number*
number
计算number的阶加

(afp products-and-selections)
sublist-ranker
list(α) → (*list(α)* → *natural-number*)
ls subls
构造subls在ls的按字典序排列的非空字列表中的排位
前提：ls有序
前提：subls是ls的子列表

(afp arithmetic)
antitermial
natural-number → *natural-number*, *natural-number*
number
计算阶加不超过number的最大自然数以及该阶加与number的差

(afp products-and-selections)
sublist-unranker
list(α) → (*natural-number* → *list(α)*)
ls rank
构造一个过程，该过程计算ls的哪个子列表排在这些子列表按照字典序排列的rank位置
前提：ls有序
前提：rank小于ls长度的阶加

(afp products-and-selections)
sections
list(α), *natural-number* → *bag(list(α))*
ls len
构造一个包含ls的长度为len的分组
前提：len小于或等于ls的长度

(afp products-and-selections)
subsequences
list(α) → *bag(list(α))*
ls
构造一个包含ls子序列的包，每个子序列都是一个列表，列表元素来自ls，且以ls出现的相对顺序排列

(afp products-and-selections)
subsequence->list-of-Booleans
list(α) → (*list(α)* → *list(Boolean)*)
ls subseq
构建一个过程，该过程构造一个对应于subseq的布尔值列表，每个布尔值表示ls对应位置的元素是否包含在subseq中
前提：subseq是ls的一个子序列

(afp products-and-selections)
list-of-Booleans->subsequence
list(α) → (*list(Boolean)* → *list(α)*)

ls bools
构造一个过程，该过程构造对应于bools的ls的子序列，bools中的每个元素表示ls对应位置的元素是否包含在子序列中
前提：ls的长度等于bools的长度

selections (afp products-and-selections)
list(α), natural-number → bag(list(α))
ls len
构造一个包含ls的所有长度为len的子序列的包
前提：len小于或等于ls的长度

binomial (afp arithmetic)
natural-number, natural-number → natural-number
n k
计算n和k的二项式系数，即从n个各不相同的对象中取k个对象的可能方案数目
前提：k小于或等于n

selection-rank (afp products-and-selections)
list(α), natural-number, list(α) → natural-number
ls len selection
计算selection在ls的按字典序排列的所有长度为len的选择中的排位
前提：ls有序
前提：len小于或等于ls的长度
前提：selection是一个来自ls的选择，其长度为len

selection-unrank (afp products-and-selections)
list(α), natural-number, natural-number → list(α)
ls len rank
构造一个选择，该选择位于ls的按字典序排列的所有长度为len的选择中的rank位置处
前提：ls有序
前提：len小于或等于ls的长度
前提：rank小于或等于ls和len长度的二项系数

◉ 习题

5.2-1 证明对于每个自然数 n，n 的阶加等于 $\binom{n}{2}$

5.2-2 定义一个过程 ordered-sublists，该过程接受一个有序列表并按字典序返回一个包含子列表的列表。

5.2-3 定义一个过程 with-trues，该过程接受两个自然数 n 和 t，构造一个包含所有长度为 n 的布尔值列表的包，其中 t 个元素是 #t（因此有 $n-t$ 个元素是 #f）。（$t \leqslant n$ 是本过程的前提条件。）

5.2-4 定义一个过程 lexrank-subsequence，该过程计算给定（有序）列表的按字典序排列的子序列中给定子序列的排位。再定义一个过程 lexunrank-subsequence，该过程构造给定（有序）列表的子序列，该子序列在按字典序排列的子序列中具有给定的排位。

5.2-5 定义一个过程 selection-source，该过程接受一个有序列表和一个小于或等于该列表长度的自然数，返回一个包含由该列表生成的按字典序排列的指定长度选择的有限源。

5.3 包选择

接下来考虑从包（而不是列表）中取值构造组合对象的各种方法。因此，这里不需要考虑值的初始顺序。正如 prepend-to-each 过程在许多列表构造中都是有用的步骤，对应的 put-into-each-bag 过程也会在接下来要考虑的几个包构造中起重要作用。它接受一个值和一个包含若干个包的包，并返回一个类似的包，但这个包中的每个包都添加了新值：

```
(define (put-into-each-bag new araro)
  (map-bag (sect put-into-bag new <>) araro))
```

subsequences 过程类似于 subbags 过程，该过程以各种可能的方式从给定的包中选择值，返回一个包含这些选择的包的包。在 subsequences 定义中使用的算法也是 subbags 定义的基础，给定一个非空的包，通过递归调用来构造排除选定成员的所有子包，然后将选定成员添加到每个包中，最后收集这两种类型的所有包：

```
(define subbags
  (fold-bag (create (bag (bag)))
            (pipe (dispatch >next put-into-each-bag) bag-union)))
```

有时需要指定感兴趣的每个子包的大小（正如 5.2 节中指定了分组和选择的大小一样）。在这种情况下，从数学意义上讲，子包是一个组合。同样，combinations 过程的定义类似于 selections 过程的定义：

```
(define (combinations aro size)
  (if (zero? size)
      (bag (bag))
      (if (empty-bag? aro)
          (bag)
          (receive (chosen others) (take-from-bag aro)
            (bag-union (put-into-each-bag chosen
                                          (combinations others
                                                        (sub1 size)))
                       (combinations others size))))))
```

与其他组合构造一样，返回一个源通常是很有用的，该源从给定的包中生成指定大小的组合，而不是返回一个显式构造所有组合的包：

```
(define (combinations-source aro size)
  (if (zero? size)
      (finite-source (bag))
      (if (empty-bag? aro)
          (finite-source)
          (source (receive (chosen others) (take-from-bag aro)
                    (tap (catenate-sources
                           (map-finite-source
                             (sect put-into-bag chosen <>)
                             (combinations-source others (sub1 size)))
                           (combinations-source others size))))))))
```

---

put-into-each-bag (afp bags)
α, $bag(bag(\alpha)) \rightarrow bag(bag(\alpha))$
new araro
构造一个包含若干个包的包，其中每个包都在araro中各个包上添加了新元素new

subbags (afp products-and-selections)
$bag(\alpha) \rightarrow bag(bag(\alpha))$
aro
构造一个包，它包含所有用aro元素构造的包

combinations (afp products-and-selections)
$bag(\alpha)$, $natural\text{-}number \rightarrow bag(bag(\alpha))$
aro size
构造一个包，它包含所有用aro元素构造且基数为size的包
前提：size小于或等于aro的基数

combinations-source (afp products-and-selections)
$bag(\alpha)$, $natural\text{-}number \rightarrow source(bag(\alpha))$
aro size
构造一个源，该源包含所有用aro的值构造且基数为size的包
前提：size小于或等于aro的基数

◉ 习题

5.3-1 定义一个过程 subsets，该过程构造一个包含给定集合的所有子集的包。

5.3-2 定义一个程序 subbags-source，该过程构造一个包含给定包的所有子包的有限源。

5.3-3 如果一个包的值是数值，那么它的*权重*就是这些数值的总和。定义一个过程 weight-limited-subbags，该过程接受一个包含自然数的包 B 和一个自然数 n，返回一个包，其中包含 B 的所有权重小于或等于 n 的子包。

5.4 排列

另一个常见的任务是构造一个包的成员的所有排列（permutation），即按不同顺序排列这些成员得到的列表。（此类列表中某个值的出现次数必须等于其在包中的多重性）例如，(permutations (bag 'alpha 'beta 'gamma 'delta)) 的值是：

```
(bag (list 'alpha 'beta 'gamma 'delta)
     (list 'alpha 'beta 'delta 'gamma)
     (list 'alpha 'gamma 'beta 'delta)
     (list 'alpha 'gamma 'delta 'beta)
     (list 'alpha 'delta 'beta 'gamma)
     (list 'alpha 'delta 'gamma 'beta)
     (list 'beta 'alpha 'gamma 'delta)
     (list 'beta 'alpha 'delta 'gamma)
     (list 'beta 'gamma 'alpha 'delta)
     (list 'beta 'gamma 'delta 'alpha)
     (list 'beta 'delta 'alpha 'gamma)
     (list 'beta 'delta 'gamma 'alpha)
     (list 'gamma 'alpha 'beta 'delta)
     (list 'gamma 'alpha 'delta 'beta)
     (list 'gamma 'beta 'alpha 'delta)
     (list 'gamma 'beta 'delta 'alpha)
     (list 'gamma 'delta 'alpha 'beta)
     (list 'gamma 'delta 'beta 'alpha)
     (list 'delta 'alpha 'beta 'gamma)
     (list 'delta 'alpha 'gamma 'beta)
     (list 'delta 'beta 'alpha 'gamma)
     (list 'delta 'beta 'gamma 'alpha)
     (list 'delta 'gamma 'alpha 'beta)
     (list 'delta 'gamma 'beta 'alpha))
```

空列表是空包的唯一排列。为了构造一个非空包的排列，依次取出它的每个成员，并将其前置到其他成员的每个排列上，最后将所有结果收集到一个包中。除了给定包是空的这种特殊情况外，permutations 过程是通过折叠包来工作的，这样它的每个成员都会被取出，并前置到其他成员的每个排列上。

```
(define (permutations aro)
  (if (empty-bag? aro)
      (bag (list))
      ((fold-bag bag
                 (lambda (chosen recursive-result)
                   (receive (ignored others)
                            (extract-from-bag (equal-to chosen) aro)
                     (bag-union (prepend-to-each chosen
                                                 (permutations others))
                                recursive-result))))
       aro)))
```

在这个过程的有序版本中（该版本过程接受一个有序列表而不是一个包，并按字典序生成排列），我们将按位置从列表中提取元素，而不是通过 equal? 来测试。如果一个包有重复值，那么不管调用 extract-from-bag 移除的是哪个重复值，结果不会受到影响。但是如果一个列表包含重复值，那么根据排序的性质，我们提取的结果可能会有所不同。（实际上，这不可能发生在 afp 库中，因为 afp 中没有可用的相等谓词能比 equal? 更能区分不同值。但是，《算法语言 Scheme 的第 7 版修订报告》支持其他一些相等谓词，比如 eq?，它检查值在内存中所占的位置，从而可以区分位于不同位置的值，即使它们在 equal? 的判断下是相等的。）

据此，提取过程 all-but-position 将构造一个包含给定列表中除位于指定位置元素外所有元素的列表：

```
(define (all-but-position ls position)
  (if (zero? position)
      (rest ls)
      (prepend (first ls)
               (all-but-position (rest ls) (sub1 position)))))
```

因此 permutations 的有序版本是

```
(define (ordered-permutations ls)
  (let ((len (length ls)))
    (if (zero? len)
        (list (list))
        ((rec (recurrer position)
           (if (= position len)
               (list)
               (catenate
                 (prepend-to-each (list-ref ls position)
                                  (ordered-permutations
                                    (all-but-position ls position)))
         (recurrer (add1 position)))))
0))))
```

根据自然数的递归结构（见 2.9 节），通常从某个自然数开始递归直到其降到 0。这里从 0 开始，一直上升到 len，为的是将以给定列表的初始元素开头的排列放在结果列表的开头。

我们还可以编写一个新的版本，该版本生成一个源，该源以字典序生成排列，仅在需要时构造每个排列：

```
(define (ordered-permutations-source ls)
  (let ((len (length ls)))
    (if (zero? len)
        (finite-source (list))
        ((rec (recurrer position)
           (if (= position len)
               (finite-source)
               (source
                 (let ((prepender
                         (ordered-prepend-to-each-source
                           (list-ref ls position)
                           (ordered-permutations-source
                             (all-but-position ls position)))))
                   (tap (catenate-sources
                          prepender
                          (recurrer (add1 position))))))))
         0))))
```

排位和去排位

要计算一个排列 p 在一个有序列表的所有排列的字典序中的排位，我们使用它的第一

个元素 e 在原始有序列表中的位置 k 来计算以 e 之前元素开头的排列数目。如果 n 是原始有序列表的长度，则原始列表一共有 (factorial *n*) 个排列，以某个特定元素开头的排列则有 (factorial (sub1 *n*)) 个。于是，以原始列表中 e 之前元素开头的排列有 (* k (factorial (sub1 *n*))) 个，因此该数字是以 e 开头的排列的排位的下界。

我们应该给这个下界加上以 e 开头的排列块中排在 p 之前的排列数目。但是后一个数目等于排列 (all-but-position *p k*) 中 (rest *p*) 的排位。这意味着可以使用递归策略，其定义实现如下。(在基本情况下，排列和有序列表都是空的，因此排列的排位显然是 0。)

```
(define (permutation-rank ls perm)
  (if (empty-list? ls)
      0
      (let ((position (position-in (first perm) ls)))
        (+ (* position (factorial (sub1 (length ls))))
           (permutation-rank (all-but-position ls position)
                             (rest perm))))))
```

去排位算法使用了相同的算术思想：确定所求排列的第一个元素 e，这需要计算排在该元素之前的 (factorial (sub1 n)) 排列的块数，并使用这个结果作为原始列表中的索引。余数是以 e 开头的块中剩余排列的排位，因此可以使用递归调用来构造它：

```
(define (permutation-unrank ls rank)
  (if (empty-list? ls)
      (list)
      (receive (position subrank)
               (div-and-mod rank (factorial (sub1 (length ls))))
        (prepend (list-ref ls position)
                 (permutation-unrank (all-but-position ls position)
                                     subrank)))))
```

---

permutations (afp permutations)
bag(α) → *bag*(*list*(α))
aro
构造一个包，它包含由aro中的值组成的列表，并且每个值只使用一次

all-but-position (afp lists)
list(α), *natural-number* → *list*(α)
ls position
构造一个列表，该列表包含ls中除position位置的值以外的所有值
前提：ls非空
前提：position小于ls的长度

ordered-permutations (afp permutations)
list(α) → *list*(*list*(α))
ls
构造一个包含ls的所有排列的列表，并按字典序排列
前提：ls有序

ordered-permutations-source (afp permutations)
list(α) → *source*(*list*(α))
ls
构造一个包含ls的所有排列的有限源，并按字典序排列
前提：ls有序

permutation-rank (afp permutations)
list(α), *list*(α) → *natural-number*
ls perm
计算perm在ls的按字典序排序的所有排列中的排位
前提：ls有序
前提：perm是ls的一个排列

```
permutation-unrank                                          (afp permutations)
list(α), natural-number → list(α)
ls       rank
构造一个排列，该排列位于ls的按字典序排序的所有排列的rank位置处
前提：ls有序
前提：rank小于ls长度的阶乘
```

◉ 习题

5.4-1　有序列表的排列 p 的一个*逆序*（inversion）是一对“违反顺序”的元素，因此 p 中位置较低的元素到另一个元素之间不存在序关系。定义过程 `inversions`，该过程接受一个列表和一个序关系，计算该列表中关于该序关系的逆序的数量。

5.4-2　有序列表的*偶排列*（even permutation）是逆序数量为偶数的排列。定义一个过程 `even-permutations`，它接受一个有序列表，返回一个按字典序排列的偶排列列表。（可以先生成所有排列，然后使用 `filter` 提取偶数排列，但最好只生成偶数排列。）

5.4-3　要构造基数为 n 的给定包的值的排列，有一个替代策略：

- 如果包为空（$n=0$），则返回 `(bag (list))`。
- 否则，调用 `take-from-bag` 取一个值 `chosen` 和一个包含剩余值的包 `others`。
- 递归调用此过程以获取包含 `others` 的排列的包 `other-perms`。
- 对于 `other-perms` 的每个长度为 $(n-1)$ 的列表，在每个可能的位置将 `chosen` 插入该列表，以获得包含 n 个元素的不同列表：在位置 0 插入 `chosen` 的一个列表，在位置 1 插入 `chosen` 的另一个列表，如此类推，直到在列表最后插入 `chosen`。
- 将所有这些包含 n 个元素的列表收集在一个包中并返回。

定义一个实现以上策略的过程 `alternative-permutations`。

5.4-4　我们可以获得 `alternative-permutations` 过程的一个版本，该过程通过将包操作替换为列表操作，返回排列的有序列表。但是，结果列表中排列的顺序不是字典序的。请描述 `alternative-permutations` 的有序版本采用的序关系，并为其定义排位和去排位过程。

5.5　划分

5.5.1　包划分

对包进行划分（partition）就是将其包含的值分配到若干个非空子包中，而且这些子包的并仍然组成原始包。例如，如果给定包包含符号 `alpha`、`beta`、`gamma` 和 `delta`，一种划分方法是将这些符号分配到三个子包中，一个子包只包含 `beta`，一个子包只包含 `gamma`，一个子包只包含 `alpha` 和 `delta`。子包的顺序并不重要。以下还将使用术语“划分”来指代包含由分配得到的子包的包。

要求构成划分的子包是非空的原因是避免基本相似划分的无限扩展（这些基本相似划分仅在其包含的空包数量上有所不同）。

过程 `partitions` 的目标是构造一个包含给定包的所有划分的包。因此 `(partitions aro)` 的值是（深吸一口气）一个包含 `aro` 的值的包的包的包。例如，`(partitions (bag 'alpha 'beta 'gamma 'delta)` 的值是：

```
(bag (bag (bag 'alpha) (bag 'beta) (bag 'gamma) (bag 'delta))
     (bag (bag 'alpha 'beta) (bag 'gamma) (bag 'delta))
     (bag (bag 'alpha 'gamma) (bag 'beta) (bag 'delta))
```

```
(bag (bag 'alpha 'delta) (bag 'beta) (bag 'gamma))
(bag (bag 'alpha) (bag 'beta 'gamma) (bag 'delta))
(bag (bag 'alpha 'beta 'gamma) (bag 'delta))
(bag (bag 'alpha 'delta) (bag 'beta 'gamma))
(bag (bag 'alpha) (bag 'beta 'delta) (bag 'gamma))
(bag (bag 'alpha 'beta 'delta) (bag 'gamma))
(bag (bag 'alpha 'gamma) (bag 'beta 'delta))
(bag (bag 'alpha) (bag 'beta) (bag 'gamma 'delta))
(bag (bag 'alpha 'beta) (bag 'gamma 'delta))
(bag (bag 'alpha 'gamma 'delta) (bag 'beta))
(bag (bag 'alpha) (bag 'beta 'gamma 'delta))
(bag (bag 'alpha 'beta 'gamma 'delta)))
```

为了避免混淆（更不用说晕头转向了），让我们通过设置级别来帮助理解。假设 aro 值是“0 级”。它们可以是任意类型的值（尽管假设 equal? 对它们来说是一个合适的等价标准），但是 partitions 过程甚至不会查看它们的类型，并且会忽略它们可能拥有的任何内部结构。在上面的示例中，0 级值是符号 alpha、beta、gamma 和 delta。

0 级值的包是“1 级”值，例如 aro 本身和它的子包都是 1 级的。1 级值的包是“2 级”，例如 aro 的单个划分。2 级值的包是“3 级”，例如对 partitions 的调用值值：0 级值的包的包的包。因此，不同级别表示了包的层数。

当 aro 是空包时，初看上去，不可能得到它的任何划分，但这并不正确：空包（2 级值）是空包（1 级值）的划分，因为 1 级空包中的每个 0 级值都可以被分配至 2 级空包中的非空 1 级包。2 级空袋包中没有任何非空 1 级包这一事实并不是问题，因为实际上不需要容纳 1 级空包中的 0 级值（因为没有值）。

由于 2 级空包是 1 级空包的有效划分，因此在基本情况下，partitions 过程返回仅包含一个 2 级空包的 3 级包。即：(partitions (bag)) 为 (bag (bag))。

给定一个非空的 1 级包，partitions 过程可以提取一个 0 级值并递归调用自己，以获得包含包的其余值的所有划分的 3 级包。每个划分都是一个 2 级包。将提取的 0 级值放入这些划分中的任何 1 级包中，将生成 aro 的一个划分，将仅包含提取的 0 级值的单值 1 级包添加到包的其余值的任何划分中，也将生成 aro 的一个划分。

让我们逐步构造这一操作的实现。其中一个步骤需要从一个 2 级划分中删除一个 1 级包，以便随后可以向该 1 级包添加一个 0 级值，并将结果放入一个新的 2 级划分中。可以使用 extract-from-bag 来定位 1 级包，只保留第二个结果：

```
(define remove-bag-from-bag
  (run (~initial (curry bag=?)) extract-from-bag >next))
```

管道开始处的 ~initial 适配器用一个一元过程替换了 1 级包，只有当该过程到给定输入有 bag=? 关系时，该过程才能满足。这是将 extract-from-bag 应用到 2 级包中的每个值的过程，目的是查找和提取匹配的 1 级包。后处理适配器 >next 丢弃 1 级包并返回提取后的 2 级包。

extend-partition 过程接受一个 0 级值和 aro 其余部分的一个 2 级划分，并返回一个 3 级包，其中包含通过上述任一方式形成的 aro 的所有划分。调用 map-bag 执行扩展，包括将 new 放入 2 级划分 araro 的 1 级包中。对 put-into-bag 的其他调用处理另一种扩展，即将包含 new 的单元素包作为划分的新组件：

```
(define (extend-partition new araro)
  (put-into-bag (put-into-bag (bag new) araro)
```

```
(map-bag (pipe (dispatch
                 (sect put-into-bag new <>)
                 (sect remove-bag-from-bag <> araro))
               put-into-bag)
         araro)))
```

一个包的每个划分都只能通过以上这些方式中的一种且仅一种方式从包的其余部分的某个划分中形成，因此现在可以直接对 partitions 进行编码：

```
(define partitions
  (fold-bag (create (bag (bag)))
            (run (~initial (curry extend-partition))
                 map-bag
                 (fold-bag bag bag-union))))
```

对 fold-bag 的外部调用遍历了给定包中的 0 级值，将每个值作为 extend-partitions 调用的 new 参数。在基本情况下，如果给定包是空的，则如上所述，结果是一个包含空 2 级包的 3 级包。在递归情况下，预处理适配器 (~initial (curry extend-partition)) 构造适当的映射过程，map-bag 将其应用于递归调用结果中的每个划分。后处理适配器将 bag-union 应用于 map-bag 返回的包（这是一个 4 级包！），从而将扩展划分收集到一个 3 级包中。

注意，如果原始的 1 级包有重复值，那么划分中也会有重复的值。

5.5.2　划分自然数

术语“划分”也适用于自然数上的一个相关（但更简单的）运算：n 的划分是一个包含若干个正整数且其和是 n 的包。

例如，5 的划分有：

```
(bag 1 1 1 1 1)
(bag 2 1 1 1)
(bag 2 2 1)
(bag 3 1 1)
(bag 3 2)
(bag 4 1)
(bag 5)
```

与包划分相关联的是，n 的划分给出了基数为 n 的包的划分中子包的可能基数。

最容易定义的过程是分两个阶段构造给定自然数的划分，首先是在划分中最大值的约束下构造划分的过程。bound-number-partitions 接受要划分的数和划分可能包含的值的上界，返回仅包含这些划分的包：

```
(define (bounded-number-partitions number bound)
  (if (zero? number)
      (bag (bag))
      (if (zero? bound)
          (bag)
          (if (< number bound)
              (bounded-number-partitions number (sub1 bound))
              (bag-union (bounded-number-partitions number (sub1 bound))
                         (map-bag (sect put-into-bag bound <>)
                                  (bounded-number-partitions
                                    (- number bound) bound)))))))
```

首先定义 bounded-number-partitions 的优点是，可以使用 bound 作为递归的指引。有两种基本情况。如果 number 是 0，那么不管 bound 是什么，唯一的划分就是空包，所以返回一个只包含该划分的包。如果 number 为正数，但 bound 为 0，则不可能有与 bound 相关的划分，因此返回一个空包。在递归的情况下，首先检查 number 是否严格小于 bound。若是，那么就没有包含 bound 的划分，因此可以将上界减到 (sub1 bound) 而不丢失任何划分——递归调用将会计算它们。在剩下的情况下，当 number 不小于 bound 时，将有两种划分：一种是完全不包含 bound 的划分，这种情况可以通过递归调用将上界减少到 (sub1 bound) 计算，另一种是至少包含一个 bound 副本的划分，可以将 bound 添加到 (-number b) 的每个具有相同上界的划分来获得这些划分。

number-partitions 过程本身是 bounded-number-partitions 的特例，其中上界是要划分的数字，因此约束最初是完全不具有限制性的（在任何情况下，n 的划分都不包含大于 n 的值）：

```
(define (number-partitions number)
  (bounded-number-partitions number number))
```

---

remove-bag-from-bag　　(afp bags)
bag(α), bag(bag(α)) → *bag(bag(α))*
aro　araro
构造一个包的包，类似于araro，只是在其中移除了aro（若aro在araro中出现）

extend-partition　　(afp partitions)
α, bag(bag(α)) → *bag(bag(bag(α)))*
new araro
构造一个包含araro变体的包。在每个变体中，new要么被放入了araro的其中一个元素中，要么（只会出现一次）被打包成一个单元素新包，并将该新包与araro中的元素一起放入一个更大的包中

partitions　　(afp partitions)
bag(α) → *bag(bag(bag(α)))*
aro
构造一个包含aro的所有划分的包，每个划分都是一个包含aro的子包的包

bounded-number-partitions　　(afp partitions)
natural-number, natural-number → *bag(bag(natural-number))*
number　bound
构造一个包含number的所有划分的包，其中每个划分中的值都小于或等于bound

number-partitions　　(afp partitions)
natural-number → *bag(bag(natural-number))*
number
构造一个包含number的划分的包：每个正数包的值之和都等于number

◉ 习题

5.5-1 手动计算 (bag 0 1 2 3 4) 的划分。（提示：有五十二个。）

5.5-2 给定包的划分与以该包为域的等价关系之间存在一种对应关系：当且仅当两个值彼此具有等价关系时，两个值在同一子包中。编写一个过程 induced-partition，该过程接受一个包和一个等价关系，返回与该等价关系对应的给定包的划分，该划分限制在这个包的域上。（例如，‘(induced-partition (bag 0 1 2 3) same-by-parity?)’ 的值是 (bag (bag 0 2)(bag 1 3))。）

5.5-3 手动计算 8 的划分。

5.5-4 定义一个过程 number-partition-count，该过程可以计算给定数字的划分数。（可以通过生成一个包含这些划分的包，然后获取其基数来实现。使用递归和算术。）

5.5-5 定义一个过程 fixed-size-number-partitions，它接受两个自然数 m 和 n 作为参数，返回一个包，其中包含 n 的所有基数为 m 的划分。（可以通过生成 n 的所有划分然后进行筛选来获得正确基数的划分，但这不优雅也不高效。使用 m 上的递归来构造指定基数的划分。）

图

图（graph）是一种表示一个有限域的元素之间关系的数据结构。图结构比我们所看到的大多数结构都更为复杂，即使像构造和选择等常见操作，也存在许多不同的过程。像往常一样，我们将选择依赖模型内部结构的一小部分操作作为基本运算，实现一个图模型。然后，我们可以利用这些基本运算定义其他图算法过程。

6.1 图的实现

图的定义域中的值称为图的*结点*（vertices），或者顶点。当图中的一个结点 u 到另一个结点 v 存在某种关系时，则称从 u 到 v 有一条*有向边*（arc）。在某些图中，每一条有向边都关联一个附加值。这个关联值是该有向边的标签（label），如果关联值是数字，则称为*权重*（weight）或*成本*（cost）。

我们将图表示为乘积类型：

$$graph(\alpha, \beta) = set(\alpha)\times set(arc(\alpha, \beta))$$

图是结点集和表示结点之间关系的有向边集构成的二元组。这里 α 是结点的类型，β 是有向边的标签的类型（如果有标签的话）。

Scheme 实现很简单：

```
(define make-graph cons)

(define vertices car)

(define arcs cdr)
```

结点可以是任何值，不需要指定或约束结点的性质，但我们需要显式地表示有向边。我们将把每条有向边用一个由*边尾*（tail）、*边头*（head）及其标签组成的三元组表示，边尾和边头分别是有向边开始和结束的结点（即，有向边开始的结点到有向边结束的结点存在关系）：

$$arc(\alpha, \beta)\times\alpha\times\alpha\times\beta$$

按照惯例，如果有向边上没有标签，则标签用空值表示。构造过程 make-arc，选择过程 arc-tail、arc-head、arc-label 和 dearc，以及类型谓词 arc? 和相等谓词 arc=? 由 3.9 节所述方法定义。我们假设 equal? 是结点和标签相等的标准：

```
(define-record-type arc
  (make-arc tail head label)
  arc?
  (tail arc-tail)
  (head arc-head)
  (label arc-label))

(define dearc (dispatch arc-tail arc-head arc-label))

(define arc=? (^and (compare-by arc-tail equal?)
                    (compare-by arc-head equal?)
                    (compare-by arc-label equal?)))
```

下面给出一个有关有向边的过程例子。谓词 same-endpoints? 判定两条有向边是否具有相同的边尾和边头（不考虑标签）：

```
(define same-endpoints? (^et (compare-by arc-head equal?)
                             (compare-by arc-tail equal?)))
```

这个谓词在构建图时很有用，因为通常我们不希望在同一个图中存在两条起点和终点相同的有向边，即使它们的标签不同。

有向边的另一个简单操作是 reverse-arc（逆向边），它交换给定有向边的边头和边尾，构造一个方向相反的有向边：

```
(define reverse-arc (run dearc >exch make-arc))
```

我们称一个有向边的逆与其反向平行（antiparallel）。一般来说，如果每一个有向边的边头是另一个有向边的边尾（即使它们的标签不同），则称两个有向边是反向平行的。

图的类型谓词要求其参数为一个二元组，其中第一个分量是一个集合，第二个分量为有向边的集合，而且每个有向边的起点和终点都属于结点集，并且任何两个有向边都不具有相同的起点和终点：

```
(define (graph? something)
  (and (pair? something)
       (let ((vertices-candidate (car something))
             (arcs-candidate (cdr something)))
         (and (set? vertices-candidate)
              ((set-of arc? same-endpoints?) arcs-candidate)
              (subset? (map-set arc-tail arcs-candidate)
                       vertices-candidate)
              (subset? (map-set arc-head arcs-candidate)
                       vertices-candidate)))))
```

图的相等谓词测试其参数是否具有相同的结点（即，两个结点集合是否相等）和相同的有向边（即，两个有向边集是否满足 (set-of=arc=?)）：

```
(define graph=? (^et (compare-by vertices set=?)
                     (compare-by arcs (set-of= arc=?))))
```

注意，在比较图的有向边是否相等时，使用谓词 arc=?，因此，即使两个有向边只有标签不同，这两个有向边仍然算作不同的边。另一方面，在 graph? 的定义中，我们使用了不同的相等标准 same-endpoints?，以确保图中不包含具有相同起点和相同终点的两个有向边，无论它们的标签是否相同。

6.1.1 图的构造

像前面章节构建的其他数据结构一样，我们可以通过一次添加一个组件来构造图。

一个空图自然由一对空集表示。调用 empty-graph 过程将生成一个空图：

```
(define (empty-graph)
  (make-graph (set) ((set-maker same-endpoints?))))
```

我们可以通过添加一个新结点或添加从一个结点到另一个结点的有向边（甚至一个结点到它本身，一个有向边的起点和终点可以是同一个结点）来扩展给定的图。

当添加一个结点时，我们将假定它最初与图中的任何其他结点都不相关，这样便不会添加有向边。因此，构造函数只需要新的结点和要添加的图两个参数：

```
(define (add-vertex new-vertex graph)
  (make-graph (fast-put-into-set new-vertex (vertices graph))
              (arcs graph)))
```

这个过程的一个前提是新添加的结点不在当前图的结点集中；否则，我们将不得不使用较慢的过程 put-into-set。

有时，我们在构造一个图时已知图的所有结点。在这种情况下，我们可以将这些结点上的无边图作为起点，而不必一次添加一个结点：

```
(define arcless-graph (sect make-graph <> ((set-maker same-endpoints?))))
```

添加新边时，必须同时指定边的尾和头及其标签：

```
(define (add-labeled-arc tail head label graph)
  (make-graph (vertices graph)
              (fast-put-into-set (make-arc tail head label)
                                 (arcs graph))))
```

这个过程的一个前提条件是，图中没有包含从 tail 到 head 的有向边（即使是带有不同标签的有向边），而且 tail 和 head 是图的结点。

添加不带标签的有向边是 add-labeled-arc 的特殊情况：

```
(define add-arc (sect add-labeled-arc <> <> null <>))
```

有时，我们还需要从给定的图中删除结点或边的操作。删除一个边更容易些，因为我们可以简单地过滤掉不需要的有向边，并通过其端点来识别它：

```
(define (delete-arc tail head graph)
  (make-graph (vertices graph)
              (remp-set (^et (pipe arc-tail (equal-to tail))
                             (pipe arc-head (equal-to head)))
                        (arcs graph))))
```

如果要求删除不存在的有向边，则 delete-arc 过程不做任何操作。在这种情况下，它将返回输入的图（未更改）。

在某些情况下，我们希望用一条新的有向边替换图中的一条有向边，有向边的端点相同，但具有不同标签。这种操作包括一个删除和一个添加：

```
(define (replace-arc tail head label graph)
  (add-labeled-arc tail head label (delete-arc tail head graph)))
```

要删除结点，只从图的结点集中删除它是不够的。我们还必须遍历有向边集，删除以该结点为起点或者终点的所有有向边：

```
(define (delete-vertex delend graph)
  (let ((is-delend? (equal-to delend)))
    (make-graph (remp-set is-delend? (vertices graph))
                (remp-set (^vel (pipe arc-tail is-delend?)
                                (pipe arc-head is-delend?))
                          (arcs graph)))))
```

同样，删除一个图中不存在的结点将返回原图。

有时，我们希望将一个图限制（restrict）在它的一个结点子集上，舍弃不在该子集中的所有结点，以及以这些结点为端点的所有有向边。过程 restriction 接受要限制的结点子集和图，并返回被限制的图。实现思想是折叠要舍弃的结点集，删除其中的每个结点。

```
(define (restriction keepers graph)
  ((fold-set (create graph) delete-vertex)
   (set-difference (vertices graph) keepers)))
```

6.1.2 图与关系

前几章讨论的大多数关系的定义域都是无限的，因此它们的实现均为二元谓词。然而，当一个关系的定义域是有限时，我们也可以用一个图来建模，实际上，我们经常在表示关系的谓词和图之间来回切换。过程 relation-graph 接受一个关系的定义域和表示关系的谓词，并构造相应的无标记图，测试每对可能的结点，判断它们是否应通过有向边连接：

```
(define (relation-graph domain relation)
  (let ((maybe-add-arc (lambda (tail head aro)
                         (if (relation tail head)
                             (fast-put-into-set (make-arc tail head null)
                                                aro)
                             aro))))
    (make-graph domain
                ((fold-set set
                           (lambda (tail arcs-so-far)
                             ((fold-set (create arcs-so-far)
                                        (sect maybe-add-arc tail <> <>))
                              domain)))
                 domain))))
```

反过来，我们可以通过遍历关系图的有向边，导出关系的谓词表示：

```
(define (related-by graph)
  (lambda (tail head)
    (exists-in-set? (^et (pipe arc-tail (equal-to tail))
                         (pipe arc-head (equal-to head)))
                    (arcs graph))))
```

但是，如果需要进行许多次这样的搜索，我们可以用邻接表来提高构造谓词的效率。一个邻接表是一个关联表，其中键是图的结点，与之关联的值是以该结点为起点（边尾）的所有有向边的终点（边头）构成的集合：

```
(define (adjacency-representation graph)
  ((fold-set (create ((fold-set table
                                (sect fast-put-into-table <> (set) <>))
                      (vertices graph)))
             (lambda (arc tab)
               (table-update (arc-tail arc)
                             (sect fast-put-into-set (arc-head arc) <>)
                             tab)))
   (arcs graph)))
```

过程 related-by 可以在此表中查找边尾结点，然后在与该边尾结点关联的边头结点列表中搜索边头结点。(在不提供默认值的情况下使用 lookup 调用的结果是安全的，因为邻接表对每个结点都有一个关联表，虽然它可能是空列表。)

```
(define (related-by graph)
  (let ((adjacency (adjacency-representation graph)))
    (lambda (tail head)
      (member? head (lookup tail adjacency)))))
```

为了说明这些过程的使用，我们实现一些涉及图构造的常见操作。

给定结点集合上的完全图（complete graph）是任意两个结点间都具有（无标签）有向边

的图。它只是 values? 谓词的关系图，以给定集合为定义域：

```
(define complete-graph (sect relation-graph <> values?))
```

一个图 G 的逆图（graph converse）与 G 有着相同的结点，但其有向边是 G 的有向边的逆。利用低阶表示，可以将计算逆图的过程定义为：

```
(define (graph-converse graph)
  (make-graph (vertices graph) (fast-map-set reverse-arc (arcs graph))))
```

然而，对于一个无标记的图，我们可以将 converse 适配器应用于表示关系的谓词来获得相同的结果：

```
(define (graph-converse graph)
  (relation-graph (vertices graph) (converse (related-by graph))))
```

该过程的两个版本都可以应用于带标签的图。低层结构保留了标签，而使用 relation-graph 的结构将其替换为 null。

一个图 G 的补图（complement）是一个与 G 有相同结点的图，但补图中的两个结点存在有向边当且仅当在 G 中不存在这样的有向边。容易定义计算补图的过程，只需要将 ^not 应用于谓词表示：

```
(define (graph-complement graph)
  (relation-graph (vertices graph) (^not (related-by graph))))
```

如果 R 和 S 是同一个域上的关系，则 R 和 S 的复合关系定义为：域中两个值 a 到 c 有复合关系，当且仅当存在某个值 b，使得 a 到 b 有关系 R，而且 b 到 c 有关系 S。对于有限域，R 和 S 由图表示，过程 graph-product 计算复合关系的图：

```
(define (graph-product left right)
  (let ((left? (related-by left))
        (right? (related-by right))
        (domain (vertices left)))
    (relation-graph domain
                    (lambda (tail head)
                      (exists-in-set? (^et (sect left? tail <>)
                                           (sect right? <> head))
                                      domain)))))
```

6.1.3　图的性质

当关系的定义域有限时，在 3.13 节和 4.1 节中讨论的关系的性质是可计算的。例如，如果这种关系是以图的形式给出的，可以通过检查图中每个结点到其自身是否有一条有向边来确定该关系是否是自反的：

```
(define (reflexive? graph)
  (for-all-in-set? (pipe (adapter 0 0) (related-by graph))
                   (vertices graph)))
```

反自反关系则不存在任何结点到自身的关系。我们可以通过遍历有向边集来确定有限域上的关系是否是反自反的，如果找到一个有向边的头和尾是同一个结点，则停止：

```
(define (irreflexive? graph)
  (not (exists-in-set? (pipe (dispatch arc-tail arc-head) equal?)
                       (arcs graph))))
```

如3.13节中所述，如果a到b有关系当且仅当b也到a也有关系，那么这个关系是对称关系。可以通过颠倒图中的每一条有向边并将结果与原有向边集进行比较来测试这一性质。当且仅当原图对称时这两个集合相等：

```
(define (symmetric? graph)
  (let ((connections (arcs graph)))
    ((set-of= arc=?) connections
                     (fast-map-set reverse-arc connections))))
```

过程 symmetric? 的定义要求，当从a到b的有向边和从b到a的有向边都有相同的标签（或两者都没有标签）时，图才是对称的。在第三行中‘arc=?’改为‘same-endpoints?’可以取消这一要求（完全忽略标签）。

在相反的极端情况下，如果不存在值a和b，使得a到b有关系而且b到a也有关系，那么这样的关系就是反对称的。在反对称关系图中，没有两条有向边是反向平行的。因此，我们这一次用 same-endpoints? 谓词比较有向边：

```
(define (asymmetric? graph)
  (let ((connections (arcs graph)))
    ((set-disjointness same-endpoints?) connections
                                        (fast-map-set reverse-arc
                                                      connections))))
```

请注意，反对称性与连通性是不同的性质，尽管这两个性质是相关的：一个关系R是连通的，当且仅当其补（^not R）是反对称的。这样我们就可以定义 connected? 谓词如下：

```
(define connected? (pipe graph-complement asymmetric?))
```

如3.13节所述，如果对定义域中的任何值a、b和c，a到b有关系，b到c有关系，那么a到c也有关系，则称这个关系具有传递性。过程 graph-product 为我们提供了一种简单的计算方法：

```
(define (transitive? graph)
  ((set-subsethood same-endpoints?) (arcs (graph-product graph graph))
                                    (arcs graph)))
```

相反的极端情况下，如果一个关系域中不存在值a、b和c，使a到b有关系，b到c有关系，而且a到c也有关系，则该关系是反传递的。同样，我们可以通过确定R与自身复合的关系图是否不相交来计算反传递性：

```
(define (intransitive? graph)
  ((set-disjointness same-endpoints?) (arcs (graph-product graph graph))
                                      (arcs graph)))
```

这些性质的某些组合特别重要，如我们已经看到的：

```
(define equivalence-relation? (^and reflexive? symmetric? transitive?))

(define ordering-relation? (^et connected? transitive?))
```

6.1.4 其他图访问方法

由于图结构的丰富性和图上算法的多样性，常用的访问图方法还有几种。

例如，有时我们只考虑源自图中指定结点的有向边：

```
(define (arcs-leaving tail graph)
  (filter-set (pipe arc-tail (equal-to tail)) (arcs graph)))
```

或者反过来，那些在指定结点终止的有向边：

```
(define (arcs-arriving head graph)
  (filter-set (pipe arc-head (equal-to head)) (arcs graph)))
```

在许多图算法中，我们需要计算一个给定结点 u 的邻结点集——从 u 开始的有向边的另一端点。一种方法是用 arcs-leaving 提取那些有向边，然后将 arc-head 映射到结果集，由此找到边头：

```
(define slow-neighbors
  (pipe arcs-leaving (sect fast-map-set arc-head <>)))
```

但是，与上面的 related-by 的设计一样，查找结点相邻点的过程常常在同一个图中对不同结点多次调用。因此，通常更有效的方法是卡瑞化该过程：将图作为第一参数，只构建一次邻接表，然后返回一个过程，该过程在邻接表中查找给定结点的邻接点：

```
(define (neighbors graph)
  (let ((adjacency (adjacency-representation graph)))
    (sect lookup <> adjacency)))
```

同样，有时我们需要找到图中与特定有向边相关联的标签（给定有向边的起点和终点）。过程 label-lookup 接受一个图，并返回一个在特定图上完成这种搜索的过程。如果搜索成功，则构造的过程将返回有向边的标签；如果不成功，则返回 #f，或 label-lookup 的第二个参数（可选）提供的某个默认值。

如同 related-by 和 neighbors，构建中间数据结构可以加快搜索速度。邻接表忽略了标签内容，因此不能完成这项工作；但是我们可以构建一个类似的表，同样以边尾结点作为键，相关值本身也是表（而不是集合），该表将边头结点与边的标签关联起来。

因此，构建新数据结构的过程的实现几乎与 adjacency-representation 过程的代码相同：

```
(define (label-structure graph)
  ((fold-set (create
               ((fold-set table
                          (sect fast-put-into-table <> (table) <>))
                (vertices graph)))
             (lambda (arc tab)
               (table-update (arc-tail arc)
                             (sect fast-put-into-table (arc-head arc)
                                                       (arc-label arc)
                                                       <>)
                             tab)))
   (arcs graph)))
```

然后，label-lookup 构造的过程为此数据结构提供接口，执行两阶段查找并返回结果（如果查找成功），如果不成功则返回默认值：

```
(define (label-lookup graph . optional)
  (let ((label-table (label-structure graph)))
    (lambda (tail head)
      (apply lookup head (lookup tail label-table) optional))))
```

图中一个结点的出度（out-degree）是以该结点为起点的有向边数，即该结点的邻结点集的基数。我们通常要计算一个图中多个结点的出度，因此将 out-degree 过程卡瑞化。

```
(define (out-degree graph)
  (pipe (neighbors graph) cardinality))
```

同样，一个结点的入度（in-degree）是指向该结点的有向边数，即以该结点为终点的边数。对这种情况下，图的邻接表帮助不大，因此我们将使用在有向边集上直接折叠的方法，计算以给定结点为终点的有向边数：

```
(define (in-degree graph)
  (lambda (head)
    ((fold-set (create 0)
               (conditionally-combine (pipe arc-head (equal-to head))
                                      (pipe >next add1)))
     (arcs graph))))
```

6.1.5 无向图

当一个图是反自反且对称时，我们可以从概念上把连接两个结点的每对有向边（一条从 a 到 b，另一条从 b 到 a）用一条无向边取代。在这种情况下，如果有向边有标签，我们把标签看作无向边上的标签。

边的类型由下面方程正式定义

$$edge(\alpha, \beta) = set(\alpha) \times \beta$$

附带条件只允许基数 2 的集合。

无向图（undirected graph）[⊖]是表示结点上一个具有反自反和对称关系的图。谓词 undirected? 确定给定的图是否为无向的：

```
(define undirected? (^et irreflexive? symmetric?))
```

为了保持对称性，对无向图执行一次添加一个边的增量操作（而不像在图那样，一次添加一个有向边）。add-labeled-edge 过程接受两个现有结点（假定是不同的）、连接它们的边的标签以及包含结点的图，并返回添加了边的图：

```
(define (add-labeled-edge end-0 end-1 label graph)
  (add-labeled-arc end-0
                   end-1
                   label
                   (add-labeled-arc end-1 end-0 label graph)))
```

过程 add-edge 添加一条无标签边：

```
(define add-edge (sect add-labeled-edge <> <> null <>))
```

类似地，可以通过删除底层两个有向边来删除图中的边，同样保持了对称性：

```
(define (delete-edge end-0 end-1 graph)
  (delete-arc end-0 end-1 (delete-arc end-1 end-0 graph)))
```

当单独考虑一个边时，我们将把它表示为一个二元组，分别是它的端点集和标签。（构造器为 make-edge，选择器为 edge-endpoints、edge-label 和 deedge，分类谓词为 edge?，相等谓词是 edge=?。）如上文所述，对应 endpoints 字段的集合必须正好有两个元素。

⊖ 有的作者用图（graph）表示我们这里的无向图（undirected graph），用有向图（digraph 或者 directed graph）表示我们所称的图（graph）。

```
(define-record-type edge
  (make-edge endpoints label)
  proto-edge?
  (endpoints edge-endpoints)
  (label edge-label))

(define deedge (dispatch edge-endpoints edge-label))

(define edge?
  (^et proto-edge?
       (pipe edge-endpoints
             (^et set? (pipe cardinality (sect = <> 2))))))

(define edge=?
  (^et (compare-by edge-endpoints set=?)
       (compare-by edge-label equal?)))
```

选择器 ends 将边的端点作为单独的值返回，而不是集合：

```
(define ends (pipe edge-endpoints deset))
```

过程 edges 通过遍历底层有向图的有向边来构造无向图的边集。在遇到每一条有向边时，将其转换为一条无向边并添加到结果中，然后删除该有向边和它的逆：

```
(define (edges graph)
  ((rec (edger aro)
     (if (empty-set? aro)
         (set)
         (receive (chosen others) (take-from-set aro)
           (receive (end-0 end-1 label) (dearc chosen)
             (fast-put-into-set
               (make-edge (set end-0 end-1) label)
              (edger (remp (^et (pipe arc-tail (equal-to end-1))
                                (pipe arc-head (equal-to end-0)))
                          others)))))))
   (arcs graph)))
```

在无向图中，对称性保证每个结点的入度和出度相等，中性词 degree（度数）等于以给定结点为端点的边数：

```
(define degree out-degree)
```

---

make-graph　　(afp graphs)
$set(\alpha),\ set(arc(\alpha,\ \beta))\ \rightarrow graph(\alpha,\ \beta)$
verts　sagaro
构造一个有向图，用verts作为结点集，sagaro作为边集
前提：sagaro中每个边的端点都属于verts

vertices　　(afp graphs)
$graph(\alpha,\ any)\ \rightarrow set(\alpha)$
graph
返回graph的结点集

arcs　　(afp graphs)
$graph(\alpha,\ \beta)\ \rightarrow set(arc(\alpha,\ \beta))$
graph
返回graph的边集

make-arc　　(afp graphs)
$\alpha,\quad \alpha,\quad \beta\quad \rightarrow arc(\alpha,\ \beta)$
tail head label
构造一条有向边，tail是起点，head为终点，label为标签

arc-tail (afp graphs)
arc(α, any) → *α*
sago
返回 sago 的起点

arc-head (afp graphs)
arc(α, any) → *α*
sago
返回 sago 的终点

arc-label (afp graphs)
arc(any, α) → *α*
sago
返回 sago 的标签

dearc (afp graphs)
arc(α, β) → *α, α, β*
sago
返回 sago 的组成部分，依次为起点、终点和标签

arc? (afp graphs)
any → *Boolean*
something
判断 something 是否构成一条边

arc=? (afp graphs)
arc(any, any), arc(any, any) → *Boolean*
left right
判断 left 和 right 是否为同一条边，即它们具有相同的起点、终点和标签

same-endpoints? (afp graphs)
arc(any, any), arc(any, any) → *Boolean*
left right
判断 left 和 right 是否具有相同的起点和终点

reverse-arc (afp graphs)
arc(α, β) → *arc(α, β)*
revertend
构造与 revertend 方向相反的边

graph? (afp graphs)
any → *Boolean*
something
判断 something 是否构成一个有向图

graph=? (afp graphs)
graph(any, any), graph(any, any) → *Boolean*
left right
判断 left 和 right 是否为同一个图

empty-graph (afp graphs)
→ *graph(any, any)*
构造一个空有向图

add-vertex (afp graphs)
α, graph(α, β) → *graph(α, β)*
new-vertex graph
构造一个在 graph 上添加了结点 new-vertex 的有向图
前提：new-vertex 不是 graph 的结点

arcless-graph (afp graphs)
set(α) → *graph(α, any)*
verts
构造以 verts 为结点集但无边的有向图

add-labeled-arc (afp graphs)
α, α, β, graph(α, β) → *graph(α, β)*
tail head label graph
构造在 graph 上添加了一条有向边的图，该有向边以 tail 为起点，head 为终点，label 为标签
前提：tail 是 graph 的结点
前提：head 是 graph 的结点
前提：graph 不含以 tail 为起点、以 head 为终点的边

add-arc (afp graphs)
α, α, $graph(\alpha, null) \rightarrow graph(\alpha, null)$
tail head graph
构造一个类似于graph的有向图，但该图在tail上添加了一条无标签有向边，有向边的起点为tail，终点为head
前提：tail 是 graph 的结点
前提：head 是 graph 的结点
前提：graph 不含以 tail 为起点、head 为终点的边

delete-arc (afp graphs)
α, α, $graph(\alpha, \beta) \rightarrow graph(\alpha, \beta)$
tail head graph
构造一个类似于 graph 的有向图，但该图在 graph 中删除了以 tail 为起点、以head 为终点的边

replace-arc (afp graphs)
α, α, β, $graph(\alpha, \beta) \rightarrow graph(\alpha, \beta)$
tail head label graph
构造一个类似于 graph 的有向图，但该图含以 tail 为起点、以head 为终点和以label为标签的有向边，而且不存在其他以tail为起点、以head 为终点的边
前提：tail 是 graph 的结点
前提：head 是 graph 的结点

delete-vertex (afp graphs)
α, $graph(\alpha, \beta) \rightarrow graph(\alpha, \beta)$
delend graph
构造一个类似于 graph 的有向图，但该图不含结点 delend，也不含以 delend 为端点的边

restriction (afp graphs)
$set(\alpha)$, $graph(\alpha, \beta) \rightarrow graph(\alpha, \beta)$
keepers graph
构造一个类似于graph的有向图，但该图不含 keepers 中的任何结点，也不含keepers中的以任何结点为端点的边

relation-graph (afp graphs)
$set(\alpha)$, $(\alpha, \alpha \rightarrow Boolean) \rightarrow graph(\alpha, null)$
domain relation
构造一个图，以domain为结点集，一个结点到另一个结点有无标签有向边当且仅当第一个结点到第二个结点满足relation 关系
前提：relation 可以接受 domain 的任何元素

adjacency-representation (afp graphs)
$graph(\alpha, \beta) \rightarrow table(\alpha, set(\alpha))$
graph
构造graph 的边的邻接表

related-by (afp graphs)
$graph(\alpha, \beta) \rightarrow (\alpha, \alpha \rightarrow Boolean)$
graph tail head
构造一个谓词，判断 graph 中是否存在 tail 到 head 的有向边

complete-graph (afp graphs)
$set(\alpha) \rightarrow graph(\alpha, null)$
aro
构造aro 上的完全图

graph-converse (afp graphs)
$graph(\alpha, \beta) \rightarrow graph(\alpha, \beta)$
graph
构造一个类似于 graph 的有向图，但是每条边的方向置反

graph-complement (afp graphs)
$graph(\alpha, any) \rightarrow graph(\alpha, null)$
graph
构造graph 的补图

graph-product (afp graphs)
$graph(\alpha, any)$, $graph(\alpha, any) \rightarrow graph(\alpha, null)$
left right
构造 left 和 right 的复合图
前提：left 和 right 有相同的结点集

reflexive? (afp graphs)
$graph(any, any) \rightarrow Boolean$
graph
判断graph 是否表示一个自反关系

irreflexive?
graph(any, any) → *Boolean* (afp graphs)
graph
判断 graph 是否表示一个反自反关系

symmetric?
graph(any, any) → *Boolean* (afp graphs)
graph
判断 graph 是否表示一个对称关系

asymmetric?
graph(any, any) → *Boolean* (afp graphs)
graph
判断 graph 是否表示一个反对称关系，即不存在端点相同的两条有向边

connected?
graph(any, any) → *Boolean* (afp graphs)
graph
判断 graph 是否表示一个连通关系

transitive?
graph(any, any) → *Boolean* (afp graphs)
graph
判断 graph 是否表示一个传递关系

intransitive?
graph(any, any) → *Boolean* (afp graphs)
graph
判断 graph 是否表示一个反传递关系

equivalence-relation?
graph(any, any) → *Boolean* (afp graphs)
graph
判断 graph 是否表示一个等价关系

ordering-relation?
graph(any, any) → *Boolean* (afp graphs)
graph
判断 graph 是否表示其结点集上的一个序关系

arcs-leaving
α, *graph*(α, β) → *set*(*arc*(α, β)) (afp graphs)
tail graph
构造 graph 中以 tail 为起点的边集

arcs-arriving
α, *graph*(α, β) → *set*(*arc*(α, β)) (afp graphs)
head graph
构造 graph 中以 tail 为终点的边集

neighbors
graph(α, β) → (α → *set*(α)) (afp graphs)
graph tail
构造一个过程，该过程构造 graph 中 tail 邻接点集
前提：tail 是 graph 的一个结点

label-structure
graph(α, β) → *table*(α, *table*(α, β)) (afp graphs)
graph
构造一个关联表，关键字是 graph 的结点，相关值也是关联表，其中关键字为 graph 的结点，相关值为 graph 中相关边的标签

label-lookup
graph(α, β), β ... → (α, α → β | *Boolean*) (afp graphs)
graph optional tail head
构造一个过程，在 graph 中查找以 tail 为起点，head 为终点的边的标签。如果查找成功，过程返回该标签；否则，过程返回可选的 optional 的第一个元素，如果 optional 为空，则返回 #f
前提：tail 是 graph 的一个结点
前提：head 是 graph 的一个结点

out-degree
graph(α, *any*) → (α → *natural-number*) (afp graphs)
graph tail

构造一个过程，计算 graph 中以 tail 为起点的边数
前提：tail 是 graph 的一个结点

in-degree　(afp graphs)
graph(α, any) → *(α → natural-number)*
graph　head
构造一个过程，计算 graph 中以 head 为起点的边数
前提：head 是 graph 的一个结点

undirected?　(afp graphs)
graph(any, any) → *Boolean*
graph
判断 graph 是否为无向图

add-labeled-edge　(afp graphs)
α, α, β, graph(α, β) → *graph(α, β)*
end-0 end-1 label graph
构造类似于 graph 的无向图，该图在 graph 基础上添加了连接 end-0 和 end-1 的边，并有标签 label
前提：end-0 是 graph 的一个结点
前提：end-1 是 graph 的一个结点
前提：graph 是无向图
前提：graph 不含连接 end-0 和 end-1 的边

add-edge　(afp graphs)
α, α, graph(α, null) → *graph(α, null)*
end-0 end-1 graph
构造类似于 graph 的无向图，该图在 graph 基础上添加了连接 end-0 和 end-1 的无标签边
前提：end-0 是 graph 的一个结点
前提：end-1 是 graph 的一个结点
前提：graph 是无向图
前提：graph 不含连接 end-0 和 end-1 的边

delete-edge　(afp graphs)
α, α, graph(α, β) → *graph(α, β)*
end-0 end-1 graph
构造类似于 graph 的无向图，但该图不含连接 end-0 和 end-1 的边
前提：graph 是无向图

make-edge　(afp graphs)
set(α), β → *edge(α, β)*
endpoints label
构造一条边，其端点为 endpoints 的元素，标签为 label
前提：endpoints 的基数为2

edge-endpoints　(afp graphs)
edge(α, any) → *set(α)*
edge
返回 edge 的结点集

edge-label　(afp graphs)
edge(any, α) → *α*
edge
返回 edge 的标签

deedge　(afp graphs)
edge(α, β) → *set(α), β*
edge
返回 edge 的结点集以及标签

edge?　(afp graphs)
any → *Boolean*
something
判断 something 是否构成一条边

edge=?　(afp graphs)
edge(any, any), edge(any, any) → *Boolean*
left　right
判断 left 和 right 是否有相同的端点和标签

ends　(afp graphs)
edge(α, any) → *α, α*
edge
返回 edge 的端点，次序不限

```
edges
graph(α, β)  → set(edge(α, β))                    (afp graphs)
graph
返回 graph 所有边构成的集合
前提：graph 是无向图
```

```
degree
graph(α, any)  → (α      → natural-number)       (afp graphs)
graph             vert
计算 graph 中结点 vert 的度数
前提：graph 是无向图
前提：vert 是 graph 的一个结点
```

◉ 习题

6.1-1 在集合 S 的*多样性图*（diversity graph）中，结点是 S 的成员，从每个结点到其他每个结点都有一条有向边，但从任何结点到自身没有边。试定义一个为给定集合构造多样性图的过程。

6.1-2 一个集合 S 在关系 R 下的图像（image）是一些值的集合：S 的成员到这些值有关系 R。定义一个过程 image，它接受一个集合和一个有向图，并返回给定集合在图所表示的关系下的图像。

6.1-3 对于任意正整数 n，一个关系 R 的（n+1）次幂是 R 与其 n 次幂的复合关系。我们定义 R 的一次幂为 R 本身。试定义一个过程 graph-power，它接受两个参数：有限域上关系 R 的图和一个正整数 n，并返回 R 的 n 次幂的图。

6.1-4 在前面的练习中，是否可以扩展关系的幂概念以涵盖 n=0 的情况？如是，请修改 graph-power 的定义，以涵盖这种情况；如果不是，请解释为什么。（提示：关系复合运算是否有单位元？）

6.1-5 证明：如果一个关系既是连通的又是反传递的，那么它的域是空集。

6.1-6 定义一个过程 pair-product-graph，该过程接受两个图 left 和 right 作为其参数，并返回一个图，其中结点是由 left 的一个结点和 right 的一个结点组成的对，如果结点对的第一个结点有 left 的有向边相连，第二个结点间有 right 的有向边连接，那么两个结点对有边相连。

6.1-7 一个无向图称为一个*星型图*（star graph）的条件是存在一个结点（轮毂）以其他每个结点为邻接点，并且其他每个结点都以轮毂为唯一邻接点（即，非轮毂结点之间没有边）。定义谓词 star-graph?，判断给定的图是否为星型图。

6.2 深度优先遍历

6.2.1 图的遍历

当我们的目标只是对一个图的每个结点执行某个操作时，对图的结点进行折叠或映射就足够了。但是，我们通常希望沿着图的边访问这些结点，仅当从一个结点到另一个结点存在一条有向边时，才在概念上从前一个结点移动到后一个结点。*遍历*（traverse）一个图就是以这种沿着边的方式访问图的结点。

图作为一种数据结构，它的一般性使得遍历算法的表达比较复杂。如果一个图不连通，那么可能无法仅通过边从图的一个结点移动到另一个结点。当然，在极端情况下，一个图可能根本没有任何边，因此每个结点与其他结点都是断开的。在有的图中，可能有多种方法沿着边从一个结点到另一个结点。有些图包含回路，所以我们可以从一个结点开始，沿着一个或多个边移动，最后回到起点。在执行遍历过程中，不小心地围绕回路移动可能导致无限递归。遍历算法应该避免这个陷阱。

为了避免无限递归，我们将给每一个遍历过程提供一个参数，用于说明按照遍历的顺序在当前结点之前图的哪些结点已经被访问过。为此，一个自然的数据结构是集合；让我们称之为 visited。在遍历开始时，visited 是空的。当第一次遇到每个结点时，我们将它加入 visited，并将结果作为 visited 的新值传递给任何递归调用。如果从一个结点到另一个结点时，所到达的结点是 visited 的一个成员，那么我们从该结点退回，而不再次对其进行操作。由于结点的数目是有限的，而且对任何结点的操作都不会超过一次，因此递归必将终止。

我们可以从图的任何结点开始遍历。如果沿着有向边移动无法从所选起点到达所有其他结点，我们将尽可能多地访问，然后选择 visited 中尚未访问的任何结点作为新起点，并重新开始遍历。

6.2.2 深度优先

假设在遍历过程中，我们沿着一条有向边从一个结点 u 到另一个结点 v。在深度优先（depth-first）遍历中，下一步是沿着离开 v 的有向边，寻找一个未访问的邻接点；只有在访问完 v 的所有邻接点之后，我们才退回来考虑其他离开 u 的边。（在 6.4 节中我们将研究另一种广度优先遍历，首先访问 u 的每个邻接点，然后再继续访问这些邻接点的邻接点。）

在深度优先遍历中，在访问一个有向边的终点（以及从该结点可以到达的所有其他结点）之后，我们回溯到有向边的起点。这为遍历在每个结点上执行操作的时间提供了选择：可以在到达结点时立即执行，即在访问其相邻结点之前先执行，或者等到将要回溯到有向边的起点时执行。事实上，在某些情况下，我们希望同时执行这两种操作，在访问结点的邻接点之前应用一个过程，在访问完它的所有邻接点之后应用另一个过程。因此，遍历过程带两个参数：arrive 和 depart，表示到达和离开时要应用的操作。

在执行遍历过程时，如果我们选择在某个时间不执行某个操作，则可以提供适配器 >arrive-and-depart 作为一个哑操作。（这个适配器舍弃它的第一个参数，在本例中，该参数是要访问的结点，并返回所有其他参数。）

访问一个结点时，首先检查该结点是否已经被访问过（也就是说，它是否为 visited 集合的成员）。如果是这样，则退回，返回 visited 集（不变），以及在执行遍历中计算出的任何值。另一方面，如果新结点以前没有被访问过，则将 arrive 应用于该结点和到目前为止计算的其他结果。然后，我们计算出它的邻结点集，并在集合上折叠，依次沿着每一个有向边到达一个邻接点。调用折叠器（fold-set 构造的过程）返回的值反映了对这些邻接点及其以前未访问的邻接点等执行的操作，以及包含所有当前访问的结点的 visited 集。最后，我们将 depart 应用于当前结点和折叠器刚刚返回的值，并返回结果以及新的 visited 集。

遍历过程需要许多参数来携带所有必要的信息：当前结点、visited 集、到目前为止在遍历中计算出的所有传入值、arrive 和 depart 过程，以及确定当前结点的邻接点集的方法。对于最后一个任务，可以依赖调用者提供的一个过程 nabes，该过程可以应用于图的任何结点，并获取它的邻接点集。（例如，调用者可以调用 neighbors 来获取这样的过程。）对于过程生成的所有递归调用，arrive、depart 和 nabes 过程参数都是相同的，因此我们将把它们提出来，留下当前结点 visited，以及计算的中间结果作为实际递归过程的参数：

```
(define (depth-first-visit nabes arrive depart)
  (rec (visit vertex visited . so-far)
    (if (member? vertex visited)
        (apply values visited so-far)
        (receive after-arrival (apply arrive vertex so-far)
```

```
          (receive (new-visited . new-so-far)
                   ((fold-set (apply create (fast-put-into-set vertex
                                                               visited)
                                         after-arrival)
                              visit)
                    (nabes vertex))
            (receive after-departure (apply depart vertex new-so-far)
              (apply values new-visited after-departure)))))))
```

要遍历整个图，在图的结点上折叠，在每个结点尝试，确保没有未被访问的结点，并不断累积，最后返回 arrive 和 depart 操作的结果：

```
(define (depth-first-traversal base arrive depart)
  (let ((new-base (receive starters (base)
                    (apply create (set) starters))))
    (lambda (graph)
      (receive (visited . finals)
               ((fold-set new-base (depth-first-visit (neighbors graph)
                                                      arrive
                                                      depart))
                (vertices graph))
        (delist finals)))))
```

6.2.3 拓扑排序

为了说明 depth-first-traversal 过程的用法，让我们考虑一个问题：给出图的所有结点的一个列表，使得对于任何结点 u 和 v，如果 u 在列表中位于 v 之前，那么图中不存在从 v 到 u 的有向边。由于列表中结点的顺序反映了图的拓扑结构，因此构造这种列表的过程称为*拓扑排序*（topological sorting）。

并不是每个图都能被拓扑排序。如果一个图包含两个或两个以上不同结点的循环序列 $(v_0, \cdots, v_k)$，使得在图中从 v_0 到 v_1 有一条有向边，从 v_1 到 v_2 有一条有向边，…，从 v_{k-1} 到 v_k 有一条有向边，从 v_k 到 v_0 也有一条有向边，那么显然没有办法列出所有结点，使得循环中所有有向边指向列表前方。因此，拓扑排序的前提是要排序的图是无环的。

我们可以对满足这一前提的任何图进行拓扑排序：深度优先遍历图，然后在离开每个结点时将其添加在一个最初为空的列表前面。第一个添加列表中的结点是拓扑排序结果列表的最后一个结点，该结点一定没有邻接点，因为我们在进入该结点后立即离开它。（它不能有以前被访问过的邻接点，因为当我们到达该结点时，考虑仅由先前访问过的结点形成的序列，如果有一个有向边返回到其中一个结点，那么该序列将包含一个循环，这将违反图没有循环的前提。）并且在后续的每个阶段，只有一个结点的所有邻接点都添加到列表中之后，才将该结点添加在列表前面（因此，这些邻接点在列表中排在该结点之后）：

```
(define topological-sort
  (depth-first-traversal list >all-but-initial prepend))
```

6.2.4 可到达结点

我们可以重复在 depth-first-visit 中使用的方法来开发一个过程，求从图的一个给定结点沿着有向边可以到达的所有结点，就像 neighbors 一样，但允许经过多条有向边连接，并包括起始结点本身（因为从一个结点出发显然可以到达该结点本身）。为了强调与 neighbors 的相似性，并考虑到使用同一个图进行多个调用的常见情况，我们将过程卡瑞化，分别给出初始图和起始结点。

```
(define (reachables graph)
  (let ((nabes (neighbors graph)))
    (let ((visit (rec (visit current visited)
                   (if (member? current visited)
                       visited
                       ((fold-set (create (fast-put-into-set current
                                                             visited))
                                  visit)
                        (nabes current))))))
      (sect visit <> (set)))))
```

实际上，reachables 过程计算从起始结点开始的深度优先遍历生成的 visited 集。

---

depth-first-visit　　(afp depth-first-traversal)
$(\alpha \to set(\alpha))$, $(\alpha, \beta \ldots \to \beta \ldots)$, $(\alpha, \beta \ldots \to \beta \ldots)$ $\to$ $(\alpha,$ $set(\alpha),$ $\beta \ldots$ $\to \beta \ldots)$
nabes　arrive　depart　vertex visited so-far
构造一个过程，该过程访问 vertex，接受的附加参数包括：以前访问过的结点集 (visited)（访问过的）和在以前访问期间进行的计算结果(so-far)。如果 vertex 是 visited 的成员，则构造的过程返回 visited 和so-far 的元素；否则，构造的过程调用 arrive（将 vertex 和 so-far 的元素作为参数提供给它），并对 vertex 的每个邻接点（通过nabes计算）调用自身（将邻接点vertex 添加到visited的结果，以及最近访问的结果作为参数），最后调用 depart（将vertex和最近访问的结果作为参数）。构造的过程返回最后访问的结果
前提：nabes 可以接受 vertex
前提：nabes 可以接受 nabes 的任何结果的任何元素
前提：arrive 可以接受 vertex 和 so-far 的元素
前提：arrive 可以接受 nabes 的任何结果的任何元素和 so-far 元素
前提：arrive 可以接受 nabes 任何结果的任何元素和 depart 任何调用的结果
前提：arrive 可以接受 nabes 任何结果的任何元素和 depart 任何调用的结果
前提：depart 可以接受 vertex 和 so-far 的元素
前提：depart 可以接受 nabes 任何结果的任何元素和 so-far 的元素
前提：depart 可以接受 nabes 任何结果的任何元素和 depart 任何调用的结果

depth-first-traversal　　(afp depth-first-traversal)
$(\to \alpha \ldots)$, $(\beta, \alpha \ldots \to \alpha \ldots)$, $(\beta, \alpha \ldots \to \alpha \ldots)$ $\to$ $(graph(\beta, any)$ $\to \alpha \ldots)$
base　arrive　depart　graph
构造一个过程，从任意选择的结点开始按深度优先遍历 graph，通过调用给定的 base 过程获得一些初始值，然后在初次到达一个结点时将“到达过程”arrive 应用于每个结点和到达结点时的传入值，并将“离开过程”depart 应用于其所有相邻点被类似访问过的结点以及该结点所有邻接点的派生值
前提：arrive 可以接受 graph 的任何结点和 base 任何调用的结果
前提：arrive 可以接受 graph 的任何结点和 depart 任何调用的结果
前提：depart 可以接受 graph 的任何结点和 base 任何调用的结果
前提：depart 可以接受 graph 的任何结点和 depart 任何调用的结果

topological-sort　　(afp depth-first-traversal)
$graph(\alpha, any)$ $\to list(\alpha)$
graph
构造 graph 所有结点的列表，使得不存在有向边的终止结点在列表中位于其起始结点之前
前提：graph 没有回路

reachables　　(afp graphs)
$graph(\alpha, any)$ $\to (\alpha$ $\to set(\alpha))$
graph　vert
构造一个过程，该过程计算 graph 中从结点 vert 沿着有向边可以到达的所有结点的集合

◉ 习题

6.2-1　设 G 是一个有向图，以符号 a、b、c 和 d 为结点，包含 a 到 b，a 到 c，b 到 d 和 c 到 d 的有向边。对图 G 进行深度优先遍历时按照什么顺序访问 G 的结点？(存在不止一个访问序列，因为遍历可以做一些选择：例如，首先访问哪个结点，首先尝试哪个邻接点。)

6.2-2　定义一个 traversal-graph 过程，该过程对一个给定的图执行深度优先遍历，并返回具有相同结点的图，但仅包含遍历时到达以前未访问结点经过的有向边。

6.2-3 定义过程 acyclic?，它判断一个给定的图是否包含任何回路。

6.2-4 定义一个谓词 traversable?，它判断给定的图是否存在这样一个结点，从该结点可以访问图的所有结点。

6.2-5 定义一个过程 transitive-closure，对于一个给定图 G，该过程构造一个与 G 具有相同结点集的图，其中 u 到 v 存在有向边当且仅当在 G 中从 u 出发可以到达 v。

6.3 路径

图中的一条路径（path）是指一个包含若干结点的非空结点序列，对于序列中相邻的每对结点 v_i 和 v_{i+1}，图中都有一条从 v_i 到 v_{i+1} 的有向边。（该定义将每个单元素序列都视为一条从序列中结点到自身的路径。）

一种用深度优先策略求图中的一个给定结点（起点）到另一个结点（终点）的路径是，系统地从起点前进到它的一个邻接点，然后从邻接点前进到该邻接点的另一个邻接点，以此类推，直至到达终点或到达一个不存在未访问邻接点的结点为止。在后一种情况下，我们退回，直至最近访问结点存在其他未访问的邻接点，并尝试前进到另一个未访问的邻接点。如果我们一直退回到起点，并且没有其他选择，则搜索失败。

深度优先访问过程 depth-first-visit 不完全是实施该策略的正确机制，因为该过程访问从起始结点可到达的所有结点，但是在构建一条所求路径时，我们通常能够在彻底完成搜索之前便能较早到达终点。但是，跟踪 visited 集仍然是有意义的，因为重新访问我们已经遇到的结点，无论是添加该结点到路径还是舍弃该结点，都是无意义的。

然而，在这种情况下，只需要保持 visited 不变，直至找到路径为止；找到路径后，我们的唯一目标是尽快将该路径返回给原始调用者。因此，根据是否找到了路径，递归 visit 过程返回不同的值：如果找到了，它将返回 #t 和它发现的路径；如果没有，它将返回 #f 和新的 visited 集。

嵌套在主递归的深层的递归过程 try-neighbors 遍访当前结点的邻接点，并尝试通过每个邻接点向终点扩展路径。如果任何一个尝试成功，则立即返回其结果。否则，当每个邻接点都尝试过时，try-neighbors 返回 #f，以及一个新 visited 集，该集现在包含所有的邻接点。

事实证明，基于路径的结点逆序构造路径最方便。因此，path-finder 过程在返回之前将完成的路径倒转。

```
(define (path-finder graph)
  (let ((nabes (neighbors graph)))
    (lambda (origin destination)
      ((pipe (rec (visit vertex visited path-so-far)
               (if (member? vertex visited)
                   (values #f visited)
                   (if (equal? vertex destination)
                       (values #t (reverse path-so-far))
                       ((rec (try-neighbors alternatives visited)
                          (if (empty-set? alternatives)
                              (values #f visited)
                              (receive (chosen others)
                                       (take-from-set alternatives)
                                (receive (found result)
                                         (visit chosen
                                                visited
                                                (prepend chosen
```

```
                                                   path-so-far))
                              (if found
                                  (values found result)
                                  (try-neighbors others result))))))
                   (nabes vertex)
                   (fast-put-into-set vertex visited)))))
           (^if >initial >next >initial))
   origin (set) (list origin)))))
```

连通分量

如果一个图的任何两个结点 u 和 v 之间有一条从 u 到 v 的路径，则称这个图是*路径连通的*（path-connected）。对于无向图，存在测试它是否路径连通的一个简单方法：选择任何结点 w，并判断是否每个结点都可以到达。如果并非每个结点可达，显然图不是路径连通的（因为从 w 到一个不可到达的结点没有路径）；如果每个结点都是可达的，那么图是路径连通的，因为从 u 到 w（从 w 到 u 的路径反转）和从 w 到 v 构成从 u 到 v 的路径。

以下过程实现此测试（假定 graph 是无向图的前提条件）：

```
(define (path-connected? graph)
  (let ((verts (vertices graph))
        (reach (reachables graph)))
    (or (empty-set? verts)
        (receive (chosen ignored) (take-from-set verts)
          (subset? verts (reach chosen))))))
```

在任何非空无向图中，可以将其结点集划分为不同的子集，使得两个结点属于同一子集时当且仅当存在从一个结点到另一个结点的路径。如果图是路径连通的，则划分结果只有一个子集，并且包含所有结点。另一种极端情况是，当每个结点只能到达自身时，划分后每个子集由一个结点组成，这种情况出现在图没有边的时候。一个图 G 的结点划分后，由每个结点子集与其连接的边形成的子图称为 G 的*连通分量*（connected components）。

我们可以通过下列方法收集无向图的连通分量。任选一个结点，将从该结点能够到达的所有结点归入一个结点子集，形成一个连通分量，然后选择尚未归入任何连通分量的任何结点重复该过程，直至原无向图的每个结点都在一个分量中：

```
(define (connected-components graph)
  (let ((reach (reachables graph)))
    ((rec (detach verts)
       (if (empty-set? verts)
           (set)
           (receive (chosen others) (take-from-set verts)
             (let ((in-reach (reach chosen)))
               (fast-put-into-set (restriction in-reach graph)
                                  (detach (set-difference verts
                                                          in-reach)))))))
     (vertices graph))))
```

在空图的特殊情况下，根据空图不是任何图的分量的一般规则，该算法返回一个空集。按照这种约定，每个图都可以分解成一组连通分量，而且这种分解是唯一的。

(afp paths)

path-finder

$graph(\alpha, any) \rightarrow (\alpha, \quad \alpha \quad \rightarrow list(\alpha) \mid Boolean)$

graph　　origin destination

构造一个谓词，尝试在 graph 中找到一条从 origin 到 destination 的路径。如果构造过程成功，则返回该路径，否则返回 #f

前提：origin 是 graph 的一个结点
前提：destination 是 graph 的一个结点

path-connected? (afp paths)
graph(any, any) → *Boolean*
graph
判断 graph 中是否存在从任何结点到其他结点的路径
前提：graph 是无向图

connected-components (afp paths)
graph(α, β) → *set(graph(α, β))*
graph
构造包含 graph 所有连通分量的集合
前提：graph 是无向图

◉ 习题

6.3-1 如果一条路径上不存在两个相同的结点，则路径是无循环的。证明，如果图 G 中存在从结点 u 到结点 v 的路径，则 G 中存在从 u 到 v 的无循环路径。

6.3-2 使用 depth-first-visit 定义一个过程 all-cycle-free-paths-finder，类似于 path-finder，但它构造的过程返回一个集合，其中包含给定图中从 origin 到 destination 的所有无循环路径。

6.3-3 一个无向图 G 有四个连通分量，每个分量包含不同数量的结点。G 可以拥有的最小结点数是多少？最小边数是多少？

6.3-4 无向图中的*瓶颈*（bottleneck）是一条边，删除该边将增加图中连通分量的个数。定义在给定的无向图中计算一组瓶颈的过程 bottlenecks。

6.4 广度优先遍历

现在我们来看遍历图的另一种方法，*广度优先*（breadth-first）。选择任何结点作为起点，首先访问该结点，然后访问该结点的所有邻接点，再访问这些邻接点的所有邻接点，以此类推，并跳过以前由其他途径访问过的任何结点，直到访问完从起点通过一系列边能够访问的所有结点为止。

要完成这个任务，我们必须小心地维护两个数据结构：熟悉的 visited 集，包括我们已经访问过的所有结点，以及一个包含“等待”结点的缓冲区，这些结点构成了图中已访问部分和未访问部分之间的边界。最初，visited 集是空集，等待缓冲区仅包含一个结点，即遍历的起点。

在遍历的每个步骤中，我们从缓冲区中取一个结点。如果该结点已经被访问过，只需舍弃它。如果该结点没有被访问过，则访问它，执行需要的计算，然后将它添加到已访问的结点集，并将其邻接点添加到等待缓冲区。当缓冲区为空时，遍历结束。没有任何结点被访问一次以上，每访问一个可到达结点，缓冲区的大小都会减小，因此缓冲区最终一定为空。（不会从已访问的结点集中删除任何结点。）

和往常一样，我们可以用一个 operate 过程抽象地表示访问结点期间执行的计算，并由调用者提供。（我们不会像深度优先遍历那样将操作分为 arrive 过程和 depart 过程，因为在广度优先遍历中没有回溯或“返回”结点的机会。）我们将要求调用者提供给 operate 的第一个参数是一个结点，并允许它接受任何数量的附加参数，表示遍历到当前点计算的中间结果。根据这些参数，operate 构造了对应于它的可选参数的一组新的中间结果。

广度优先访问过程 breadth-first-visit 构造了一个过程，该过程被执行时将基于给定的一组以前访问过的结点集 visited，以及任意多个表示计算初始状态的值，遍历从指定结点 vertex 出发可以到达的图部分。过程 breadth-first-visit 本身接受两个过程参数，nabes（可应用于任何结点并返回该结点的一组邻接点）以及 operate（该参数按如上所述推进计算）：

```
(define (breadth-first-visit nabes operate)
  (lambda (vertex visited . so-far)
    (apply (rec (visit visited waiting . so-far)
             (if (empty-buffer? waiting)
                 (apply values visited so-far)
                 (receive (chosen others) (take-from-buffer waiting)
                   (if (member? chosen visited)
                       (apply visit visited others so-far)
                       (receive new-so-far (apply operate chosen so-far)
                         (apply visit
                                (fast-put-into-set chosen visited)
                                ((fold-set (create others)
                                           put-into-buffer)
                                 (nabes chosen))
                                new-so-far))))))
           visited (buffer vertex) so-far)))
```

这里的递归过程是内部的 visit 过程，开始时将 visited 集和一个只包含起始结点的缓冲区传递给它。在每个递归调用中，visit 检查 waiting 缓冲区是否为空，如果为空，则返回其最终值；否则，它将从缓冲区中删除一个结点 chosen，并判断 chosen 结点是否已被访问。如果是，则再次调用 visit 过程，其中等待缓冲区较原先少一个结点；但是，如果 chosen 是未访问结点，则 visit 调用 operate 处理该结点，将其添加到 visited 集，将其邻接点添加到 waiting 缓冲区，然后再次递归地调用自身。

对 breadth-first-visit 的一次调用可能无法遍历图中的所有结点。如果从选定的起点出发无法到达某些结点，则无法遍历所有结点。因此，完整的广度优先遍历算法 breadth-first-traversal 从未访问的结点中选择一个起始点，重复广度优先遍历，直到不存在未访问结点：

```
(define (breadth-first-traversal base operate)
  (let ((new-base (receive starters (base)
                    (apply create (set) starters))))
  (lambda (graph)
    (receive (visited . finals)
             ((fold-set new-base (breadth-first-visit (neighbors graph)
                                                      operate))
              (vertices graph))
      (delist finals)))))
```

现在可以清楚地看出，为什么我们需要为边界结点设置一个缓冲区数据结构：一个缓冲区保持了“广度优先”的性质，即所有起始结点的邻接点必须在这些邻接点的任何邻接点之前访问，而后面的这些邻接点又必须在它们的任何邻接点之前访问，等等。缓冲区的先进先出原则保证了访问顺序的正确性。

---

breadth-first-visit (afp breadth-first-traversal)

$(\alpha \to set(\alpha)),\ (\alpha, \beta \ldots \to \beta \ldots) \ \to (\alpha,\ set(\alpha),\ \beta \ldots \ \to \beta \ldots)$

nabes operate vertex visited so-far

构造一个过程，用广度优先方法依次访问从结点vertex可到达的每个结点，从结点vertex本身开始，并访问其邻接点（由nabes确定）、这些邻接点的邻接点等。如果vertex是visited的成员，则构造的过程返回visited和so-far的元素；否则，它将调用operate（为其提供vertex和在以前访问得到的计算结果）

前提：nabes 以接受 vertex

前提：nabes 可以接受任何 nabes 调用结果的元素
前提：operate 可以接受 vertex 和 so-far 的元素
前提：operate 可以接受任何 nabes 调用结果的元素，以及任何operate调用的结果

breadth-first-traversal (afp breadth-first-traversal)
$(\rightarrow \alpha \ldots), (\beta, \alpha \ldots \rightarrow \alpha \ldots) \rightarrow (graph(\beta, any) \rightarrow \alpha)$
base operate graph
构造一个过程，从任意选择的结点开始，以广度优先顺序遍历 graph，基于调用base 得到的一些初始值，然后在此基础上将 operate 应用于遍历中访问的每个结点和先前该运算的结果，返回该运算的最终值
前提：operate 可以接受 graph 的任何结点和任何 base 调用的结果
前提：operate 可以接受 graph 的任何结点和任何 operate 调用的结果

◉ 习题

6.4-1 假设 G 是以符号 a、b、c 和 d 为结点的图，并且包含 a 到 b，a 到 c，b 到 d 和 c 到 d 的有向边。广度优先遍历将按照什么顺序访问 G 的结点？

6.4-2 图中从结点 u 到结点 v 的距离是连接 u 到 v 的最短路径的边数。定义一个过程 distance，接受一个图并构造一个过程，该过程计算从图中任意结点出发到任意结点的距离，前提是从第一个结点可以到达第二个结点。

6.4-3 如果图中不存在结点与 u 的距离比 v 到 u 的距离更大，则称结点 v 是图中结点 u 的对跖点。定义一个过程 antipodes，接受一个图并构造一个过程，该过程构造图中给定结点的一组对跖结点。

6.5 生成树

路径连通无向图 G 的生成树是一个与 G 的结点相同、包含 G 的部分边的无环且路径连通的无向图。(不要被“树”这个词误导；在图论中，树只是一个不包含任何循环的路径连通无向图。与我们在 3.10 节中讨论的树不同，生成树没有层次结构，也没有根或子树。) 可将生成树视为 G 的一种骨架，它保留了足够的边将图的结点连接在一起（即保持其路径连通）。在生成树中，从任何结点到任何其他结点仍然存在一条路径，但每一条路径都是唯一的。实际上，删除 G 的某些边直至所有冗余路径都消失后便得到生成树。

例如，在最简单的非平凡情况下，G 有三个结点，每对结点之间有一条边（总共有三条边）。移除任何一条边都会留下一个路径连通图。这样的图是 G 的生成树，因为删除另一条边会使图变成非路径连通的（删除的两条边的公共端点不能从其他结点到达）。

对给定路径连通的无向图 G，要构造它的生成树，我们可以从具有相同结点的无边图开始，一次恢复 G 的一个边，跳过那些两个端点已经有路径连接的边：

```
(define (slow-spanning-tree graph)
  ((fold-set (create (arcless-graph (vertices graph)))
             (lambda (edge spanner)
               (receive (end-0 end-1) (ends edge)
                 (if (list? ((path-finder spanner) end-0 end-1))
                     spanner
                     (add-labeled-edge end-0 end-1 (edge-label edge)
                                       spanner)))))
   (edges graph)))
```

当边数比结点数大许多时，该算法很可能很快找到生成树，但是仍然浪费大量时间来证明所有剩余边的端点都已有路径连接。幸运的是，有一种识别生成树是否完成的简单方法。

算法开始的无边图具有与结点数目相同的连通分量。每次添加边时，它都会连接以前分离的两个连通分量（因为在添加边之前，端点之间没有路径），因此连通分量数会减少一个。

一旦连通分量的数量减少到只有一个时，我们就知道不需要再添加任何边了，因为在同一个连通分量中的任意两个结点之间已经存在一条路径了。

因此，对于连通的、非空的、无向图 G，任何生成树的边的数目都比 G 中结点数目少 1。因此，我们可以计算出构造生成树所需要的边数，并在生成树构造的过程中，每次向生成树添加边时，将需要的边数减 1，当该数值到达零时便终止构造过程。

以下是表达这个思路的代码：

```
(define spanning-tree
  (run (dispatch
         (run vertices cardinality sub1 (sect max <> 0))
         (pipe vertices arcless-graph)
         edges)
       (iterate
         (pipe >initial zero?)
         (lambda (countdown spanner rest-of-edges)
           (receive (chosen others) (take-from-set rest-of-edges)
             (receive (termini label) (deedge chosen)
               (receive (end-0 end-1) (deset termini)
                 (if (list? ((path-finder spanner) end-0 end-1))
                     (values countdown spanner others)
                     (values (sub1 countdown)
                             (add-labeled-edge end-0 end-1 label
                                               spanner)
                             others)))))))
       >next))
```

当一个路径连通的无向图 G 用数值标记时，G 的最小生成树是边的权（标签）之和小于或等于 G 的任何其他生成树中边权之和的树。我们可以调整生成树算法 spanning-tree，使其产生最小的生成树，将 G 的边集预处理，使其每次加边时首先尝试最小权重的边：

```
(define minimum-spanning-tree
  (run (dispatch
         (run vertices cardinality sub1 (sect max <> 0))
         (pipe vertices arcless-graph)
         (run edges
              set->bag
              (sect sort (compare-by edge-label <=) <>)))
       (iterate
         (pipe >initial zero?)
         (lambda (countdown spanner rest-of-edges)
           (receive (chosen others) (deprepend rest-of-edges)
            (receive (termini label) (deedge chosen)
              (receive (end-0 end-1) (deset termini)
                (if (list? ((path-finder spanner) end-0 end-1))
                    (values countdown spanner others)
                    (values (sub1 countdown)
                            (add-labeled-edge end-0 end-1 label spanner)
                            others)))))))
       >next))
```

要说明这个算法总是返回一个最小生成树，令 T 是算法生成的结果，T^* 是 G 的任意最小生成树。如果 T 与 T^* 是相同的图，我们就完成了证明。否则，令 e 是算法中添加到 T 而且不在 T^* 中的第一条边，令 S 是结点和边与 T 相同的图，但 S 不含边 e。现在，在图 S 中，e 的端点之间没有路径（因为 T 中这样的路径只有边 e 本身，而该边不在 S 中）；S 有两个连通分量，即 S_0 和 S_1，各含 e 的一个端点。

但是，由于 T^* 是生成树，因此 T^* 中有一条路径连接 e 的端点，并且该路径一定包含边 e^*，其中一个端点在 S_0 中，另一个端点在 S_1 中。此外，这样的边只能有一个（否则 T^* 会有一个循环），e^* 的权必须等于 e 的权。因为如果它小于 e 的权，则在构建 T 时算法会选择 e^* 而不是 e，而如果它大于 e 的权，则在 T^* 中用 e 替换 e^* 将产生一个总权重小于 T^* 权重的树，这与 T^* 是最小生成树的假设矛盾。

那么，假设我们在 T^* 中用 e 替换 e^*，由此得到的图 T^{**} 仍然是 G 的最小生成树（因为它的总权重不变），现在 T^{**} 更接近 T。我们现在可以用 T 和 T^{**} 重复这个过程，根据需要重复这个过程，直至找出并消除每个边的差异，最后证明 T 是最小生成树。

另一种求最小生成树的方法

另一种构建最小生成树的策略是逐个添加结点，而不是边。以任何结点作为初始结点，然后每次在构造中的生成树添加一个结点，而且添加的结点可以用最小权重的边连接到构造中的生成树上，重复这个添加过程，直到所有结点都已添加到生成树上。在每一步添加中，我们只考虑那些一个端点在构造中的生成树上，而另一个端点不在生成树上的边。上面的证明也可以用来证明用这种方法构造的树是最小生成树。

一个割（cut）是把一个图的结点分成两个子集的一种划分，我们称之为“内”和“外”。因此，这个策略的核心是找到一个跨割的最小权重边，即该边一端在内，一端在外。我们把这样的边称为跨割的*轻边*（light edge）。

我们可以从求跨越一个割的所有边开始。`crossings` 过程返回一个图中跨越给定割的边。对于这个应用，我们想要一个卡瑞化过程，因为将结点添加到正在构造的生成树过程中，我们将在同一个图中考虑不同的割。我们通过给出内部结点或外部结点（作为一个集合）来指定割，看哪个更方便。算法的这一步是计算边集，并过滤掉两个端点位于割同一侧的边：

```
(define (crossings graph)
  (let ((edge-set (edges graph)))
    (lambda (cut)
      (remp-set (pipe ends (compare-by (sect member? <> cut) boolean=?))
                edge-set))))
```

在给定图中找到跨割的轻边的过程将选择其中最小权重的边：

```
(define (light-edge graph)
  (pipe (crossings graph) (extreme-in-set (compare-by edge-label <=))))
```

构造最小生成树的主算法将重复查找轻边，并将它们在割外部的端点拉入生成树：

```
(define (alternative-minimum-spanning-tree graph)
  (let ((verts (vertices graph))
        (light-edge-finder (light-edge graph)))
    (if (empty-set? verts)
        (empty-graph)
        ((run take-from-set
              (~initial (sect add-vertex <> (empty-graph)))
              (iterate
                (pipe >next empty-set?)
                (lambda (spanner outs)
                  (let ((connector (light-edge-finder outs)))
                    (receive (termini label) (deedge connector)
                      (receive (end-0 end-1) (deset termini)
                        (let ((ligand (if (member? end-0 outs)
```

```
                                        end-0
                                        end-1)))
                          (values (add-labeled-edge
                                    end-0
                                    end-1
                                    label
                                    (add-vertex ligand spanner))
                                  (remove-from-set ligand outs))))))))
         >initial)
      verts))))
```

在上面提到的算法中，每一个算法都可以通过维护和传递一个特别的数据结构来进一步改进，数据结构用于优化判断两个结点之间是否存在路径（在前一个算法中）或轻边（在本算法中）的计算。优化后的版本分别称为克鲁斯卡尔算法（Kruskal's algorithm）和普里姆算法（Prim's algorithm）。

(afp spanning-trees)

spanning-tree
graph(α, β) → *graph*(α, β)
graph
构造 graph 的生成树
前提：graph 是无向图
前提：graph 是路径连通的

(afp spanning-trees)

minimum-spanning-tree
graph(α, *number*) → *graph*(α, *number*)
graph
构造 graph 的最小生成树
前提：graph 是无向图
前提：graph 是路径连通的

(afp spanning-trees)

crossings
graph(α, β) → (*set*(α) → *set*(*edge*(α, β)))
graph　　cut
构造一个过程，该过程构造 graph 中恰好有一个端点在 cut 中的边集
前提：graph 是无向图

(afp spanning-trees)

light-edge
graph(α, *number*) → (*set*(α) → *edge*(α, *number*))
graph　　cut
构造一个过程，返回 graph 中恰好有一个端点在 cut 中的最小权边
前提：graph 是无向图

(afp spanning-trees)

alternative-minimum-spanning-tree
graph(α, *number*) → *graph*(α, *number*)
graph
构造 graph 的最小生成树
前提：graph 是无向图
前提：graph 是路径连通的

◉ 习题

6.5-1　假设 G 是一个无向图，其中结点是整数 2、3、4、5 和 6，并且两个结点之间有一条边当且仅当两个结点没有一个是另一个的因子。证明 G 是路径连通的，并构造 G 的一颗生成树。

6.5-2　在前面的练习中，用端点的乘积作为每个边的权。G 的最小生成树是什么？在构造这棵树时，minimum-spanning-tree 将按什么顺序添加边？假设 alternative-minimum-spanning-tree 从内部结点为 4 和外部结点为 2、3、5 和 6 的割开始，算法将按什么顺序添加结点？

6.5-3　定义一个求最大生成树的过程 maximum-spanning-tree，该过程计算给定路径连接无向图的最大生成树，其中边上的权为数值。（目标是使生成树中的边权之和大于或等于同一个图的任何生成树的边权之和。）

6.6 最短路径

如果一个图是路径连通的，并且它的有向边的权大于 0，那么通常需要确定从一个结点到另一个结点的最短路径，也就是说，组成路径的边的权总和（我们称之为路径和）最小。解决一个图中的一个最短路径问题通常需要解决同一个图中的其他最短路径问题，因此我们设计的最短路径过程，要么是“所有结点对”算法（找到连接给定图中所有结点对的最短路径）要么是“单源点”算法（从图中的给定起始结点到每个结点的最短路径）。

6.6.1 Bellman-Ford 算法

对于单源点问题，一种方法是遍历整个图的所有边，依次确定每个边是否可以用于创建或改进从起点到该边终点的路径。可以改进的情况为：当从起始结点（记作 s）到该有向边的起点的路径已知，而且从 s 到该有向边终点的路径未知，或者从 s 到该有向边终点的最好路径和大于该边的权重与从 s 到该有向边起点最好路径的路径和之和。

满足这些条件的边被称为*可松弛的*（relaxable），创建或改进路径的操作被称为*松弛有向边*。

仅遍历边集一次是不够的，因为第一次遍历只能找到自 s 出发的最佳单边路径。但是，如果连续遍历边 k 次，我们将得到从 s 出发的最佳 k 边路径。因为最短路径不能包含 $n-1$ 个以上的边，其中 n 是图的结点数，我们可以通过遍历 $n-1$ 次边来确定所有的最短路径。

Bellman-Ford 算法实现了这个思想。算法返回一个关联表，其中键值是图的结点，与键 k 关联的是从 s 到 k 的最短路径的两条信息：路径和以及路径的结点列表。理论上，路径和可以从图和路径结点列表计算出来，因此，将路径和作为单独的值保留是多余的。然而，在算法的执行过程中，由于我们经常需要部分路径和来确定一条边是否可松弛，因此可以方便地将路径和的计算与路径的确定交错进行。因此，表中的每个相关值将是一个二元组，第一个分量是从 s 到对应键的路径和，第二个分量沿路径的结点列表。

另一个简化算法的表示法是以相反的顺序列出路径的结点，这样，在与结点 k 关联的条目中，结点列表从 k 开始，以 s 结束。由于路径是从 s 开始逐步添加结点建立的，因此这种表示是自然的。

给定图的一条边和一个部分构造的路径表，relaxable? 过程确定该边是否可以松弛：

```
(define (relaxable? sago path-table)
  (receive (tail head label) (dearc sago)
    (let ((path-to-tail (lookup tail path-table))
          (path-to-head (lookup head path-table)))
      (and (pair? path-to-tail)
           (or (not path-to-head)
               (< (+ (car path-to-tail) label) (car path-to-head)))))))
```

请注意，lookup 调用可能会失败。如果表中没有该边起始端点的关联值，那么当前就没有从 s 到该结点的已知路径。在这种情况下，该边是不可松弛的，并且会立即返回 #f。如果没有该边终结点的关联值，则该边是可松弛的（任何路径都比没有路径要好）。否则，我们将已知到该边起始端点的路径和通过该边到其终结点的路径和与已知到该边终点路径和进行比较，如果新路径的路径和较小，则返回 #t，否则返回 #f。

relax 过程确定图中的一条给定有向边是否可以松弛（已知部分构造的路径表），如果可以松弛，则返回包含新创建或改进的路径的路径表。如果该边不能松弛，relax 过程将返回原本的路径表（保持不变）：

```
(define (relax sago path-table)
  (if (relaxable? sago path-table)
      (receive (tail head label) (dearc sago)
        (receive (path-sum path-vertices)
                 (decons (lookup tail path-table))
          (put-into-table head
                          (cons (+ path-sum label)
                                (prepend head path-vertices))
                          path-table)))
        path-table))
```

在 Bellman-Ford 算法中，我们遍历所有的边 $n-1$ 次，其中 n 是结点的数量，每次检查是否可以松弛。最初，部分路径表只包含一项，表示从起始结点 s 到自身的最短路径的长度为 0，仅由 s 组成：

```
(define (shortest-paths-from graph start)
  (let ((sagaro (arcs graph))
        (start-table (table (cons start (cons 0 (list start))))))
    ((fold-natural (create start-table)
                   (lambda (path-table)
                     ((fold-set (create path-table) relax) sagaro)))
     (sub1 (cardinality (vertices graph))))))
```

Bellman-Ford 算法给出了正确的答案，即使图中的边具有负权重，只要图中不存在包含从 s 到达的结点的回路，而且路径和为负数，答案也是正确的。当存在这样的回路时，从 s 到通过回路上任何结点可以到达的结点不存在最短路径。因为我们可以通过循环足够的次数将路径和降低任何给定的权重。

为了检测这种回路的存在性，我们可以检查算法构造的路径表。如果图中的一个或多个边相对于路径表仍然可以松弛，那么到该有向边终端点的新的“最短路径”包含 n+1 个结点。这意味着至少有一个结点是重复的，因此路径包含一个回路。这个回路一定有负的路径权重，否则算法会通过省略回路来构造一个路径和较小（或同样小）的路径。

过程 safe-shortest-paths-from 加入了这个事后测试。如果 Bellman-Ford 算法检测到带有负路径和的回路，则返回 #f 而不是路径表：

```
(define (safe-shortest-path-from graph start)
  (let ((path-table (shortest-paths-from graph start)))
    (if (exists-in-set? (sect relaxable? <> path-table) (arcs graph))
        #f
        path-table)))
```

6.6.2 Dijkstra 算法

计算单源点最短路径的另一种方法是一次给路径表添加一个结点，每一步添加从源点到该结点有最短路径的结点，并在中间步骤只经过以前添加过的结点。在添加每个结点时，我们尝试松弛离开该结点的所有边，这样可以重新计算从源点到这些边的终点的最短路径。

给定一个图的非空结点集和该图的（部分完成的）路径表，nearest 过程根据路径表返回集合中最接近隐式源点的结点：

```
(define (nearest aro tab)
  ((extreme-in-set (compare-by (pipe (sect lookup <> tab) car) <=))
   aro))
```

Dijkstra 算法反复选择最近的结点并松弛离开它的有向边，直至从源点无法访问更多结点时终止。与 Bellman-Ford 算法一样，路径表最初只包含源点（对于仅包含源点本身的平凡路径，路径和为 0）：

```
(define (shortest-paths-from graph start)
  ((pipe (iterate
          (pipe >initial empty-set?)
          (lambda (candidates tab remaining)
            (let ((chosen (nearest candidates tab)))
              (let ((new-tab ((fold-set (create tab) relax)
                              (arcs-leaving chosen graph)))
                    (new-remaining (remove-from-set chosen remaining)))
                (values (intersection new-remaining
                                      (table-keys new-tab))
                        new-tab
                        new-remaining)))))
         >next)
   (set start)
   (table (cons start (cons 0 (list start))))
   (vertices graph)))
```

Dijkstra 算法要求所有边的权都是正的。如果不满足此条件，则有可能通过扩展路径来降低路径和。算法假定这种情况不可能发生。换句话说，Dijkstra 算法依赖于这样一个假设：从 s 到给定结点的最短路径包括从 s 到任何中间结点的最短路径，如果存在任何负权重的边，这个假设可能不成立。

将单源最短路径问题的任何算法不断应用于图的每个结点，可生成解决所有结点对最短路径问题的算法：

```
(define (all-shortest-paths graph)
  ((fold-set table
             (lambda (vertex tab)
               (put-into-table vertex
                               (shortest-paths-from graph vertex)
                               tab)))
   (vertices graph)))
```

此过程返回的结果是一个两级表，其中键是给定图的结点，对应的数据是描述以这些结点为源点的最短路径的路径表。

6.6.3 Floyd-Warshall 算法

Floyd-Warshall 算法是解决所有结点对最短路径问题的另一种方法，它有时效率更高。我们从“平凡”路径开始，即从每个结点到自身的零权重单结点路径，以及沿着每个边从边的起点到终点的两个结点路径。然后，我们依次将每个结点视为可能的中间点，该中间点可能打开了从起始结点到先前无法到达结点的路径（将先前已知的从起点到中间点和从中间点到目标点的路径拼接在一起来），或者提供了比我们只能使用以前的中间结点构造的最佳路径要好的路径。一旦我们检查了每一个可能的中间结点，我们构建的最短路径将是总体上最短的路径。

给定任何图，`trivial-table` 过程构造并返回仅包含平凡路径的两级路径表。方法是首先遍历结点，添加从每个结点到自身的零长度路径，然后遍历每条边，添加包含每条边的两个结点路径。终结点和始结点相同的有向边除外，因为在这种情况下，零长度路径比两个结点路径短，前提是没有一个有向边的权是负的。

```
(define (trivial-table graph)
  ((fold-set (create ((fold-set table
                                (lambda (vertex tab)
                                  (put-into-table
                                    vertex
                                    (table (cons vertex
                                                 (cons 0 (list vertex))))
                                    tab)))
                       (vertices graph)))
             (lambda (arc tab)
               (receive (tail head label) (dearc arc)
                 (if (equal? tail head)
                     tab
                     (table-update tail
                                   (sect put-into-table
                                         head
                                         (cons label (list head tail))
                                         <>)
                                   tab))))))
   (arcs graph)))
```

将两个路径表条目合并成描述合并路径的路径表条目的操作是简单明了的：将路径长度相加，将两个结点列表首尾相接，删除拼接处多余的结点。在连接两个结点列表时，第二条给定路径的结点列表排在前面，因为结点列表顺序与道路列表顺序相反，路径的源点在最后端。

```
(define (splice-paths left right)
  (cons (+ (car left) (car right))
        (catenate (cdr right) (cdr (cdr left)))))
```

如上所述，Floyd-Warshall 算法中的重复步骤是比较从起始结点（源点）到结束结点（目标）的已知最短路径，与从原点到某个中间结点的已知最短路径与从中间结点到目标的已知最短路径相连接构成的路径。由于这三条路径中任何一条都可能不存在，或全部都不存在，这一步的机制变得复杂起来。这一步的基本逻辑如下：

（1）如果已知所有三条路径（从原点到目标、从原点到中间、从中间到目标）都存在，那么我们要检查使用中间结点是否得到较短的路径。如果是，我们应该将原点到中间结点的路径与中间结点到目标结点路径拼接，并将结果添加到为源点构建的新路径表中；如果不是，我们应该将已知的源点到目标的路径复制到新路径表中。

（2）如果源点到中间结点的路径和中间结点到目标结点的路径已知，但之前未找到源点到目标结点的路径，则应将源点到中间结点的路径和中间结点到目标结点路径拼接，并将结果添加到新的路径表中。（在这种情况下，我们无须比较新路径的长度。）

（3）如果源点到目标结点路径已知，但没有源点到中间结点的路径或中间结点到目标结点的路径，则应将已知源点到目标结点的路径复制到新的路径表中。

（4）如果源点到目标结点的路径未知，并且经过中间结点不存在任何到达目标结点的路径（或者是因为没有从源点到中间结点的路径，或者是因为没有从中间结点到目标结点的路径，或者两者都不存在），则不需要添加任何内容到新的路径表中，而应返回原路径表不变。

过程 test-connection 实现此步骤。前三个参数 fore、aft 和 direct 分别表示源点到中间结点、中间结点到目标结点和源点到目标结点的路径（除非此类路径未知，在这种情况下，参数值为 #f）。参数 goal 指定目标结点，tab 是源点的路径表。

```
(define (test-connection fore aft direct goal tab)
  (if (and (pair? fore) (pair? aft))
      (put-into-table goal
                      (if (and (pair? direct)
                               (< (car direct) (+ (car fore) (car aft))))
                          direct
                          (splice-paths fore aft))
                      tab)
      (if (pair? direct)
          (put-into-table goal direct tab)
          tab)))
```

Floyd-Warshall 算法具有三重嵌套循环的结构，这里的实现是对 fold-set 过程的调用。每个循环遍历给定图的结点，外层循环依次将每个结点视为潜在的中间结点，而内层循环考虑所有可能的源点和目标结点组合。一旦在适当的路径表中找到了路径，最内层的 fold-set 调用就可以激活 test-connection 过程：

```
(define (all-shortest-paths graph)
  (let ((verts (vertices graph)))
    ((fold-set
       (create (trivial-table graph))
       (lambda (intermediate tab)
         (let ((mid-paths (lookup intermediate tab)))
           ((fold-set
              table
              (lambda (origin outer)
                (let ((origin-paths (lookup origin tab)))
                  (let ((forepath (lookup intermediate origin-paths)))
                    (put-into-table
                      origin
                      ((fold-set
                         table
                         (lambda (goal new-tab)
                           (test-connection forepath
                                            (lookup goal mid-paths)
                                            (lookup goal origin-paths)
                                            goal
                                            new-tab)))
                        verts)
                      outer)))))
            verts))))
     verts)))
```

---

relaxable? (afp paths)
arc(α, number), table(α, pair(number, list(α))) → *Boolean*
sago path-table
判断sago相对于path-table是否可以松弛

relax (afp paths)
arc(α, number), table(α, pair(number, list(α))) → *table(α, pair(number, list(α)))*
sago path-table
构造一个路径表，类似于path-table，但是如果有向边sago可松弛，则该边终点的对应值被修改

shortest-paths-from (afp shortest-paths Bellman-Ford)
graph(α, number), α → *table(α, pair(number, list(α)))*
graph start
构造一个路径表，给出graph中从start到每个可达结点的最短路径
前提：graph不存在包含任何start可达结点的负路径和回路
前提：start是graph的一个结点

safe-shortest-paths-from (afp shortest-paths Bellman-Ford)
graph(α, number), α → *table(α, pair(number, list(α)))* | *Boolean*
graph start
构造一个路径表，给出graph中从start到每个可达结点的最短路径。如果存在有向边回路，且有向边回路的负路径和包含可以start到达的终点，则返回#f

前提：start是graph的一个结点

nearest (afp paths)
set(α), table(α, pair(number, list(α))) → *α*
aro tab
返回aro中具有最小路径和的元素（根据tab）
前提：aro非空
前提：aro的每个元素是tab的关键字

shortest-paths-from (afp shortest-paths Dijkstra)
graph(α, number), α → *table(α, pair(number, list(α)))*
graph start
构造一个路径表，给出graph中从start到每个可达结点的最短路径
前提：graph中每条有向边的权都为正数
前提：start是graph的一个结点

all-shortest-paths (afp shortest-paths Dijkstra)
graph(α, number) → *table(α, table(α, pair(number), list(α)))*
graph
构造两级路径表，给出graph中每个结点到其他结点的最短路径
前提：graph中每条有向边的权都为正数

trivial-table (afp shortest-paths Floyd-Warshall)
graph(α, number) → *table(α, table(α, pair(number), list(α)))*
graph
构造两级路径表，给出graph中包含一个结点和两个结点的路径及其路径和

splice-paths (afp paths)
pair(number, list(α)), pair(number, list(α)) → *pair(number, list(α))*
left right
合并路径表条目left和right，返回一个表示从left的起点到right终止点的路径表条目
前提：left的终止点是right的起点

test-connection (afp shortest-paths Floyd-Warshall)
(pair(number, list(α)) | Boolean), (pair(number, list(α)) | Boolean),
fore aft
(pair(number, list(α)) | Boolean), α, table(α, pair(number, list(α))) →
direct goal tab
table(α, pair(number, list(α)))
返回一个路径表，类似于tab，但是根据图中三条潜在路径的信息做了更新：一条（fore）连接"源点"到某个中间结点，一条（aft）连接该中间结点到"目标"结点（goal），以及一条（direct）直接连接源点和目标结点的路径。在接受这些路径的位置，可以用#f表示不存在这样的路径
前提：如果fore和direct均不是#f，那么fore的起点是direct的起点
前提：如果fore和aft均不是#f，那么fore的终止点是aft的起点
前提：如果aft不是#f，那么aft的终止点是goal
前提：如果direct不是#f，那么direct的终止点是goal
前提：goal是tab的关键字

all-shortest-paths (afp shortest-paths Floyd-Warshall)
graph(α, number) → *table(α, table(α, pair(number), list(α)))*
graph
构造两级路径表，给出graph中每个结点到其他结点的最短路径
前提：graph中每条有向边的权都为正数

◉ 习题

6.6-1 设图 G 的结点为整数 2、3、4、5 和 6，如果（a）u 是 v 的倍数并且 $v<u$，或（b）u 不是 v 的因子而且 $u<v$，则有从 u 到 v 的有向边。试计算 G 的两级路径表。

6.6-2 定义 all-shortest-paths 过程的变体，该过程接受无标记图，将每个有向边的权视为 1。(在这种情况下，从 u 到 v 的最短路径是包含最少结点的路径。)

6.6-3 我们可以将关于最短路径的信息存储在不同类型的表中，其中每个键是一对结点，相关值是由路径和以及（反向）路径结点列表组成的表。一个以 u 为第一个分量，v 为第二个分量的关键字与描述图中从 u 到 v 的最短路径相关联。

试定义 Floyd-Warshall 过程的一个变体，它构造并返回这种结构的表，而不是两级路径表。

6.7 流网络

我们可以用图来模拟运输网络中人员、货物或信息的流动。结点表示网络的固定点（例如铁路网络中的站点，或计算机网络中的工作站和路由器）。有向边表示连接结点的传输链路（铁路网络中的轨道、计算机网络中的电缆或无线连接）。

在网络的容量图（capacity graph）中，每个有向边上的标签表示在某个固定时间长度内，从边的起点流动到其终点的任何物质的最大传输量。任何包含两个或多个结点的非对称图（其中所有边都用正数标记）都可以称为容量图：

```
(define capacity-graph?
  (let ((positive-label? (pipe arc-label (^et number? positive?))))
    (^and asymmetric?
          (run vertices cardinality (sect <= 2 <>))
          (pipe arcs (sect for-all-in-set? positive-label? <>)))))
```

其中两个条件反映了这种模型的常识性假设。容量是正的，因为在现实世界中，零容量传输链路将是无用和多余的，负容量传输链路将是无意义的。这个图至少有两个结点，因为零结点或单结点网络实际上不会有任何流动性。

容量图的非对称性要求的合理性不是很明显。在某些应用中，在同一网络中从 u 到 v 和从 v 到 u 同时进行传输，在技术上是不可能的，或者说是没有意义的，但在其他情况下，容量图中反平行有向边的存在似乎是很自然的，甚至是必要的。然而，下面介绍的几个过程在容量图不对称的前提下，可以更清楚、更有效地表达出来，所以我们在实践中会接受这个限制。

幸运的是，这种限制不失一般性。当用一个包含反向平行边的容量图来模拟一个传输网络是很自然的时候，我们可以在每对反向平行边中的一个有向边上插入一个新的结点，使得原有向边变成一条从原起点指向新结点和从新结点指向原有向边终点的两条边。每一个新的有向边都带有与原有向边相同的标签。换言之，我们认为原来有向边所表示的传输链路是由两个链路组成的序列，中间的结点只是将从第一个链路传输到第二个链路的任何内容传递出去。

由于新结点是完全虚拟的，因此这一操作不会影响模型的正确性或表示传输网络的能力。但是，它确实可以确保我们的网络图是非对称的。（即使是非对称图也可以有反向平行路径，前提是这些路径中至少有一条路径包含两个或多个有向边。）

在传输网络的任何实际应用中，所传输的任何内容在一个或多个结点——源（origin）进入网络，并在一个或多个结点——汇（destination）离开网络。在我们的模型中，我们假设只有一个源和一个汇，并且它们是图中的不同结点。

同样，这个假设不失一般性。如果一个网络有两个或多个源，我们可以在容量图中添加一个“超级源”结点，用虚拟有向边将其连接到所有实际源，并用所有实际源的输出边上的标签之和标记这些虚拟边。从概念上讲，在容量图中，传输物是从超源瞬间传输到实际系统中。类似地，在另一端，如果需要，我们可以添加一个“超级汇”结点，其中包含来自所有实际汇的有向边，标记为所有实际汇的传入边标签的总和。与消除反平行有向边的策略一样，这些初步调整不会影响模型的正确性或灵活性。

一个流图（flow graph）是网络的一个快照，表示在某些运输过程中实际使用了多少可用容量。一个流图具有与网络容量图相同的结点和有向边，但有向边上的标签现在表示通过该边表示的链接传输的任何内容的流动量。

因此，流图中边上的标签是一个介于 0 到网络容量图中相应边上标签之间的数值。如果标签为 0，则表示传输根本不使用由该有向边表示的链接。如果标签等于容量图中相应边的标签，则表示传输使用了该链接的全部容量。我们假设任意中间值都是可能的，表示使用传输链路的部分容量。

flow-in-range? 谓词确定同一网络的容量图中的每个有向边的标签是否在指定的适当范围内：

```
(define (flow-in-range? graph capacity-graph)
  (let ((capacity (label-lookup capacity-graph 0)))
    (for-all-in-set? (lambda (arc)
                       (receive (tail head label) (dearc arc)
                         (and (number? label)
                              (<= 0 label (capacity tail head)))))
                     (arcs graph))))
```

流图还有一个约束：除了源和汇之外，任何结点上的净流都是 0。这个约束的思想是，在模型中忽略网络内部任何地方的任何仓库、溢流罐或存储设备，将它们视为无关的。在除源和汇以外的任何结点上，输入的量与输出的量必须相等。

net-flow 过程计算图中给定结点处的净流量。在第三行中调用 fold-set 构造的过程可以求出给定集合中边的标签总和。为了求得净流量，我们用输出边的标签之和减去输入边的标签之和：

```
(define net-flow
  (run (dispatch arcs-leaving arcs-arriving)
       (~each (fold-set (create 0) (pipe (~initial arc-label) +)))
       -))
```

谓词 flow-conserved? 确定给定图中每个结点的净流是否为 0，源和汇除外：

```
(define (flow-conserved? graph origin destination)
  (for-all-in-set? (^or (equal-to origin)
                        (equal-to destination)
                        (pipe (sect net-flow <> graph) zero?))
                   (vertices graph)))
```

用于确定一个给定图是否表示一个流的谓词 flow-graph?（相对于给定的容量图，指定了源和汇）是以上定义条件的合取：

```
(define (flow-graph? candidate capacity-graph origin destination)
  (let ((verts (vertices candidate)))
    (and (set=? verts (vertices capacity-graph))
         ((set-of= same-endpoints?) (arcs candidate)
                                    (arcs capacity-graph))
         (flow-in-range? candidate capacity-graph)
         (member? origin verts)
         (member? destination verts)
         (not (equal? origin destination))
         (flow-conserved? candidate origin destination))))
```

一个流的值（value of a flow）是从源移动到汇所传输的流的量。由于流的值等于源处的净流，因此，给定流的源及其图的情况下，可以很容易地计算出它。

```
(define flow-value net-flow)
```

对于任意一个容量图，无论如何选择源和汇，都存在至少一个流图，即值为 0 的流图，其中所有边的流为 0。以下 zero-flow 过程可以接受任何容量图并返回同一网络的零流量的流量图：

```
(define (zero-flow graph)
  ((fold-set (create (arcless-graph (vertices graph)))
             (lambda (arc flow-graph)
               (add-labeled-arc (arc-tail arc) (arc-head arc) 0
                                flow-graph)))
   (arcs graph)))
```

残差网络与最大流

一个流不一定使用运输网络的全部容量或全部链接。但是，在许多应用中，一个自然问题是流网络中有多少空闲容量，以及是否可以利用它将更多流量从源传输到汇。

残差网络（residual network）是一个显示流网络中从一个结点到另一个结点的传输量可能会增加或减少多少（同时仍保持不超过该链接的容量）的图。残差网络与容量图或流图具有相同的结点。在流量图中，一个边可能增加的流量由残差网络中的一个对应边表示，边上用容量和通过该边的现有流量之差来标记；一个边可能减少的流量由残差网络中的一个反向平行边表示，并用现有流量标记。

当流图中一个有向边上的标签等于容量图中相应的标签时，它所表示的传输链路已被充分利用，不可能通过该边增加流量，因此在残差网络中没有相应的有向边，只有反向平行边。类似地，当流图中有向边上的标签为 0 时，我们不可能通过该有向边减少流量，因此残差网络没有反向平行边。但是，当有向边上的流量既不等于 0 也不等于容量时，正向和反向边都出现在残差网络中：

```
(define (residual-network capacity-graph flow-graph)
  (let ((capacity (label-lookup capacity-graph 0)))
    ((fold-set (create (arcless-graph (vertices flow-graph)))
               (lambda (arc residual)
                 (receive (tail head label) (dearc arc)
                   (let ((cap (capacity tail head)))
                     (if (zero? label)
                         (add-labeled-arc tail head cap residual)
                         (add-labeled-arc head tail label
                           (if (= label cap)
                               residual
                               (add-labeled-arc tail head (- cap label)
                                                residual))))))))
     (arcs flow-graph))))
```

如果残差网络中有一条从流的源到汇的路径（扩流路径），那么我们可以通过增加或减少流图中相应边上的流量来构造一个值更大的流。流图中的“相应”边是指与残差网络中路径上具有相同端点的有向边。如果该边的方向与残差网络中的边方向相同，则增加该有向边上的流量；如果该边的方向与残差网络中的边方向相反，则减少该边的流量。这些边上标签能够增加或者减少的流量是沿路径（在残差网络中）边上的最小值。

过程 augment-flow 接受一个流图、一个残差网络和该残差网络中的一条路径（在我们的应用中，路径始终指从流的源到汇的路径），并构造一个经修改后增大了流量的流图，其中边上的标签已调整为包括增流路径可以增加的流量。请注意，这种调整可能需要减少流图中某些边的流量，这些边与残差网络中增流路径的方向相反。

我们首先构造增流路径上相邻结点对的列表；这些结点将是我们要在流图中调整的有向边的端点。每个有向边上的标签将增加或减少相同的增量 delta，它是残差网络中沿路径边上标签的最小值。然后我们在流图中查找相应的边。如果该边存在，则给该边的标签加 delta；否则，给具有相同端点但方向相反的边标签减去 delta：

```
(define (augment-flow flow-graph residual path)
  (let ((adjs (adjacent-pairs path))
        (flow (label-lookup flow-graph)))
    (let ((delta ((extreme-in-list <=)
                  (map (pipe decons (label-lookup residual 0)) adjs))))
      ((fold-list
         (create flow-graph)
         (lambda (adj new-flow-graph)
           (receive (tail head) (decons adj)
             (let ((old-adj-flow (flow tail head)))
               (if (number? old-adj-flow)
                   (replace-arc tail head (+ old-adj-flow delta)
                                new-flow-graph)
                   (replace-arc head tail (- (flow head tail) delta)
                                new-flow-graph))))))
       adjs))))
```

反复调用 augment-flow 过程，直到找不到增流路径，我们便获得了容量图的最大流，即最大可能值的流。这便是 Ford-Fulkerson 算法：

```
(define (maximum-network-flow capacity-graph origin destination)
  ((rec (augment flow-graph)
     (let ((residual (residual-network capacity-graph flow-graph)))
       (let ((augmenting-path
              ((path-finder residual) origin destination)))
         (if (not augmenting-path)
             flow-graph
             (augment (augment-flow
                       flow-graph residual augmenting-path))))))
   (zero-flow capacity-graph)))
```

如果不存在增流路径，则能保证流达到了最大可能值，因为最终流的残差网络有效地将容量图的结点划分为两个不相交的子集：残差网络中从源出发可以到达的结点，以及不可到达的结点，而且汇属于从源出发不可达的结点集。从前一个子集的结点到后一个子集的结点的所有边都达到了容量，并且在相反方向上的所有边都是空的（否则，后一个子集中存在可以从残差网络的源出发到达的结点）。因此，任何流都不可能从前一个子集的结点传输到后一个子集的结点，所以，不可能从源向汇传输更多的流。

(afp flow-networks)

capacity-graph?
graph(α, any) → *Boolean*
graph
判断graph是否为容量图

(afp flow-networks)

flow-in-range?
graph(α, any), graph(α, number) → *Boolean*
graph　　capacity-graph
判断graph的每条边的标签是否属于capacity-graph指定的范围
前提：graph的结点是capacity-graph的结点
前提：graph的每条边与capacity-graph的某条边有相同的起点和终点
前提：capacity-graph是容量图

(afp flow-networks)

net-flow
α, graph(α, number) → *number*
vert graph

计算graph中流经vert的净流量
前提：vert是graph的一个结点

flow-conserved? (afp flow-networks)
graph(α, *number*), α, α → *Boolean*
graph origin destination
判断graph除origin和destination外每个结点的净流量是否为0

flow-graph? (afp flow-networks)
graph(α, *any*), *graph*(α, *number*), α, α → *Boolean*
graph capacity-graph origin destination
判断graph是否构成相对于capacity-graph的流图，除origin和destination外，每个结点的净流量为0
前提：capacity-graph是容量图

flow-value (afp flow-networks)
α, *graph*(α, *number*) → *number*
origin graph
计算graph的流量值，其中origin为源
前提：graph是以origin为源的流图

zero-flow (afp flow-networks)
graph(α, *number*) → *graph*(α, *number*)
graph
构造相对于graph的值为0的流图
前提：graph是一个容量图

residual-network (afp flow-networks)
graph(α, *number*), *graph*(α, *number*) → *graph*(α, *number*)
capacity-graph flow-graph
计算flow-graph相对于capacity-graph的残差网络
前提：capacity-graph是一个容量图
前提：flow-graph是相对于capacity-graph的流图

augment-flow (afp flow-networks)
graph(α, *number*), *graph*(α, *number*), *list*(α) → *graph*(α, *number*)
flow-graph residual path
构造类似于flow-graph的流图，但是，根据residual对路径上边的标签做了调整，使得从源到汇的流值更大
前提：residual上相对于某个容量图的流图flow-graph的残差网络
前提：path是residual的一条增流路径

maximum-network-flow (afp flow-networks)
graph(α, *number*), α, α → *graph*(α, *number*)
capacity-graph origin destination
构造capacity-graph表示的网络的最大流，origin为源，destination为汇
前提：capacity-graph是一个容量图
前提：origin和destination是capacity-graph的不同结点

◉ 习题

6.7-1 设 G 是一个图，结点为整数2、3、4、5和6，如果 u 是 v 的倍数并且 $v<u$，或 u 不是 v 的因子，而且 $u<v$，则有从 u 到 v 的有向边。用端点的乘积标记每个边。在这个流网络图中求从结点6到结点5的最大流。计算此流的残留网络。

6.7-2 证明容量图 G 中 u 到 v 的最大流量值等于 G 的逆中从 v 到 u 的最大流量值。

6.7-3 在一些图上，福特 - 福克森算法的性能可以得到改进，方法是用求从源到汇的最短路径过程（即包含最少结点的路径）的调用替换 path-finder 过程。定义这样的过程并用它调整 maximum-network-flow。

第 7 章

Algorithms for Functional Programming

子列表搜索

子列表搜索问题是找到给定列表 p（“模式”）的副本在另一个（通常更长的）列表 t（“文本”）中出现的位置。例如，p 可能是一个核苷酸列表，可以指导某些特定蛋白质的构建，t 是沿着 DNA 某条链的一个核苷酸列表，那么，这种匹配的位置可能表示某个基因部分的位置。或者，p 可以是构成单词的字符列表，t 可以是某个长文本中的字符列表，子列表搜索的结果是单词在文本中的位置。我们将考虑子列表搜索的几种算法，它们各有优缺点。

7.1 简单低效的算法

首先，让我们阐明问题，具体地说明对于这一类问题的任何实例，我们希望得到什么的答案。假设 `equal?` 表示 p 和 t 的值的相等标准，因此 t 中 p 的“副本”是 t 中某一段与 p 有相同的元素，并且具有相同顺序的子列表。我们可以用 t 中匹配片段前面的元素个数来表示副本的位置。（如果 p 不为空，则与 p 匹配的第一个元素在 t 中的索引便是副本的位置。）

根据该约定，任何子列表搜索的结果都是按升序排列的自然数列表，以标识 p 的副本在 t 中出现的所有位置（如果 t 不含 p 的副本，则结果为空列表）。

例如，如果我们在文本 `(list 'foo 'foo 'foo 'bar 'foo 'bar 'foo 'foo 'bar 'bar 'foo 'bar 'foo 'foo 'bar)` 中搜索模式 `(list 'foo 'bar 'foo)`，则会发现一个副本从位置 2 开始，另一个副本从位置 4 开始，还有一个副本从位置 10 开始，所以子列表搜索的结果是 `(list 2 4 10)`。请注意，副本可以相互重叠，因此必须将每个匹配操作视为独立的。找到一份副本后，不能简单地从该副本结束的地方继续搜索。我们必须确保找到模式的每一份副本，包括重叠的副本。

根据问题输入的数据结构，可以设计一些蛮力策略。例如，使用 `sections`（见 5.2 节）获得文本中与模式长度相同的所有子列表的列表，然后在该列表中找到与模式匹配的值出现的位置。或者，可以对 0 到文本长度和模式长度之差（包括该差）之间的自然数进行折叠，在文本的每个位置提取适当长度的子列表，并将其与模式进行比较，如果列表匹配，则将位置号添加到结果中。另一种可行的方法是迭代，在每一步将模式与文本的前缀进行比较，然后将 `rest` 应用于文本，前进到下一个位置，当剩余文本长度比模式长度小时停止搜索。

谓词 `matches-prefix?` 确定整个模式是否与文本的前缀匹配：

```
(define matches-prefix?
  (check (pipe >initial empty-list?)
         (pipe (~each first) equal?)
         (~each rest)))
```

如果模式是空列表，则立即匹配成功。否则，只有当模式的第一个元素和文本的第一个元素相同时，我们才继续匹配，然后继续将模式的剩余部分和文本的剩余部分作为递归调用的参数。

模式的长度小于或等于文本的长度是 `matches-prefix?` 谓词的前提。我们可以在子列表搜索蛮力过程的定义中使用 `matches-prefix?`，但是，为了保证每次调用 `matches-prefix?`

都满足前提，递归必须做适当修改：

```
(define (sublist-search pattern text)
  (let ((last-position (- (length text) (length pattern))))
    ((rec (searcher start remaining-text)
       (let ((rest-of-matches (if (= start last-position)
                                  (list)
                                  (searcher (add1 start)
                                            (rest remaining-text)))))
         (if (matches-prefix? pattern remaining-text)
             (prepend start rest-of-matches)
             rest-of-matches)))
     0 text)))
```

在最坏情况下，这种算法的速度非常慢，这种情况发生在文本和模式都非常相似的时候，此时，文本和模式是两个非常相似的列表，只不过它们在列表末端的值有所不同。在这种情况下，上面显示的 sublist-search 过程在每个可能的位置调用 matches-prefix?，在确定是否存在匹配之前，matches-prefix? 必须一直检查到模式的末尾，因此元素比较的总数与模式和文本长度的乘积成正比。

然而，即使在不太极端的情况下，这个简单的 sublist-search 过程效率也并不高，因为它没有保存一次调用 matches-prefix? 过程的任何信息，而这些信息可以用于简化下一次调用，甚至避免尝试无法成功的调用。在本章的剩余部分，我们将介绍一些获取和存储此类信息的方法。

子串搜索

子列表搜索的算法经常用字符串类型的模式和文本来表述，相等标准为 char=? 而不是 equal?。一般性的方法仍然适用，但是字符串比算法常用的列表具有一个优势：Scheme 提供了一个内置的 string-ref 过程，该过程可以在字符串中按指定位置选择字符，就像 list-ref 在列表中按指定位置选择一个值一样。但是，与 list-ref 不同的是，无论指定哪一个位置，string-ref 都用固定的（小）常量时间完成。

因此，在处理字符串模式和文本时，通常使用自然数引导的递归来生成 string-ref 的参数，而不需要用类似于 first 和 rest（非常缓慢的）过程来分离字符串。

例如，下面是适用于字符串类型的 matches-prefix? 谓词。它测试其第一个参数的副本是否在第二个参数中出现，起始位置用第三个参数指定。（Scheme 预定义的 string-length 过程计算给定参数包含的字符数，参数必须是字符串。）

```
(define (occurs-at? pattern text shift)
  (let ((pattern-length (string-length pattern)))
    ((check (sect = <> pattern-length)
            (pipe (dispatch (sect string-ref pattern <>)
                            (pipe (sect + shift <>)
                                  (sect string-ref text <>)))
                  char=?)
            add1)
     0)))
```

字符串版本的 sublist-search 过程定义如下，该过程检查文本中每一个可能的位置，并在每个位置检查模式副本是否匹配：

```
(define (substring-search pattern text)
  (let ((last-position (- (string-length text) (string-length pattern))))
```

```
    ((rec (searcher start)
       (let ((rest-of-matches (if (= start last-position)
                                  (list)
                                  (searcher (add1 start)))))
         (if (occurs-at? pattern text start)
             (prepend start rest-of-matches)
             rest-of-matches)))
     0)))
```

---

matches-prefix? (afp lists)
list(α), list(α) → Boolean
pattern text
判断pattern的每个元素是否与文本对应位置的每个元素相等
前提：pattern的长度小于等于text的长度

sublist-search (afp sublist-search simple-slow-sublist-search)
list(α), list(α) → list(natural-number)
pattern text
构造模式pattern在文本text中出现位置的列表，并按照递增顺序排列
前提：pattern的长度小于等于text的长度

occurs-at? (afp strings)
string, string, natural-number → Boolean
pattern text shift
判断pattern是否在text的shift位置出现
前提：shift与pattern长度之后小于等于text的长度

substring-search (afp sublist-search simple-slow-sublist-search)
string, string → list(natural-number)
pattern text
构造在文本text中匹配模式pattern的子串位置列表，并按照递增顺序排列
前提：pattern的长度小于等于text的长度

◉ 习题

7.1-1 如果子列表搜索实例中的模式是空列表，而文本是包含七个值的列表，那么simple-slow-sublist-search将在多少个位置（如果有的话）检测到匹配？

7.1-2 假设子列表搜索中的模式和文本都是整数列表，并且我们想要进行近似匹配（其中模式和文本的对应元素中，不匹配元素的个数小于或等于某个数，例如16）以及精确匹配（当然，不匹配元素个数为0）。请调整matches-prefix?过程使其能检测这种近似匹配，然后定义一个高阶过程prefix-matcher，它接受一个二元比较过程作为前缀和文本元素的相等标准，并返回matches-prefix?过程的变种。

7.1-3 定义了一个过程first-sublist-match，它接受两个列表：一个模式和一个文本，并返回模式与文本匹配的最小位置，如果匹配失败，则返回#f。该过程应该在检测到第一个匹配时立即返回该值，而不检查模式在文本中的后续匹配。

7.2 Knuth-Morris-Pratt 算法

加速匹配过程的一种方法是，根据先前匹配已经获得的信息，跳过那些已经证明匹配将失败的位置。我们不应该总是从模式的第一个元素开始尝试且逐个向前匹配；应该计算可能成功匹配的下一个位置，并且在已知匹配成功的部分跳过逐个比较的过程。Knuth-Morris-Pratt算法（简称KMP算法）实现了这一策略。

为了理解算法的思想，让我们更仔细地考虑如何以及何时将模式与文本对齐。设m为模式的长度，假设我们刚刚比较完文本位置i处的元素和模式位置j处的元素。在以下两种情况下，我们需要在文本中前进到一个新位置进行重新匹配：（1）如果最近两个元素的比较

匹配失败，那么我们需要将模式沿着文本滑动到下一个可能匹配的位置。（2）如果最近两个元素匹配成功，并且 j 是模式的最后一个元素的位置（即，$j = m - 1$），那么先前模式中的所有其他元素已经与文本的对应元素匹配成功，我们要把子列表的当前起始位置添加到结果集合，在这种情况下也需要将模式滑动到文本的下一个可能匹配成功的位置。

（在其他情况下，最近的元素匹配成功了，但是我们还没有到达模式末尾，所以不需要重新对齐。此时，我们继续比较模式的下一个元素和文本的下一个元素。）

最困难的部分是计算要滑动多远。让我们先考虑第一种情况（1）。如果匹配失败恰好发生在模式的开头（换句话说，如果 $j = 0$），那么我们就别无选择：因为我们不想错过任何可能的匹配，并且当前位置的匹配尝试也不能提供任何有效的信息，所以只能在文本中滑动到下一个位置，而且必须从模式的开始位置重新匹配。另一方面，如果在遇到匹配失败之前已经匹配了一个或多个文本元素，那么尝试再次匹配这些文本元素是没有意义的，因此我们将模式沿着文本向前滑动的距离设置为匹配成功的元素个数——*除非模式中有重复元素*，特别是下面这种特殊情况：一个子列表，它恰好既是成功匹配的模式部分的真前缀，也是该部分的真后缀。（一个“真”前缀或“真”后缀是一个非空的前缀或后缀，而且不包含它所属的整个列表。）

如果存在这样的子列表，则可能存在一个可能成功的匹配，其中模式中子列表前缀副本与文本中部分匹配的后缀副本对齐。如果这个重复的序列的长度是 k，那么这个潜在匹配的起点是 $i–k$，我们需要让模式前 k 个元素与文本中最近匹配的 k 个元素对齐（它们一定是匹配的，因为 `equal?` 是可传递的）。

例如，假设模式是 `(list 'c 'o 'n 'c 'o 'r 'd)`，文本是 `(list 'b 'a 'c 'o 'n 'c 'o 'n 'c 'o 'r 'd 'a 't)`。当以位置 2 作为文本的起点时，我们可以将模式的前五个元素与文本的后五个元素匹配，但是文本中位置 i=7 处的元素 n 与模式中位置 j=5 处的元素 r 不匹配。

如果在模式的匹配部分中没有重复，那么我们将跳过文本中所有匹配的元素，并再次尝试匹配整个模式，将模式中的位置 0 与文本中的位置 7 进行比较，因为在这种情况下，以文本中 2 到 7 之间的任何位置作为起始位置都不可能得到成功匹配。然而，在当前情况下，有一个子列表，即 `(list 'c 'o)`，它既是匹配的模式部分的一个真前缀，也是一个真后缀 `(list 'c 'o 'n 'c 'o)`。因此，文本中下一个可能找到匹配的起始位置是将模式的前两个元素与文本中匹配的最后两个元素对齐的位置，即起始位置为（$i - 2$）或 5。事实上，在这种情况下，第二次匹配成功了，所以匹配器最终将返回 `(list 5)`。

在某些情况下，不止一个子列表是模式匹配部分的真前缀和真后缀。例如，如果我们已经匹配 `(list 0 1 2 0 1 2 0)`，那么当然 `(list 0)` 在匹配部分的开始和结束都出现（$k = 1$），但 `(list 0 1 2 0)` 也出现了（$k = 4$）。为了确保捕捉到每一个可能的匹配，我们必须使用最大的可能值 k，以便重新对齐时不会使模式沿文本移动太远。

然而，在重新对齐之后，我们不必再对模式的重复值和文本中对应值进行比较，因为我们知道它们一定匹配（重复值与文本中同一个位置的值先前已经匹配了）。匹配过程可以将模式位置 k 处的元素与文本位置 i 处的元素（导致不匹配的元素）进行比较，并从该位置向右继续进行匹配。

现在让我们返回来考虑情况（2）。此时，模式的所有元素都与文本匹配。如果模式中没有重复子列表，则下一个可能匹配的起始位置是 $i + 1$，因为文本位置 i 处的元素（与模式位置 j 处的元素匹配后）将不会匹配先前的任何元素。所以我们可以直接从起始位置 $i - j$ 跳到

起始位置 i+1。另一方面，如果有一个包含 k 个值的序列处于整个模式的开头和末尾，那么这样一个大的跳跃可能错过一个匹配。为此，我们必须将文本中匹配的最后 k 个元素与模式的前 k 个元素对齐，将 $i + 1 - k$ 作为下一个移位量。然后，下一个比较是模式位置 k 处的元素和文本位置 $i + 1$ 处的元素。

尽管需要计算 k（k 既是模式的前缀，又是与文本匹配部分的最大后缀的长度），这种方法比 simple-slow-sublist-search 高效得多。由于 k 只取决于模式和匹配的元素的数量，因此可以预先计算给定模式的 k 值并将其存储起来（例如，存储在列表中）。然后，不管文本有多长，只要遇到不匹配（情况（1））或匹配模式的最后一个元素（情况（2）），就可以在存储值 k 的指导下，跳过一些位置，永远不会对同一组元素进行重复比较。

为了计算给定模式的 k 值列表，我们可以对所有可能匹配的元素数（从 1 到 m）进行单独的蛮力搜索并收集结果。在各次搜索中，尝试减小 k 值，直到找到一个有效的 k 值。这样的搜索必将终止，因为 $k = 0$ 始终有效：空列表出现在模式的任何子列表的开头和结尾。

但是，就像简单、缓慢的子列表搜索算法一样，这种方法是不必要地低效的，原因也是相似的：结果列表的元素并不是相互独立的。我们可以把计算一个 k 值的信息用于计算后续的 k 值，由此可以得到更高效的方法。具体地说，假设已经计算出长度 1 到 i 的前缀对应的列表元素，并且希望计算下一个移位数值，即在不匹配发生之前，模式的 $i + 1$ 元素与文本元素匹配时使用的 k 值。这个新的位移值最多比上一个位移值大 1。当模式的前缀重复子列表和匹配部分的后缀都可以扩展一个元素时，新的位移值正好比前一个值大 1。否则，我们希望按照在实际匹配操作中沿文本滑动的相同方式，将模式沿其本身滑动。我们可以通过查阅正在构建的列表来计算滑动的距离！

事实证明，以相反的顺序维护这个列表是最方便的，因为当我们考虑 i 的各个取值（从 1 到模式的长度）时，列表将从右到左建立起来。

给定模式、匹配的元素数（在代码中称为 index）和已计算的位移值列表（称为 prefix-lengths），过程 next-prefix-length 使用此方法计算下一个位移值。此过程的前提是，index 为正，但小于 pattern 的长度；prefix-lengths 的长度等于 index；在 prefix-lengths 中每个位置 p 处的元素是正确计算的 pattern 位移值，它既是 pattern 的前缀，也是 pattern 的前 index-p 个元素的真后缀的最大子列表长度：

```
(define (next-prefix-length ls index prefix-lengths)
  ((rec (matcher matched)
     (if (equal? (list-ref ls matched) (list-ref ls index))
         (add1 matched)
         (if (zero? matched)
             0
             (matcher (list-ref prefix-lengths (- index matched))))))
   (first prefix-lengths)))
```

其算法思想是 matched 记录从 ls 的开始直至位置 index 之前的匹配元素数。最初，我们将 matched 绑定到前一个位移值。如果 ls 的下一个元素与位置 index 处的元素匹配，那么可以确定位移值比前一个位移值大 1，因此返回（add1 matched）；否则，我们需要尝试一个较小的 matched 值。但是，如果 matched 已经是 0，那么就没有更小的值可以尝试，因此我们放弃并返回 0 作为移位值；否则，我们可以检查 prefix-lengths 列表，在匹配元素的子列表中查找可能的重复，并发起递归调用，将从该列表中恢复的值作为 matched 的新值，希望能够扩展那个较短的子列表。

通过重复调用 next-prefix-length，我们可以单独从模式构造位移值的整个列表。prefix-function 过程接受一个模式，计算位移值列表，并将其封装在匹配过程中使用的特殊过程中，该过程以匹配的元素数目为参数，并返回适当的位移值：

```
(define (prefix-function pattern)
  (let ((len (length pattern)))
    (let ((prefix-function-list
           ((ply-natural
              (create (list 0))
              (lambda (index prefix-lengths)
                (prepend (next-prefix-length pattern
                                             index
                                             prefix-lengths)
                         prefix-lengths)))
            (sub1 len))))
      (pipe (sect - len <>) (sect list-ref prefix-function-list <>)))))
```

在 KMP 算法的实际执行中，我们每次检查文本的一个元素，并将该文本元素与模式的至少一个元素进行比较，尝试匹配文本——如果存在多种可能匹配成功的模式与文本对齐方法，那么可能不止比较一个元素。给定匹配操作的文本和模式，KMP-stepper 过程构造并返回一个定制过程，该过程计算和测试该模式与文本的一个特定元素的对齐，直到找到模式元素与文本元素匹配或不存在其他可能为止。当定制过程最终被执行时，它接受三个参数：要匹配的文本元素（element），它在文本中的位置（index），以及文本中此位置之前模式元素匹配的数目（matched）。

定制过程返回两个值：一个布尔值，表示它是否已经成功地将模式的最后一个元素与 element 元素匹配（从而完成了整个模式的匹配）和一个自然数，表示在计算的下一步如何在文本中重新对其模式，更具体地说，从模式的开头有多少元素匹配最近检查过的文本元素。

在计算第二个返回值时，我们区分四种情况：

- 如果模式元素与文本元素匹配，而且是模式的最后一个元素，我们可以调用定制的前缀函数来计算模式的另一个潜在匹配的最长真前缀的长度，并返回 #t 和该长度。
- 如果模式元素与文本元素匹配，但不是模式的最后一个元素，则给先前匹配的前缀元素数加 1，并返回 #f 和该结果。
- 如果模式元素与文本元素不匹配，并且位于模式中的 0 位置，那么不存在其他选项，必须返回 #f 和 0，因此，我们将在文本中的下一个位置从模式的开始处重新开始匹配。
- 如果模式元素与文本元素不匹配，但不在模式中的 0 位置，那么我们可以再次调用定制的前缀函数计算另一个选项。然而，在这种情况下，我们还不想移到下一个文本元素，因为在该位置之前我们仍然可能会找到匹配的元素。因此，该过程在内部重新调整模式，并以新的对齐方式递归调用自身。

```
(define (KMP-stepper pattern)
  (let ((len (length pattern))
        (pf (prefix-function pattern)))
    (lambda (text-element matched)
      ((rec (matcher pattern-position)
         (if (equal? (list-ref pattern pattern-position) text-element)
             (let ((one-more (add1 pattern-position)))
               (if (= one-more len)
                   (values #t (pf one-more))
```

```
                (values #f one-more)))
          (if (zero? pattern-position)
              (values #f 0)
              (matcher (pf pattern-position)))))
    matched))))
```

sublist-search 过程本身调用 KMP-stepper 获得适当的定制过程，并在文本中的每个位置调用该过程。如果返回的第一个值是 #t，则 sublist-search 计算匹配开始的位置并将其添加到匹配列表中。但是，不管第一个返回值是什么，第二个返回值都包含下一次模式在文本中对齐所需的信息，这样我们就不会丢失任何潜在的匹配。

空模式不满足 KMP-stepper 的前提，必须作为特例处理。由于空模式在每个位置都匹配成功，因此在这种情况下，我们甚至不必检查文本元素就可以得到结果：

```
(define (sublist-search pattern text)
  (let ((text-length (length text)))
    (if (zero? (length pattern))
        ((unfold-list (equal-to (add1 text-length)) identity add1) 0)
        (let ((stepper (KMP-stepper pattern)))
          ((rec (searcher subtext position matched)
             (if (empty-list? subtext)
                 (list)
                 (receive (completed new-matched)
                          (stepper (first subtext) matched)
                   (let ((recursive-result (searcher (rest subtext)
                                                     (add1 position)
                                                     new-matched)))
                     (if completed
                         (prepend (- position matched) recursive-result)
                         recursive-result)))))
           text 0 0)))))
```

由于 KMP 算法始终通过沿文本串前进，从不回溯，所以它特别适合于文本串必须从顺序存取设备逐个读取字符的应用程序（例如，当文本太大不能装入内存时，文本必须从硬盘上的文件中读取），或文本串是由源生成的应用程序。

子串搜索

KMP 算法还可以有效地用于在字符串文本中搜索字符串模式的副本。由于字符串的随机访问特性和列表的顺序访问特性之间的差异，算法的部分细节是不同的。

next-prefix-length 过程的字符串版本与列表版本的不同之处仅在于用 string-ref 取代了 list-ref：

```
(define (next-string-prefix-length str index prefix-lengths)
  ((rec (matcher matched)
     (if (equal? (string-ref str matched) (string-ref str index))
         (add1 matched)
         (if (zero? matched)
             0
             (matcher (list-ref prefix-lengths (- index matched))))))
   (first prefix-lengths)))
```

前缀函数和步进过程的构造与它们的列表版本基本相同：

```
(define (string-prefix-function pattern)
  (let ((len (string-length pattern)))
```

```
    (let ((prefix-function-list
           ((ply-natural
              (create (list 0))
              (lambda (index prefix-lengths)
                (prepend (next-string-prefix-length pattern
                                                    index
                                                    prefix-lengths)
                         prefix-lengths)))
            (sub1 len))))
      (pipe (sect - len <>) (sect list-ref prefix-function-list <>)))))

(define (KMP-string-stepper pattern)
  (let ((len (string-length pattern))
        (spf (string-prefix-function pattern)))
    (lambda (text-element matched)
      ((rec (matcher pattern-position)
         (if (char=? (string-ref pattern pattern-position) text-element)
             (let ((one-more (add1 pattern-position)))
               (if (= one-more len)
                   (values #t (spf one-more))
                   (values #f one-more)))
             (if (zero? pattern-position)
                 (values #f 0)
                 (matcher (spf pattern-position)))))
       matched))))
```

在主搜索过程中，内部递归过程 searcher 可以稍做简化，因为我们只需要跟踪 position，而不需要 subtext：

```
(define (substring-search pattern text)
  (let ((text-length (string-length text)))
    (if (zero? (string-length pattern))
        ((unfold-list (equal-to (add1 text-length)) identity add1) 0)
        (let ((stepper (KMP-string-stepper pattern)))
          ((rec (searcher position matched)
             (if (= position text-length)
                 (list)
                 (receive (completed new-matched)
                          (stepper (string-ref text position) matched)
                   (let ((recursive-result (searcher (add1 position)
                                                     new-matched)))
                     (if completed
                         (prepend (- position matched) recursive-result)
                         recursive-result)))))
           0 0)))))
```

---

next-prefix-length (afp sublist-search Knuth-Morris-Pratt)
list(any), natural-number, list(natural-number) → natural-number
ls index prefix-lengths
计算 ls 中最长前缀的长度，同时这个前缀也是 ls 的长度为 index 的前缀的真后缀。根据 prefix-lengths 获得较小 index 的相似值
前提：index 的长度小于或等于 ls 的长度
前提：prefix-lengths 的长度为 index
前提：对于每个小于 index 的自然数 n，prefix-lengths 中位于 index $-n-1$ 的元素是 ls 中最长前缀长度，同时这个前缀也是 ls 中长度为 n 的前缀的真后缀

prefix-function (afp sublist-search Knuth-Morris-Pratt)
list(any) → (natural-number → natural-number)
pattern index
构造一个过程，计算 pattern 中最长前缀的长度，同时这个前缀也是 pattern 长度为 index 的前缀的真后缀
前提：index 小于等于 pattern 的长度

KMP-stepper (afp sublist-search Knuth-Morris-Pratt)
list(α) → *(α,* *natural-number* → *Boolean, natural-number)*
pattern text-element matched
构造一个过程，测试text-element是否在pattern中位置matched出现，如是，位置matched是否pattern的最后位置。如果两个条件都满足，构造的过程返回#t和pattern的最长真前缀同时是pattern后缀的长度；否则，该过程返回#f，以及另一个结果，或者是matched的后继（如果text-element与pattern的一个元素成功匹配），或者pattern的最长前缀同时也是在pattern位置matched前结束的前缀的一个后缀
前提：pattern是非空的
前提：matched小于等于pattern的长度

sublist-search (afp sublist-search Knuth-Morris-Pratt)
list(α), list(α) → *list(natural-number)*
pattern text
构造text中的从小到大的位置列表，表示pattern在这些位置开始匹配
前提：pattern的长度小于等于text的长度

next-string-prefix-length (afp sublist-search Knuth-Morris-Pratt)
string, natural-number, list(natural-number) → *natural-number*
str index prefix-lengths
计算str的既是前缀同时也是长度为index的前缀的后缀的最长前缀长度，并根据prefix-lengths获得较小index的相应值
前提：index小于等于str的长度
前提：prefix-lengths的长度等于index
前提：对于小于index的任意自然数n，prefix-lengths位于index$-n-1$处的元素是str的前缀同时也是str中长度为n的前缀的后缀的最长前缀长度

string-prefix-function (afp sublist-search Knuth-Morris-Pratt)
string → *(natural-number* → *natural-number)*
pattern index
构造一个过程，计算pattern的最长前缀同时也是pattern中长index的前缀的真后缀的长度
前提：index小于或等于pattern的长度

KMP-string-stepper (afp sublist-search Knuth-Morris-Pratt)
string → *(character,* *natural-number* → *Boolean, natural-number)*
pattern text-element matched
构造一个过程，测试text-element是否在pattern中位置matched出现，如是，位置matched是否pattern的最后位置。如果两个条件都满足，构造的过程返回#t和pattern的最长真前缀同时是pattern后缀的长度；否则，该过程返回#f，以及另一个结果，或者是matched的后继（如果text-element与pattern的一个元素成功匹配），或者pattern的最长真前缀同时也是在位置matched前结束的pattern前缀的一个后缀
前提：pattern是非空的
前提：matched小于等于pattern的长度

substring-search (afp sublist-search Knuth-Morris-Pratt)
string, string → *list(natural-number)*
pattern text
构造text中从小到大的位置列表，表示pattern与这些位置开始的子串匹配
前提：pattern的长度小于等于text的长度

◉ 习题

7.2-1 模式(list 'alpha 'beta 'gamma 'delta 'alpha 'beta 'gamma 'alpha 'beta 'alpha)的前缀函数的域由0到10的自然数组成。手动计算此域中每个参数的前缀函数值。

7.2-2 调整Knuth-Morris-Pratt substring-search过程，使其构造一个源，并在字符源（可能是有限的）“文本”中搜索字符串模式。当源被使用时，源应该返回的第一结果是一个自然数，表示在文本源中模式第一次出现的开始位置（如果文本是不包含模式的有限源，则返回源的结束值）。源返回的第二个结果，和往常一样，应该是一个继续搜索的源（或者是一个空的有限源，如果文本是一个空的有限源）。

7.2-3 在什么条件下（如果存在的话），在前一个练习中开发的面向源的substring-search版本不能终止？

7.2-4 定义了一个过程KMP-comparison-counter，它计算在将KMP算法应用到给定模式和给定文本的过程中，一个模式元素与一个文本元素的比较次数。

7.3 Boyer-Moore 算法

即使 KMP 算法也没有使用在一次匹配尝试中获取的所有信息。当出现不匹配时，未能匹配的文本元素的内容也是有指导意义的，因为在随后的匹配中将把不匹配的文本元素与已知不匹配的模式元素进行比较是没有意义的。

Boyer-Moore 算法首先构造了一个表，其中每个键是在模式中出现的值，键关联的值是关键字在模式字符串中出现的最大位置。然后，该算法反复尝试将模式与相同长度的文本段匹配。在每次匹配尝试中，它从右到左比较相应的值，直到（1）整个模式匹配或（2）发生不匹配为止。

在（1）的情况下，算法将文本匹配部分的起始位置添加到结果列表中，并前进到文本中的下一位置。

在情况（2）中，算法在前缀导出的表中查找不匹配文本元素，并计算模式与文本的对齐位置，使匹配失败的文本元素与它在模式最右边出现的位置对齐。如果这种对齐将向后移动模式，则该算法已经测试过它或者确定没有匹配可能成功，因此它再次前进到文本的下一个位置。然而，如果对齐将向前移动模式，则算法在开始下一个匹配尝试之前在文本中前进适当的距离来实现对齐。最后，如果导致匹配失败的文本元素根本不在模式中，我们可以将模式完全滑过不匹配的点。

无论哪种情况，通过在文本中前移，算法尝试另一个匹配，再次从右向左比较元素。

如果模式很长，并且文本中经常出现许多不同的值，那么早期逐个元素比较出现的不匹配通常会导致大量的位移。因此，Boyer-Moore 算法通常可以在不必查看文本的大部分元素（甚至一次）的情况下，在文本中找到所有模式的出现！

由于逐个元素的比较从右向左进行，所以该算法在子列表搜索中没有帮助，因为不经过子列表左边的所有元素便无法到达子列表的最右边元素，而在这种情况下，我们不妨暂停检查这些元素。然而，在给定随机访问结构（如字符串）的情况下，使用不匹配表通常会大大加快搜索速度。因此，我们只针对子串搜索来实现 Boyer-Moore 算法。

给定模式字符串，`rightmost-occurrence-finder` 构造元素最右边出现的表，并返回用作表的接口的专门过程。专用过程返回其参数在模式中出现的最右边位置，如果根本不存在，则返回 -1：

```
(define (rightmost-occurrence-finder pattern)
  (let ((len (string-length pattern)))
    ((rec (builder position tab)
       (if (= position len)
           (sect lookup <> tab -1)
           (builder (add1 position)
                    (put-into-table (string-ref pattern position)
                                    position
                                    tab))))
     0 (table))))
```

给定模式和文本，`Boyer-Moore-stepper` 过程返回在指定位置从右到左匹配模式与文本子串的过程。如果匹配成功完成，则构造的过程返回 -1；如果出现匹配失败，则返回匹配失败（在模式中）出现的位置：

```
(define (Boyer-Moore-stepper pattern text)
  (let ((len (string-length pattern)))
```

```
(lambda (start)
  ((rec (matcher remaining)
     (if (zero? remaining)
         -1
         (let ((next (sub1 remaining)))
           (if (char=? (string-ref pattern next)
                       (string-ref text (+ start next)))
               (matcher next)
               next))))
   len))))
```

然后，substring-search 过程调用 rightmost-occurrencefinder，以获得给定模式的定制不匹配查找过程，调用 Boyer-Moore-stepper，以获得给定模式和文本的定制步进过程。然后，它交替调用步进过程来尝试匹配，并计算下一个可能发生匹配的位移量。当到达文本中的某个位置，在该位置之后的字符太少不够匹配模式时，我们停止这个过程：

```
(define (substring-search pattern text)
  (let ((find (rightmost-occurrence-finder pattern))
        (step (Boyer-Moore-stepper pattern text))
        (last-position (- (string-length text)
                          (string-length pattern))))
    ((rec (shifter position)
       (if (< last-position position)
           (list)
           (let ((step-result (step position)))
             (if (negative? step-result)
                 (prepend position (shifter (add1 position)))
                 (let ((pattern-position
                        (find (string-ref text
                                          (+ position step-result)))))
                   (shifter (+ position
                               (max 1 (- pattern-position
                                         step-result)))))))))
     0)))
```

---

rightmost-occurrence-finder　　(afp sublist-search Boyer-Moore)
string → (*character* → *integer*)
pattern　sought
构造一个过程，计算sought在pattern中出现的最大位置，如果不存在这样的位置，则返回−1

Boyer-Moore-stepper　　(afp sublist-search Boyer-Moore)
string, *string* → (*natural-number* → *natural-number*)
pattern text　start
构造一个过程，尝试用pattern从text的start位置开始匹配text的子串，返回pattern中不匹配的最大位置，如果匹配成功，则返回 −1
前提：start和pattern长度之和小于等于text的长度

substring-search　　(afp sublist-search Boyer-Moore)
string, *string* → *list*(*natural-number*)
pattern text
构造text中pattern匹配成功的开始位置列表，并按从小到大排列

◉ 习题

7.3-1　确定 Boyer-Moore 算法在文本“isgatonwgatngdenwgatonwgatonwgatnaffyualdegatonwgatnar”中查找模式“gatonwgat”时 char=? 的调用次数。

7.3-2　扩展子字符串搜索实用性的一种方法是允许模式包含通配符的出现，它可以匹配文本中的任何单个字符。调整 Boyer-Moore 算法的实现，使它将模式中的问号当作通配符来对待。

7.4 Rabin-Karp 算法

Rabin-Karp 算法是 7.1 节的朴素匹配算法的另一种方法。我们可以用一个将整个模式与文本的相关前缀进行比较的更简单且更快速的测试来替换对 matches-prefix? 的调用，而不是尝试避免多余的元素比较。

算法的基本思想是将模式和文本前缀转换成自然数，可以执行一次“=”来测试检查是否匹配。这种转换假定模式和文本中的值取自一个固定的、有限的潜在元素集合。如果我们将该集合的基数作为计数的基，集合中的值视为该基数中的数字，则给定长度（具体地，模式的长度）的每个列表都可以转换为这个基的幂的倍数和，从而表示为不同的自然数。

例如，如果模式和文本代表 DNA 分子中碱基的片断序列，那么该集合可能由四个符号 A、C、G 和 T 组成，它们代表构成核苷酸碱基的四种分子（腺嘌呤、胞嘧啶、鸟嘌呤和胸腺嘧啶）。Rabin-Karp 算法将数字分配给每个符号，比如，0 到 A、1 到 C、2 到 G、以及 3 到 T。我们把这个赋值封装在一个过程中：

```
(define nucleotide-value
  (let ((nucleotide-list (list 'A 'C 'G 'T)))
    (sect position-in <> nucleotide-list)))
```

一个模式，如 (list 'T 'A 'A 'C 'G 'T)，对应于四进制数 300123。要计算这个数字所表示的自然数，我们计算各个数字与基数（本例为四）相应幂乘积之和：$3 \cdot 4^5+0 \cdot 4^4+0 \cdot 4^3+1 \cdot 4^2+2 \cdot 4^1+3 \cdot 4^0\cdots$，结果就是常用的十进制数制表示的 3099（$3 \cdot 10^3+0 \cdot 10^2+9 \cdot 10^1+9 \cdot 10^0$）。下面定义的 dna-numeric-value 过程计算四种核苷酸列表对应的自然数：

```
(define dna-numeric-value
  (process-list (create 0)
                (pipe (cross nucleotide-value (sect * <> 4))
                      +)))
```

然而，如果要搜索的模式很长，而且元素来自一个大基数集合，像 dna-numeric-value 这样的过程可能返回的自然数非常大，以致于计算它们或甚至比较它们的效率明显降低。因此，在 Rabin-Karp 算法的大多数实现中，数值的存储和操作使用模算术（modular arithmetic）。每当计算步骤中这样值等于或超过某个上界（模数）时，给它们取模，并在随后的计算中用取模的余数代替。（数学家使用符号“$x \bmod y$”来表示由自然数 x 除以正整数 y 所得的余数）。

并非所有的自然数算术运算满足模同余，但加法和乘法满足。以下等式使我们能够在一系列加法和乘法运算中的任意点上减去模 m 的倍数。

$$(a + b) \bmod m = ((a \bmod m) + (b \bmod m)) \bmod m$$

$$(a \cdot b) \bmod m = ((a \bmod m) \cdot (b \bmod m)) \bmod m$$

如果运算最后用模作除数，不管我们在计算过程中执行了多少次取模操作，以保持中间结果小且便于处理，最终结果将是相同的。

例如，在 Scheme 的许多实现中，如果操作数和结果都可以在内部表示为足够小的定长整数（fixnums），可以存储在单个存储器地址或中央处理单元的寄存器中，则加法和乘法更快。对于 dna-numeric-value 过程中 process-list 的一个步骤所需的特定操作序列，必须保证将小于模的数乘以 4，并将结果加到核苷酸的数值（总是小于 4）产生定长整数。

保证该性质的模的上界用可表示为定长整数（取决于方案实施者所做的选择）的最大自

然数的后继除以计数的基来计算。例如，在 Chibi-Scheme 处理器的 0.7.3 版本中，表示为定长整数的最大自然数是 536870911（即 $2^{29}-1$）。因此，对于核苷酸列表，我们选择的模数不应超过 (div(add1 536870911)4)，即 134217728。

使用模块化算法的一个缺点是，不同的字符串可能发生碰撞，也就是说，不同的字符串转换成相同的数值，仅仅是因为它们未缩减的数值恰好相差模数的一个倍数。当模较大时，这种情况很少发生，但仍然不能忽略。由于模式字符串和文本子字符串的模算术值相等是它们作为字符串相等的必要条件，但不是充分条件，因此，我们仍然需要逐个字符用 = 进行相等比较。数值测试的优点是，在许多情况下，它可以更快地检测到不匹配。

如果我们选择一些与字符集的基数没有共同因素的模数，则碰撞的数目通常会更小。例如，上界 134217728 本身将是一个糟糕的选择，因为它本身是 4 的幂，所以碰巧有足够长的共同后缀的任何两个核苷酸列表都必然会发生碰撞。一个更好的选择是小于 134217728 的最大素数，即 134217689。下面是将模除法整合到计算中的过程：

```
(define dna-modular-numeric-value
  (let ((modulus 134217689))
    (process-list (create 0)
                  (run (cross nucleotide-value (sect * <> 4))
                       +
                       (sect mod <> modulus)))))
```

一些碰撞仍然会发生，但它们往往涉及不相似的核苷酸序列，并且在元素之间的匹配过程中将很快被区分出来。

我们可以从这种包含特定数字的计算中抽象出一个高阶过程，并将这些特定数字以及计算每个元素的“数字值”的过程作为高阶过程的参数：

```
(define (modular-numeric-evaluator base digit-value modulus)
  (process-list (create 0)
                (run (cross digit-value (sect * <> base))
                     +
                     (sect mod <> modulus))))
```

还有一个困难。我们可以在匹配开始时一次性计算模式的数值。但是，在处理文本时，我们需要计算文本中与模式等长部分子列表的数值。如果我们必须每次执行 dna-modular-numeric-value 来计算每一个子列表的数值，那么这个过程甚至要比简单的逐个元素比较还要低效。

解决方案是只使用 dna-modular-numeric-value 计算与模式长度相同的原始文本的前缀的数值，然后使用更简单的方法获得后续相同长度的每个子列表的数值。例如，假设文本是 (list 'G 'G 'A 'T 'G 'T 'T 'A 'G 'G 'C 'G 'T 'C 'A 'A 'G 'T 'A 'A) 模式是三个核苷酸的列表。如果调用 dna-modular-numeric-value 获得 (list 'G 'G 'A)（与模式等长的文本前缀）的数值，可以将其转换为 (list 'G 'A 'T)（相同长度的下一部分）的数值，而不必从头计算。我们只需在前一个值中减去初始“数字”G 的数值，将结果乘以 4，再加上新的最后数字 T 的值。乘法基本上放大了各个数字的值，以反映它们被移动到一个 4 倍“位置值”的位置：个位移到第四位，第四位移到第十六位，以此类推。

考虑到我们选择的模数，所有这些三种操作都可以在定长整数范围内完成，并且不管模式的长度如何，它们都可以在常数时间完成。这种转换本质上是滑动一个与模式等长的窗口，每次沿着文本进入下一个位置，将前一子列表的数值转换为新子列表的数值。

我们可以把转换涉及所有的算术分离出来，并提供6个自然数参数实现这种转换的slide-text-window过程：模式的长度、“计数的基”（即列表元素集合的基数）、所选择的模数、表示要从中滑出的文本列表部分的数值、该部分开头元素的“数字值”，以及要滑到的部分结尾出现的新元素的“数字值”（即下一个新的文本元素）。在算法的应用中，这些数字的前三个始终保持不变，而后三个随着窗口沿文本滑动而变化，因此我们将在实现中将固定的参数与变化的参数分开：

```
(define (slide-text-window len base modulus)
  (let ((initial-weight ((fold-natural (create 1)
                                       (pipe (sect * <> base)
                                             (sect mod <> modulus)))
                         (sub1 len))))
    (lambda (current old new)
      (mod (+ (* (mod (- current (* old initial-weight)) modulus)
                 base)
              new)
           modulus))))
```

该算法要求模式不能是空列表，否则进入文本的窗口也是空的，以上讨论的转换变得毫无意义。因此，主算法必须将空模式作为一种特殊情况处理。

Rabin-Karp算法的总体结构类似于朴素的字符串匹配器，但它计算文本的每个部分的数字“签名”，并在调用matches-prefix?之前检查它是否与模式的签名匹配：

```
(define (Rabin-Karp-sublist-searcher base digit-value modulus)
  (let ((evaluator
         (modular-numeric-evaluator base digit-value modulus)))
    (lambda (pattern text)
      (let ((pattern-length (length pattern))
            (text-length (length text)))
        (if (zero? pattern-length)
            ((unfold-list (equal-to (add1 text-length)) identity add1) 0)
            (let ((slider
                   (slide-text-window pattern-length base modulus))
                  (pattern-signature (evaluator pattern)))
              ((rec (searcher position subtext after-drop signature)
                 (let ((rest-of-matches
                        (if (empty-list? after-drop)
                            (list)
                            (searcher
                              (add1 position)
                              (rest subtext)
                              (rest after-drop)
                              (slider
                                signature
                                (digit-value (first subtext))
                                (digit-value (first after-drop)))))))
                   (if (and (= signature pattern-signature)
                            (matches-prefix? pattern subtext))
                       (prepend position rest-of-matches)
                       rest-of-matches)))
               0
               text
               (drop text pattern-length)
               (evaluator (take text pattern-length)))))))))
```

对于子串搜索，只需稍加修改便可使用相同的基本算法。对于字符串，我们可以使用依赖于字符集的固定基。Scheme预定义的char->integer过程将字符映射到Unicode标量值

（见《算法语言 Scheme 第 7 版修订报告》)，这些值都小于 1114112，因此可以以此为基，使用 char->integer 计算单个字符的“数字值”。

我们也不妨设定一个模数。《算法语言 Scheme 第 7 版修订报告》的实现通常提供至少达到 $2^{29}-1$ 的定长整数。用 2^{29} 除以 1114112 得到 481，小于或等于 481 的最大素数是 479，所以我们将 479 作为子字符串比较的模数。使用如此小的模会导致许多意外碰撞，但 occurs-at? 过程几乎总是能通过单个字符比较便能检测到碰撞，这种开销比不定长整数算术的开销小。

因为 base、digit-value 和 modulus 的值是固定的，所以我们只需要一个字符串的模求值器，而不需要高阶过程。在 Rabin-Karp 算法中，我们将计算器不仅应用于整个模式，还将其应用到文本的前缀，因此，我们将为它提供一个额外的参数，以便检查它的前缀在何处结束：

```
(define (string-evaluate str len)
  (let ((base 1114112)
        (modulus 479))
    ((lower-ply-natural (create 0)
                        (run (cross (pipe (sect string-ref str <>)
                                          char->integer)
                                    (sect * <> base))
                             +
                             (sect mod <> modulus)))
      len)))
```

使用 base、digit-value 和 modulus 的固定值以及 string-evaluate，将列表运算替换为字符串运算，由此得到下列 substring-search 过程：

```
(define substring-search
  (let ((base 1114112)
        (modulus 479))
    (lambda (pattern text)
      (let ((pattern-length (string-length pattern))
            (text-length (string-length text)))
        (if (zero? pattern-length)
            ((unfold-list (equal-to (add1 text-length)) identity add1) 0)
            (let ((slider
                    (slide-text-window pattern-length base modulus))
                  (pattern-signature
                    (string-evaluate pattern pattern-length)))
              ((rec (searcher position signature)
                 (let ((rest-of-matches
                         (if (<= text-length (+ position pattern-length))
                             (list)
                             (searcher
                               (add1 position)
                               (slider
                                 signature
                                 (char->integer
                                   (string-ref text position))
                                 (char->integer
                                   (string-ref text
                                               (+ position
                                                  pattern-length))))))))
                   (if (and (= signature pattern-signature)
                            (occurs-at? pattern text position))
                       (prepend position rest-of-matches)
                       rest-of-matches)))
               0
               (string-evaluate text pattern-length))))))))
```

modular-numeric-evaluator (afp sublist-search Rabin-Karp)
natural-number, (*α* → *natural-number*), *natural-number* →
base digit-value modulus
(*list*(*α*) → *natural-number*)
ls
构造一个过程，计算 ls 的模 modulus 值，它以用 base 为计数基，将 digit-value 应用于每个元素得到该元素在计数系统中对应的数字
前提：digit-value 可以接受 ls 的任意元素
前提：digit-value 对它接受的每个元素返回不同的结果
前提：digit-value 返回的每个值都小于 base
前提：modulus 为正整数

slide-text-window (afp sublist-search Rabin-Karp)
natural-number, *natural-number*, *natural-number* →
len base modulus
(*natural-number*, *natural-number*, *natural-number* → *natural-number*)
current old new
构造一个过程，它基于一个长度为 len 的当前列表的模 modulus 的数值 current 计算另一个长度为 len 的新列表的模 modulus 的数值，新列表舍弃了当前列表的首元素，其对应数字为 old，并在尾部新添加一个元素，其对应的数字为 new。列表的元素来自基数为 base 的有穷集
前提：len 为正整数
前提：current 小于 modulus
前提：old 小于 base
前提：new 小于 base

Rabin-Karp-sublist-searcher (afp sublist-search Rabin-Karp)
natural-number, (*α* → *natural-number*), *natural-number* →
base digit-value modulus
(*list*(*α*), *list*(*α*) → *list*(*natural-number*))
pattern text
构造一个过程，该过程构造 text 中与 pattern 匹配的子列表位置构成的列表，列表按从小到大排列各位置
前提：digit-value 可以接受 pattern 的任何元素
前提：digit-value 可以接受 text 的任何元素
前提：digit-value 返回的每个值均小于 base
前提：digit-value 对于它接受的每个值均返回不同的值
前提：modulus 为正整数
前提：pattern 的长度小于或等于 text 的长度

char->integer (rnrs base (6))
character → *natural-number*
ch
返回 ch 对应的 Unicode 标量值

string-evaluate (afp sublist-search Rabin-Karp)
string, *natural-number* → *natural-number*
str len
计算 str 的长度为 len 的前缀的数字签名
前提：len 小于或等于 str 的长度

substring-search (afp sublist-search Rabin-Karp)
string, *string* → *list*(*natural-number*)
pattern text
构造 text 中与 pattern 匹配的子串位置的列表，列表元素按从小到大排列
前提：pattern 的长度小于或等于 text 的长度

◉ 习题

7.4-1 手工计算 (list 5 7 12 4) 的签名，假设 base 为 16，digit-value 为 identity，modulus 为 359。

7.4-2 找出两个等长英语单词，使得 string-evaluate 应用于它们的结果是相同的。

7.4-3 修改 Rabin-Karp 算法，使它接受一个包作为它的模式参数，在文本（仍然是一个列表）中搜索以包中的值为元素的文本，并返回包含这些起始位置的列表。

附录 A

Algorithms for Functional Programming

推荐读物

想要继续学习算法和函数程序设计的读者，笔者推荐下列文献：

Bird, Richard. *Introduction to Functional Programming Using Haskell*, second edition. London: Prentice Hall Europe, 1998. ISBN 0-13-484346-0.

Bird, Richard. *Pearls of Functional Algorithm Design*. Cambridge: Cambridge University Press, 2010. ISBN 978-0-521-51338-8.

Bird, Richard, and Oege de Moor. *The Algebra of Programming*. London: Prentice Hall, 1997. ISBN 0-13-507245-X.

Cormen, Thomas H., Charles E. Leiserson, Ronald L. Rivest, and Clifford Stein. *Introduction to Algorithms*, third edition. Cambridge, Massachusetts: The MIT Press, 2009. ISBN 978-0-262-03384-8.

Dybvig, R. Kent. *The Scheme Programming Language*, fourth edition. Cambridge, Massachusetts: The MIT Press, 2009. ISBN 978-0-262-51298-5.

Knuth, Donald E. *The Art of Computer Programming*, so far comprising four volumes: *Fundamental Algorithms*, third edition (Reading, Massachusetts: Addison–Wesley, 1997; ISBN 0-201-89683-4); *Seminumerical Algorithms*, third edition (Reading, Massachusetts: Addison–Wesley, 1998; ISBN 0-201-89684-2); *Sorting and Searching*, second edition (Reading, Massachusetts: Addison–Wesley, 1998; ISBN 0-201-89685-0); and *Combinatorial Algorithms, Part 1* (Upper Saddle River, New Jersey: Addison–Wesley, 2011; ISBN 978-0-201-03804-0.

Liao, Andrew M. “Three Priority Queue Applications Revisited.” *Algorithmica* **7** (1992), pp. 415–427.

Okasaki, Chris. *Purely Functional Data Structures*. Cambridge: Cambridge University Press, 1998. ISBN 0-521-63124-6.

Rabhi, Fethi, and Guy Lapalme. *Algorithms: A Functional Programming Approach*. Harlow, England: Addison–Wesley, 1999. ISBN 0-201-59604-0.

Sedgewick, Robert. “Left-Leaning Red-Black Trees.” Princeton, New Jersey, 2008. http://www.cs.princeton.edu/~rs/talks/LLRB/RedBlack.pdf.

Skiena, Steven S. *The Algorithm Design Manual*, second edition. New York: Springer, 2008. ISBN 978-1-84800-069-8.

附录 B

Algorithms for Functional Programming

(afp primitives) 库

(afp primitives) 库提供了本书使用的过程和语法扩展。其中大多数（71 个中的 59 个）来自《算法语言 Scheme 第 7 版修订报告》，未加任何修改。为了使那些不能通过网络访问作者网页的读者能够探索本书开发的源代码，此处列出其余的 12 个定义，并删除了注释。

有经验的 Scheme 程序员可以看出，大部分代码来自 Scheme 实现要求 8（receive），26（sec，在 SRFI 中称为 cut）和 31（rec）。我采用了 SRFI 26 和 31 的标准，并感谢 Al Petrovsky 给出的细心描述。

关于本库更详细的属性和解释，请参考下列在线库：

https://unity.homelinux.net/afp/code/afp/primitives.sld

```
(define-library (afp primitives)
  (export quote + - * / div-and-mod expt square lambda apply list values
          delist zero? positive? negative? even? odd? < <= = > >= boolean?
          not number? integer? char? string? symbol? procedure? boolean=?
          char=? string=? symbol=? equal? if and or define let rec
          receive map sect length natural-number? null null? pair? cons
          car cdr list? list-ref reverse append min max source
          end-of-source end-of-source? define-record-type char-ci=?
          string<=? char<=? string>=? char>=? string-ref string-length
          char->integer)
  (import (rename (scheme base) (expt r7rs-expt))
          (only (scheme char) char-ci=?))
  (begin
    (define (div-and-mod dividend divisor)
      (let-values (((near-quot near-rem) (floor/ dividend divisor)))
    (if (negative? near-rem)
        (values (+ near-quot 1) (- near-rem divisor))
        (values near-quot near-rem))))

(define (expt base exponent)
  (unless (integer? exponent)
    (error "expt: non-integer exponent"))
  (r7rs-expt base exponent))

(define (delist ls)
  (apply values ls))

(define-syntax rec
  (syntax-rules ()
    ((rec (name . variables) . body)
     (letrec ((name (lambda variables . body))) name))
    ((rec name expression)
     (letrec ((name expression)) name))))

(define-syntax receive
  (syntax-rules ()
    ((receive formals expression body ...)
     (call-with-values (lambda () expression)
                       (lambda formals body ...)))))
```

```
(define-syntax internal-sect
  (syntax-rules (<> <...>)
    ((internal-sect (slot-name ...) (proc arg ...))
     (lambda (slot-name ...) ((begin proc) arg ...)))
    ((internal-sect (slot-name ...) (proc arg ...) <...>)
     (lambda (slot-name ... . rest-slot)
       (apply proc arg ... rest-slot)))
    ((internal-sect (slot-name ...) (position ...) <> . cs)
     (internal-sect (slot-name ... x) (position ... x) . cs))
    ((internal-sect (slot-name ...) (position ...) const . cs)
     (internal-sect (slot-name ...) (position ... const) . cs))))

(define-syntax sect
  (syntax-rules ()
    ((sect . consts-or-slots)
     (internal-sect () () . consts-or-slots))))

(define (natural-number? something)
  (and (integer? something)
       (exact? something)
       (not (negative? something))))

(define null '())

(define-syntax source
  (syntax-rules ()
    ((_ body)
     (lambda () body))))

(define-record-type end-of-source-record
  (end-of-source)
  end-of-source?)))
```

如何使用 AFP 库

Scheme 语言处理器

作者已经在《算法语言 Scheme 第 7 版修订报告》的下列实现（也是读者推荐的实现）测试了本书的源代码。下载和安装这些实现可在下列网页的相关文档中查看：

- Chibi-Scheme：http://synthcode.com/wiki/chibi-scheme
- Larceny：http://www.larcenists.org/
- Racket：https://www.racket-lang.org/

Racket 没有内置的 R7RS[⊖] 实现。在安装 Racket 后必须从另一个网站安装一个独立的 r7rs 包：

- Racket R7RS：https://github.com/lexi-lambda/racket-r7rs

下载和安装本书过程库

本书开发的过程库可从下列网页获取：

https://unity.homelinux.net/afp/code/

网站第一页显示了各个库的链接，读者可以在线阅读或者下载，同时也提供了包含这些库的压缩包（.tgz 格式）。

代码的测试程序也可在第一页的 tests 目录下找到。目录 support 包含一些额外的辅助代码。

如果读者使用 GNU/Linux 系统，也可以使用命令行下载和安装打包的文件。读者可以新建一个目录，将其作为当前目录：

```
mkdir afp-work
cd afp-work
```

然后运行命令：

```
wget https://unity.homelinux.net/afp/afp-tarball.tgz
tar zxvf afp-tarball.tgz
```

这些命令下载打包文件，解包，并创建三个子目录 afp、tests 和 support。过程库在 afp 中；tests 包含测试程序，support 包含测试过程的一些辅助程序（例如，伪随机数生成器）。

读者还可以在 afp-work 至少创建一个子目录，用于存自己的程序。以下将假设你有这样一个子目录，并命名为 programs。

最后，如果你正在使用 R7RS 的 Rracket 实现，为了便于使用，你可以在 Racket 集路径上的一个目录中放置 afp 子目录的副本或指向它的符号链接。在我编写本书时使用的

⊖ R7RS 中的上角 7 表示第 7 版。——编辑注

Debian GNU/Linux Racket 6.1 版本中，用于存放单个用户库的路径目录是 ~/.racket/6.1/collects/，用于系统所有用户使用库的路径是 /usr/share/racket/collects/。（你需要系统管理员的权限才能将 afp 库复制到后一个目录。）这一步骤还简化了 Racket 提供的图形程序开发环境的使用。

创建程序文件

使用 afp 过程库的 Scheme 程序的前几行如下：

```
(import (afp primitives)
        (afp lists)
        (afp sorting mergesort))
```

导入（import）表达式列表列出了你的程序调用的过程定义所在的库。Scheme 程序处理器在 afp 目录中找到这些库，在本例中它将找到 primitives.sls、lists.sls 和一个嵌套的子目录 sorting，其中包含 mergesort.sls。

导入列表还可以包含《算法语言 Scheme 第 7 版修订报告》指定的部分或全部标准库，其中许多是 (afp primitives) 没有的：

```
(import (scheme base)
        (afp tables)
        (afp permutations)
        (scheme write))
```

Scheme 程序处理器将在原先安装路径上找到标准库，因此你在 afp-work 中不需要它们的拷贝。

如果你导入同一个标识符的不同定义（从不同的库），Scheme 程序处理器将报告错误。因为（afp primitives）重复使用了（scheme base）的许多名称，如果你在一个程序中同时导入（afp primitive）和（scheme base），系统将报告错误。你可以在导入表达式中使用 only 子句选择某些特定的定义：

```
(import (scheme base)
        (only (afp primitives) rec receive sect))
```

在这里，（afp primitives）中只有三个指定的定义被导入，这些名与（scheme base）没有冲突。

你可以使用一个文本编辑器创建使用 AFP 库、包含 Scheme 程序的文件。GNU Emacs 将是一个不错的选择。它包含一个 Scheme 模式，专为 Scheme 语法设计，支持许多常用的编程操作。此外，GNU Emacs 有很好的文档，容易配置，也容易扩展。（其强大的扩展语言 Emacs Lisp 与 Scheme 有一些非常相似的地方。）

Racket 是一个图形化的程序开发环境，DrRacket 是编辑器与图形界面的组合。DrRacket 还为调试提供了有用的工具。

执行程序

如果你当前的工作目录是从 tarball（上面的 afp-work 目录）中提取文件的目录，创建了 programs 子目录，并在 programs 目录中创建了使用 AFP 库的 Scheme 程序，例如，存储在名为 frogs.ss 的文件中，你可以从命令行用 Scheme 语言处理器执行程序。

如果你使用的是 Chibi-Scheme 实现，则命令是：

```
chibi-scheme -I . programs/frogs.ss
```

其中选项 `-I .` 指示 Chibi-Scheme 在当前工作目录的子目录查找库。

如果使用的是 Larceny 实现，则命令是：

```
larceny -r7rs -path . -program programs/frogs.ss
```

如果使用 Racket 实现，则命令为：

```
racket --search . programs/frogs.ss
```

如果 AFP 库已经拷贝到 Racket 集路径的某个目录下，那么选项 `--search .` 不再需要。

如果使用 DrRacket，你可以打开包含测试的文件并单击工具栏上的 Run（在显示源代码的文本上方）运行程序。程序的输出将显示在包含源代码的文本窗口下面的窗口中。

限制

在测试 AFP 库时，我在《算法语言 Scheme 第 7 版修订报告》的各种实现中都遇到了一些情况和限制。（上述 AFP 网站上提供了整套测试程序。）

在 Chibi-Scheme 和 Larceny 实现中，如果第二个参数为负，即使两个参数都是精确整数，expt 过程也会返回不精确的值。因此，我编写的验证 afp 库的测试在这些实现中失败。

在 Larceny 实现中，同一记录类型的两个值，即使各个对应域相等，两个记录也可能不满足 `equal?`。《算法语言 Scheme 第 7 版修订报告》允许这种行为，但这似乎违反直觉，因为它使记录的行为不同于 Scheme 的其他数据结构（有序对、列表、向量、字符串和字节向量）。例如，这就是为什么我在 6.1 节不能把 `arc=?` 简单地定义为 `equal?` 的原因。

在 Larceny 和使用 `r7rs` 包的 Racket 中，关键字 `else` 在 `guard` 表达式中不能按照标准被识别为语法关键字。本书没有使用 `guard` 表达式，但我的测试程序有一些。因此，我不得不用 `#t` 替换关键字 `else`，以使它们能运行。

Racket 将整数除零视为不可恢复的错误，不能在 `guard` 表达式中处理。这使我的一些测试失效，为了在 Racket 下运行完整的测试套件，我不得不将它们注释掉。

基于 `r7rs` 包的 Racket 要求所有库的名称都包含至少两个部分。例如，`(afp primitives)` 没问题，但是 `(primitives)` 则不可以。本书中介绍的所有库都符合这个条件。

基于 `r7rs` 包的 Racket 要求每个程序和库文件以语言指令 #!r7rs（或 `#lang r7rs`）开始。我使用一个简短的 Shell 脚本在每个文件的顶部添加这个指令，以便使用 Racket 进行测试。

Racket 要求所有库文件的扩展名为 `.rkt`。前一个 Shell 脚本也更改了文件的 Racket 版本的扩展名。